化学工业出版社“十四五”普通高等教育规划教材

高等院校智能制造人才培养系列教材

传感器技术基础

王丰　张总　王志军　等 编著

罗学科　审

Fundamentals of Sensor Technology

化学工业出版社

·北京·

内 容 简 介

本书是“高等院校智能制造人才培养系列教材”之一，面向智能制造相关专业。

本书分为3篇，共12章，包括基础篇（绪论、传感器的特性及标定、电阻式传感器、电感式传感器、电容式传感器、压电式传感器、磁电式传感器、光电式传感器、热电式传感器）、工业机器人篇（工业机器人中的传感器）及先进技术篇（无线传感器网络、多传感器信息融合技术）。章中设置有思维导图、学习目标、案例引入、拓展阅读材料（二维码）、本章小结及习题与思考题等内容。

本书可作为高等院校智能制造工程、机械设计制造及其自动化、机械电子工程、机械工程、车辆工程、包装工程、工业工程、过程装备与控制工程等专业的本科生和研究生教材，也可供从事相关工作的工程技术人员参考。

图书在版编目（CIP）数据

传感器技术基础/王丰等编著. —北京：化学工业出版社，2023.12

高等院校智能制造人才培养系列教材

ISBN 978-7-122-43988-8

Ⅰ. ①传… Ⅱ. ①王… Ⅲ. ①传感器-高等学校-教材 Ⅳ. ①TP212

中国国家版本馆CIP数据核字（2023）第150907号

责任编辑：金林茹　　文字编辑：吴开亮

责任校对：宋　玮　　装帧设计：韩　飞

出版发行：化学工业出版社（北京市东城区青年湖南街13号　邮政编码100011）

印　　装：大厂聚鑫印刷有限责任公司

787mm×1092mm　1/16　印张14　字数326千字　　2024年4月北京第1版第1次印刷

购书咨询：010-64518888　　售后服务：010-64518899

网　　址：http://www.cip.com.cn

凡购买本书，如有缺损质量问题，本社销售中心负责调换。

定　　价：49.00元

高等院校智能制造人才培养系列教材
建设委员会

序

党的二十大报告指出，要建设现代化产业体系，坚持把发展经济的着力点放在实体经济上，推进新型工业化，加快建设制造强国、质量强国、航天强国、交通强国、网络强国、数字中国。实施产业基础再造工程和重大技术装备攻关工程，支持专精特新企业发展，推动制造业高端化、智能化、绿色化发展。推动战略性新兴产业融合集群发展，构建新一代信息技术、人工智能、生物技术、新能源、新材料、高端装备、绿色环保等一批新的增长引擎。其中，制造强国、高端装备等重点工作都与智能制造相关，可以说，智能制造是我国从制造大国转向制造强国、构建中国制造业全球优势的主要路径。

制造业是一个国家的立国之本、强国之基，历来是世界各主要工业国高度重视和发展的重要领域。改革开放以来，我国综合国力得到稳步提升，到 2011 年中国工业总产值全球第一，分别是美国、德国、日本的 120%、346%和 235%。党的十八大以来，我国进入了新时代，发展的格局更为宏大，“一带一路”倡议和制造强国战略使我国工业正在实现从大到强的转变。我国不但建立了全球最为齐全的工业体系，而且在许多重大装备领域取得突破，特别是在三代核电、特高压输电、特大型水电站、大型炼化工、油气长输管线、大型矿山采掘与炼矿综采重点工程建设项目、重大成套装备、高端装备、航空航天等领域取得了丰硕成果，补齐了短板，打破了国外垄断，解决了许多“卡脖子”难题，为推动重大技术装备高质量发展，实现我国高水平科技自立自强奠定了坚实基础。进入新时代的十年，制造业增加值从 2012 年的 16.98 万亿元增加到 2021 年的 31.4 万亿元，占全球比重从 20%左右提高到近 30%；500 种主要工业产品中，我国有四成以上产量位居世界第一；建成全球规模最大、技术领先的网络基础设施……一个个亮眼的数据，一项项提气的成就，勾勒出十年间大国制造的非凡足迹，标志着我国迎来从“制造大国”“网络大国”向“制造强国”“网络强国”的历史性跨越。

最早提出智能制造概念的是美国人 P.K.Wright，他在其 1988 年出版的专著 *Manufacturing Intelligence*（《制造智能》）中，把智能制造定义为“通过集成知识工程、制造软件系统、机器人视觉和机器人控制来对制造技工们的技能与专家知识进行建模，以使智能机器能够在没有人工干预的情况下进行小批量生产”。当然，因为智能制造仍处在发展阶段，各种定义层出不穷，国内外有不同专家给出了不同的定义，但智能机器、智能传感、智能算法、智能设计、解决制造过程中不确定问题的智能方法、智能维护是智能制造的核心关键词。

从人才培养的角度而言，实现智能制造还任重道远，人才紧缺的局面很难在短时间内扭转，相关高校师资力量也不足。据不完全统计，近五年来，全国有 300 多所高校开办了智能制造专业，其中既有双一流高校，也有许多地方院校和民办高校，人才培养定位、课程体系、教材建设、实践环节都面临一系列问题，严重制约着我国智能制造业未来的长远发展。在此情况下，如何培养出适应不同行业、不同岗位要求的智能制造专业人才，是许多开设该专业的高校面临的首要任务。

智能制造的特点决定了其人才培养模式区别于其他传统工科：首先，智能制造是跨专业的，其所涉及的知识几乎与所有工科门类有关；其次，智能制造是跨行业的，其核心技术不仅覆盖所有制造行业，也适用于某些非制造行业。因此，智能制造人才培养既要考虑本校专业特色，又不能脱离社会对智能制造人才的需求，既要遵循教育的基本规律，又要创新教育体系和教学方法。在课程设置中要充分考虑以下因素：

- 考虑不同类型学校的定位和特色；
- 考虑学生已有知识基础和结构；
- 考虑适应某些行业需求，如流程制造，离散制造，混合制造等；
- 考虑适应不同生产模式，如多品种、小批量生产、大批量生产等；
- 考虑让学生了解智能制造相关前沿技术；
- 考虑兼顾应用型、技能型、研究型岗位需求等。

改革开放 40 多年来，我国的高等教育突飞猛进，高等教育的毛入学率从 1978 年的 1.55%提高到 2021 年的 57.8%，进入了普及化教育阶段，这就意味着高等教育担负的历史使命、受教育的对象都发生了深刻的变化。面对地方应用型高校生源差异化大，因材施教，做好智能制造应用型人才培养，解决高校智能制造应用型人才培养的教材需求就是本系列教材的使命和定位。

要解决好这个问题，首先要有一个好的定位，有一个明确的认识，这套教材定位于智能制造应用人才培养需求，就是要解决应用型人才培养的知识体系如何构造，智能制造应用型人才的课程内容如何搭建。我们知道，应用型高校学生培养的主要目的是为应用型学科专业的学生打牢一定的理论功底，为培养德才兼备、五育并举的应用型人才服务，因此在课程体系、基础课程、专业教育、实践能力培养上与传统综合性大学和“双一流”学校比较应有不同的侧重，应更着眼于学生的实用性需求，应培养满足社会对应用技术人才的需求，满足社会实际生产和社会实际发展的需求，更要考虑这些学校学生的实际，也就是要面向社会发展需求，为社会各行各业培养“适销对路”的专业人才。因此，在人才培养的过程中，对实践环节的要求更高，要非常注重理论和实践相结合。据此，在应用型人才培养模式的构建上，从培养方案、课程体系、教学内容、教学方式、教材建设上都应注重应用型人才培养的规律，这正是我们编写这套智能制造相关专业教材的目的。

这套教材的突出特色有以下几点：

① 定位于应用型。这套教材不仅有适应智能制造应用型人才培养的专业主干课程和选修课程教

材，还有基于机械类专业向智能制造转型的专业基础课教材，专业基础课教材的编写中以应用为导向，突出理论的应用价值。在编写中引入现代教学方法和手段，结合教学软件和工业仿真软件，使理论教学更为生动化、具象化，努力实现理论课程通向专业教学的桥梁作用。例如，在制图课程中较多地使用工业界成熟设计软件，使学生掌握比较扎实的软件设计能力；在工程力学教学中引入有限元软件，实现设计计算的有限元化；在机械设计中引入模块化设计的概念；在控制工程中引入 MATLAB 仿真和计算机编程内容，实现基础教学内容的更新和对专业教育的支撑，凸显应用型人才培养模式的特点。

② 专业教材突出实用性、模块化、柔性化。智能制造技术是利用先进的制造技术，以及数字化、网络化、智能化等知识和控制理论来解决制造过程中不确定和非固定模式的问题，使得制造过程具有智能的技术，它的特点是综合性和知识内涵的丰富性以及知识本身的创新性。因此，在教材建设上与以前传统的知识技术技能模式应有大的区别，更应注重对学生理念、意识、认知、思维方式和系统解决问题能力的培养。同时考虑到各行业、各地和各校发展阶段和实际办学水平的不同，希望这套教材尽可能为各校合理选择教学内容提供一个模块化、积木式结构，并在实际编写中尽量提供项目化案例，以便学校根据具体情况做柔性化选择。

③ 本系列教材注重数字资源建设，更多地采用多媒体的互动方式，如配套课件、教学视频、测试题等，使教材呈现形式多样化，数字内容更为丰富。

由于编写时间紧张，智能制造技术日新月异，编写人员专业水平有限，书中难免有不当之处，敬请读者及时批评指正。

高等院校智能制造人才培养系列教材建设委员会

前　言

为了加强在国际市场上的竞争力，中国制造业急需进行全新的升级和转变，以实现由制造大国向制造强国的历史跨越。2015 年发布的“中国制造 2025”是强化高端制造业的国家战略计划，其指导思想是以加快新一代信息技术与制造业深度融合为主线，以推进智能制造为制造强国建设的主攻方向。若要实现智能制造，需要包括感知层、网络层、执行层和应用层在内的多个层次上的技术产品支持。其中，处于感知层的传感器技术是实现智能制造的基石和关键所在。通过各类传感器，制造系统具备了能够赋予其智能的各种“器官”，使其能够在生产过程中实时采集各种数据，并快速地进行处理和传输，以便及时调整自身的加工状态，从而生产出符合要求的高质量产品。

党的二十大报告指出，教育是国之大计、党之大计。育人的根本在于立德。因此，如何在教材建设中充分体现立德树人的教育理念，是笔者倾心考虑并积极努力的一个方向。传感器技术在智能制造领域中的应用十分广泛，其中蕴含的思政元素也极其丰富，本书在密切关注传感器技术在智能制造领域的典型应用和最新发展的同时，深入挖掘专业知识中包含的思想价值和精神内涵，并尽可能在章前的思维导图中为学生提供关于思政的思考方向，以达到知识体系和思想政治教育有机融合的目的。

本书以传感器基本概念和基本原理、工业机器人中的传感器及先进技术三条主线展开，专业脉络清晰。全书分为 3 篇，共 12 章，包括传感器基础知识、传感器基本原理及其在智能制造中的典型应用实例，以及无线传感器网络和多传感器信息融合等丰富的内容，使学生能够对传感器技术及其在智能制造中的工程应用有清晰、系统、全面的了解，为其未来从事智能制造创新设计或工程应用工作打下坚实的基础。

全书由王丰统稿和定稿，参与人员包括王丰、张总、王志军和冯永利，具体分工为第 1、2、9～11 章由张总编写，第 3～8 章由王丰编写，第 12 章由冯永利和王志军共同编写。

在编写过程中，笔者参阅了大量的相关书籍和学术论文，在此对所有作者一并表达最真挚的谢意。由于智能制造及传感器技术学科知识丰富且发展迅速，囿于笔者水平，书中难免存在不妥之处，敬请各位高校同仁及读者批评指正，笔者将感激之至。

编著者

扫码获取本书资源

目 录

基础篇

第 8 章 光电式传感器 112

工业机器人篇

先进技术篇

基础篇

传感器技术基础

第 1 章

绪论

思维导图

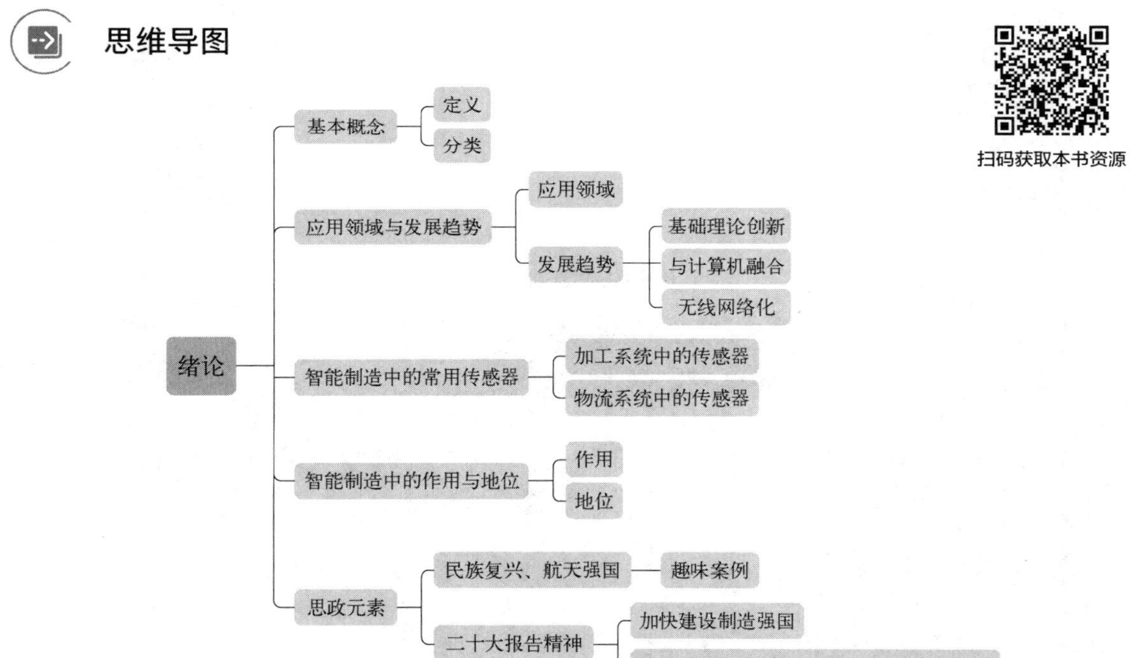

案例引入

2022 年 7 月 24 日 14 时 22 分，中国首个科学实验舱——问天实验舱在文昌航天发射场成功发射。问天实验舱配备了 70 余种、300 余套的传感器产品，涉及环控、热控及推进等分系统，测量压力、温度、湿度、流量、氧气、氢气、电导、液滴、烟感、呼吸、心电、体温等多种参数，以保障空间站的平稳运行，守护航天员的生命安全。航天员舱外服系统配备了生理背心，配套传感器能监测航天员出舱活动中的呼吸、心电、体温等生理参数，以提供医学保障；流量、温湿度、压力等传感器，为舱外服内的环境参数监测提供了支撑，保障了出舱活动的顺利进行。

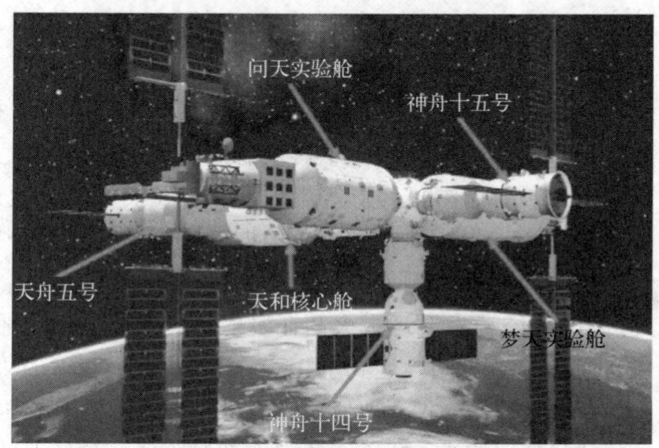

日常生活中，楼梯间的声控灯、手机上的指纹识别，以及那些不用接触身体也可以直接测量步数、体温等的电子产品越来越常见，这些科技产品给人们的生活带来了便利，那么这些功能背后的技术支持是什么？

在加工制造过程中，毛坯的定位、夹紧，毛坯的位置变化及位移，以及半成品、成品和加工机床的状态信息获取，确保了产品各项精度和特性符合设计要求；感知、获取加工环境状态及其变化，采集数据精准，获取制造系统全面和准确的信息，对整个智能制造系统起着至关重要的作用。

传感器已经渗透到人类社会的各个方面。

学习目标

1. 了解传感器的基本概念、组成及分类；
2. 了解传感器技术的应用领域与发展趋势；
3. 了解智能制造中常用的传感器。

人通过感官来接收外界的信号，并将所接收的信号送入大脑，进行分析处理后获取有用的信息。对现有的或者发展中的机械电子装置来说，电子计算机（俗称电脑）相当于人的大脑，而传感器相当于人的感官部分。传感器是人类感官的扩展和延伸，又称为“电五官”。

借助传感器，人类可以探测那些无法直接用感官获取的信息。例如，用超声波探测器可以探测海水的深度，用红外遥感器可以从高空探测地球上的植被和污染情况等。在自动控制领域，自动化程度越高，控制系统对传感器的依赖性就越高。在智能制造领域，传感器是智能运算的技术基础。因此，传感器对控制系统功能的正常发挥起着决定性的作用。

传感器是借助于检测元件接收一种形式的信号，并按一定的规律将所获取的信号转换成另一种形式的信号的装置。它获取的信号可以为各种物理量、化学量和生物量，而转换后的信号也可以有各种形式。但目前，传感器转换后的信号大多为电信号，因而从狭义上讲，传感器是把外界输入的非电信号转换成电信号的装置。一般也称传感器为变换器、换能器和探测器等，其输出的电信号陆续输送给后续配套的测量电路及终端装置，以便进行电信号的调整、分析、记录或显示等。在一个自动化系统中，首先要能检测到信息，然后才能进行自动控制，因此传感器占据重要位置。

传感器早已渗透到诸如工农业生产、宇宙探测、海洋开发、环境保护、资源调查、医学诊断、生物工程，甚至文物保护等极其广泛的领域。可以毫不夸张地说，从茫茫太空到浩瀚的海洋，以至各种复杂的工程系统，几乎每一个现代化项目都离不开传感器。神舟十号载人飞船是中国神舟系列载人飞船之一，于 2013 年 6 月 11 日发射升空。神舟十号载人飞船上装有上千个传感器，用于监测航天员的呼吸、脉搏、体温等生理参数和飞船升空、运行、返回等多项飞行参数，并及时传回指挥控制中心，指挥控制中心再根据这些信息发出指令控制相关设备。所有的航天飞行器均使用了大量的传感器，例如美国的航天飞行器一次发射飞行过程中所用的传感器数量达到 3500 个，苏联的"能源号"运载火箭在发射"暴风雪号"飞船时用了 39 种类型的传感器，火箭、飞船上传感器总数量同样达到了 3500 个。欧空局发射的"阿丽亚娜-5"火箭，在全箭试车时用了压力、温度、冲击、振动、位移、液位、转矩等类型的传感器，总数量为 620 个，其中监测发动机参数的传感器约为 377 个；火箭在研制阶段，传感器的选用量达到 435 个，质量鉴定阶段约为 190 个；验收试验阶段约为 170 个；在飞行试验阶段，必须测量的参数大约为 260 个，用于发动机参数测量的传感器达到了 100 个。这些传感器对保障飞船的安全飞行起到至关重要的作用。

由此可见，传感器技术在发展经济、推动社会进步等方面的重要作用是十分明显的。

传感器的任务是感知与测量。在人类历史的历次工业革命中，感知、处理外部信息的传感技术一直扮演着重要的角色。18 世纪工业革命以前，传感技术由人的感官实现：人观天象而仕农耕，察火色以冶铜铁。18 世纪工业革命以来，特别是在 20 世纪的第三次工业革命中，传感技术越来越多地由人造感官即工程传感器来实现。目前，工程传感器应用非常广泛，以至于大多数机械电气系统离不开它。现代工业、现代科学探索，特别是现代军事都要依靠传感技术。一个大国如果没有先进的传感技术，必将处于被动中。

1.1 传感器的基本概念

1.1.1 传感器的定义

目前，关于传感器没有一个统一的定义，一般将传感器定义为能感受规定的被测量并将其按一定的规律转换成可用输出信号的器件或装置。

目前，电学量便于提取和处理，因此，传感器也被狭义地定义为：能将外界非电信号转换成电信号输出的器件。可以预料，当人类跨入光子时代，光信号被更快速、高效地处理与传输时，传感器的概念将随之发展为能将外界信号转换成光信号输出的器件。

传感器一般由敏感元件、转换元件和基本转换电路三部分组成，组成框图如图 1-1 所示。

(1) 敏感元件

敏感元件是直接感受被测量，并输出与被测量成确定关系的某一物理量的元件。图 1-2 是一种气体压力传感器的示意图。膜盒 2 的下半部分与壳体 1 固接，上半部分通过连杆与磁芯 4

相连，磁芯 4 置于电感线圈 3 中，电感线圈 3 接入基本转换电路 5。这里的膜盒就是敏感元件，其外部与大气（大气压力为 p_a）相通，内部感受被测压力 p。p 变化引起膜盒上半部分移动，即输出相应的位移量。

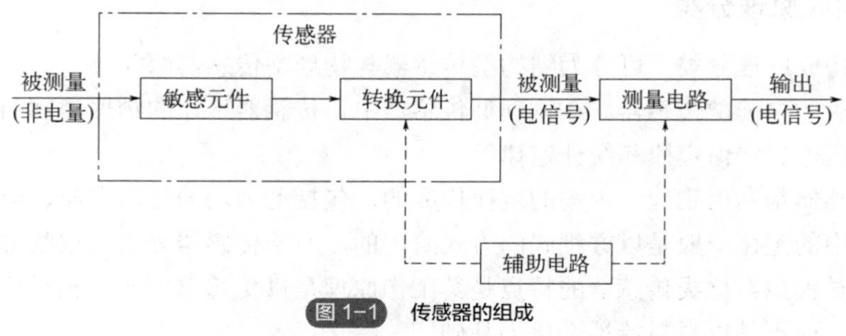

图 1-1 传感器的组成

(2) 转换元件

敏感元件的输出就是转换元件的输入，它把输入转换成电路参量（电信号）。在图 1-2 中，转换元件是可变电感线圈 3，它把输入的位移量转换成电感的变化。

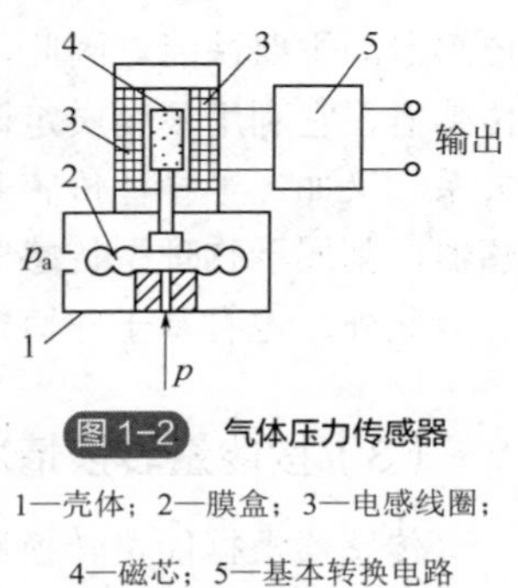

图 1-2 气体压力传感器

1—壳体；2—膜盒；3—电感线圈；4—磁芯；5—基本转换电路

(3) 基本转换电路

上述电路参量接入基本转换电路（简称转换电路），便可转换成电量输出。传感器只完成被测量至电量的基本转换，然后信号被输入到测量电路，进行放大、运算、处理等进一步转换，以获得被测值或进行过程控制。

实际上，有些传感器很简单，有些则较复杂。最简单的传感器由一个敏感元件（兼转换元件）组成，它感受被测量的同时直接输出电量，如热电偶。有些传感器由敏感元件和转换元件组成，因转换元件的输出已是电量，故无需转换电路，如压电式加速度传感器。有些传感器，其转换元件不止一个，要经过若干次转换。

在结构上，敏感元件与转换元件通常是装在一起的，而为了减小外界的影响，也希望将转换电路和它们装在一起，但由于空间的限制或其他原因，转换电路常装入电箱中。不少传感器要在通过转换电路后才能输出电信号，故转换电路是传感器的组成环节之一。

随着集成电路制造技术的发展，现在已经能将一些处理电路和传感器集成在一起，构成集成传感器。进一步的发展是将传感器和微处理器相结合，装在一个检测器中，形成一种新型的智能传感器，它将具有一定的信号调理、信号分析、误差校正、环境适应等能力，甚至具有一定的辨认、识别、判断的功能。这种集成化、智能化的发展，无疑会对现代工业技术的发展起到重要的作用。

1.1.2 传感器的分类

传感器是知识密集、技术密集的器件，它与许多学科有关，种类繁多。为了很好地掌握它、应用它，需要进对其行科学的分类。

下面将目前广泛采用的分类方法做简单介绍。

(1) 按传感器的工作机理分类

传感器按工作机理分类，可分为物理型传感器、化学型传感器、生物型传感器等。

(2) 按构成原理分类

传感器按构成原理分类，可分为结构型传感器与物理型传感器两大类。

本书主要讲述物理型传感器。在物理型传感器中，传感器工作的物理基础的基本定律有场的定律、物质定律、守恒定律和统计定律等。

结构型传感器是利用物理学中场的定律构成的，包括动力场的运动定律、电磁场的电磁定律等。物理学中的定律一般是以方程式的方式给出的。对于传感器来说，这些方程式也就是其在工作时的数学模型。这类传感器的特点是其工作原理是以传感器中元件相对位置变化引起场的变化为基础，而不是以材料特性变化为基础。

物理型传感器是利用物质定律构成的，如胡克定律、欧姆定律等。物质定律是表示物质某种客观性质的法则。这种法则，大多是以物质本身的常数形式给出。这些常数的大小，决定了传感器的主要性能。因此，物理型传感器的性能随材料的不同而异。例如，光电管就是物理型传感器，它利用了物质定律中的外光电效应。显然，其特性与涂覆在电极上的材料有着密切的关系。又如，半导体传感器及所有利用各种环境变化而引起金属、陶瓷、合金等特性变化的传感器，都属于物理型传感器。

此外，也有基于守恒定律和统计定律的传感器，但数量较少。

(3) 按能量转换情况分类

传感器根据能量转换情况分类，可分为能量控制型传感器和能量转换型传感器。

在信息变化过程中，能量控制型传感器的能量需要外电源供给。如电阻、电感、电容等电路参量传感器都属于这一类传感器；基于应变电阻效应、磁阻效应、热阻效应、光阻效应、霍尔效应等的传感器也属于此类传感器。

能量转换型传感器主要是由能量变化元件构成，不需要外电源。如基于压电效应、热电效应、外光电效应等的传感器都属于此类传感器。

(4) 按物理原理分类

1）电参量式传感器，包括电阻式、电感式、电容式三种基本形式。

2）磁电式传感器，包括磁电感应式、霍尔式、磁栅式等。

3）压电式传感器。

4）光电式传感器，包括一般光电式、光栅式、激光式、光电码盘式、光导纤维式、红外式、摄像式等。

5）气电式传感器。

6）热电式传感器。

7）波式传感器，包括超声波式、微波式等。

8）射线式传感器。

9）半导体式传感器。

10）其他原理的传感器等。

有些传感器的工作原理是以上两种原理的复合形式，如部分半导体式传感器也可看成电参量式传感器。

（5）按传感器的用途分类

传感器按用途分类，可以分为位移传感器、压力传感器、振动传感器、温度传感器等。

另外，传感器根据输出是模拟信号还是数字信号，可分为模拟传感器和数字传感器；根据转换过程可逆与否，可分为双向传感器和单向传感器等。

拓展阅读

1.2 传感器技术的应用领域与发展趋势

传感器技术作为信息技术的三大基础之一，是当今各国竞相发展的高新技术，是进入 21 世纪以来优先发展的十大技术之一。传感器在科学技术领域、工农业生产以及日常生活中发挥着越来越重要的作用。人类社会对传感器的要求越来越高是传感器技术发展的强大动力，而现代科学技术突飞猛进则为其提供了坚强的后盾。传感器是信息系统的源头，在某种程度上是决定系统特性和性能指标的关键部件。

1.2.1 传感器技术的应用领域

目前，传感器涉及的领域包括现代大工业生产、基础学科研究、宇宙探测、海洋开发、军事国防、环境保护、资源调查、医学诊断、智能建筑、智慧汽车、家用电器、生物工程、商检质检、公共安全，甚至文物保护等。

在基础学科研究中，传感器具有突出的地位，传感器的发展往往是一些边缘学科发展的前提。如宏观上的茫茫宇宙、微观上的粒子世界、长时间的天体演化、短时间的瞬间反应的研究，超高温、超低温、超高压、超高真空、超强磁场、弱磁场等极端技术研究。

现代大工业生产尤其是自动化生产过程中的质量监控或自动检测，需要利用各种传感器监视和控制生产过程的各个参数。传感器是自动控制系统的关键性基础器件，直接影响自动化技术的质量和水平。

在航空航天领域，宇宙飞船飞行的速度、加速度、位置、姿态、温度、气压、磁场、振动等参数的测量都由传感器完成，这些参数在自动控制、自动识别和导航等关键环节中具有重要作用，因此应用传感器数量较多，性能要求较高。例如，“阿波罗 10 号”飞船需要对 3295 个参数进行检测，使用温度传感器 559 个、压力传感器 140 个、信号传感器 501 个、遥控传感器 142 个。有专家认为，整个宇宙飞船就是高性能传感器的集合体。

在机器人研究中，重要的内容是传感器的应用研究。机器人外部传感器包括平面视觉传感器、立体视觉传感器；非视觉传感器包括触觉传感器、滑觉传感器、热觉传感器、力觉传感器、接近觉传感器等。运用传感器技术，通过对复杂数据的辨析，机器人可以获取运动控制参数，并形成相应的行动指令。传感器使机器人在制造业中的运用更加智能，传统的机电功能不再只局限于对固定位置的判读，机器人只要对收集到的数据加以分析，就可以独立地发出动作指令。机器人使用的传感器包括内部传感器和外部传感器两类。其中，外部传感器能够有效地识别机器人所处的环境及其存在的风险，能够监测机器人动作的安全性，以有效防止机器人因为技术问题而发生不可逆的问题。通过对内部传感器的使用，可以有效地分散执行机器人各个部分的指令和自己的协调指令，机器人可以自动提供服务。通过外部传感器和内部传感器的有效结合，可以扩大机器人的自动化服务范围，提高机器人的服务质量。可以说，机器人的研究水平在某种程度上代表了一个国家的智能化技术和传感器技术的水平。

智能制造技术的核心就是数据和信息。制造过程中涉及大量的数据，包括工艺参数、物料性质、机器状态等。利用传感器实时监测机器和设备的状态、产品质量状态，并根据采集到的数据进行预测性维护，可以提前发现机器故障和损坏的迹象，并对其进行修理和维护，从而避免因未及时修理而带来的停机时间和生产成本的浪费；然后对数据进行分析和处理，得出有用的信息并据此做出决策，这样可以大大提高生产过程的可控性和准确性，从而保证产品质量和生产效率。

1.2.2 传感器技术的发展趋势

当前，传感器技术的发展趋势主要体现在三个方面：一是对传感器本身的开发，进行基础研究，探索新理论，发现新现象，开发传感器的新材料和新工艺；二是与计算机共同构成传感器系统，以实现传感器的集成化、智能化和多功能化；三是通过与其他学科的交叉融合，实现无线网络化。

（1）发现新现象

传感器工作的基本原理是利用物理现象、化学反应和生物效应，所以发现新现象与新效应是发展传感器技术、研制新型传感器的重要理论基础。例如，利用抗体和抗原在电极表面相遇复合时会引起电极电位的变化这一现象，可制出免疫传感器。另外，利用约瑟夫森效应可制成超精密的传感器，不仅能测量磁场，还能对温度、电压、重力等进行超精密的测量。

（2）开发新材料

新型传感器敏感元件材料是研制新型传感器的重要物质基础。例如，光导纤维能制成压力、流量、温度、位移等多种传感器；利用高分子聚合物薄膜作为传感器敏感材料的研究，在国内外已经开展起来。利用高分子聚合物能随周围环境的相对湿度大小成比例地释放和吸附水分子的原理制成的等离子聚合物聚苯乙烯薄膜湿度传感器，具有测湿范围宽、尺寸小、温度系数小和响应速度快的特点。

（3）提高传感器性能和扩大检测范围

检测技术的发展，必然要求传感器的性能如准确度、灵敏度、测量范围等不断提高。例如，用直线光栅测线位移时，测量范围在几米时，准确度可达几微米；利用超导材料约瑟夫森效应的磁传感器可测 10^{-11}T 的极弱磁场；利用核磁共振吸收效应的磁敏传感器，可将检测极限扩展至 10^{-7}T。

（4）传感器的微型化和微功耗

现在各类控制仪器和设备的功能越来越强大，要求各个部件体积也越小越好，因此传感器本身的体积也要求更小。微传感器的特征之一就是体积小，其敏感元件的尺寸一般为微米级，由微机械工艺制作而成。利用微机械工艺制作的传感器具有体积小、重量轻、反应快、灵敏度高以及成本低等优点。目前形成的产品主要有微型压力传感器、微型陀螺传感器和微型加速度传感器等，它们的体积是原来传统传感器的几十之一甚至几百分之一，质量也从千克级下降到几十克乃至几克。另外，由于实际工作环境的限制，例如在野外现场或者远离电网的地方，只能依靠电池或太阳能电池板等供电，开发微功耗的传感器和无源传感器是必然的发展方向，这样既可以节省能源，又可以提高系统寿命。

（5）传感器的智能化

智能传感器技术是测量技术、半导体技术、计算技术、信息处理技术、微电子学和材料科学互相结合的综合密集型技术。智能传感器与一般传感器相比，具有自补偿能力、自校准能力、自诊断能力、数值处理能力、双向通信能力，以及信息存储、记忆和数字量输出功能。它可充分利用计算机的计算和存储能力，对传感器的数据进行处理，并能对传感器的内部行为进行调节，使采集的数据更佳。

（6）传感器的集成化和多功能化

传感器的集成化一般包含两方面含义：其一是将传感器与其后级的放大电路、运算电路、温度补偿电路等制成一个组件，实现一体化，与一般传感器相比，具有体积小、反应快、抗干扰、稳定性好的优点；其二是将同一类传感器集成在同一芯片上，构成二维阵列式传感器。

传感器的多功能化是指一器多能，即用一个传感器可以检测两个或两个以上的参数。例如，通过使用特殊的陶瓷将温度和湿度敏感元件集成在一起，制成温湿度传感器。多功能化不仅可以降低生产成本、减小体积，而且可以有效地提高传感器的稳定性、可靠性等性能指标。

（7）传感器的数字化与网络化

随着现代化的发展，传感器的功能已突破传统的功能，其输出也不再是单一的模拟信号，而是经过微处理器处理好的数字信号，有的甚至带有控制功能，这种传感器叫作数字传感器。它有如下特点。

1）数字传感器将模拟信号转换成数字信号输出，提高了传感器输出信号抗干扰能力，特别适用于电磁干扰强、信号距离远的工作现场。

2）利用软件可对传感器进行线性修正及性能补偿，以减小系统误差。

3）一致性和互换性好。

传感器网络化是传感器领域发展的一项新兴技术，利用 TCP/IP（传输控制协议/互联网协议），使工作现场测控设备能就近接入网络，并与网络上的节点直接进行通信，实现数据的实时发布与共享。传感器网络化的目标就是采用标准的网络协议，同时采用模块化结构将传感器和网络技术有机地结合起来。

（8）多传感器的集成与融合

由于单传感器不可避免地存在不确定性或偶然性，缺乏全面性和鲁棒性，但偶然的故障就可能导致系统失效。多传感器集成与融合技术正是解决这些问题的良方。多传感器不仅可以描述同一环境特征的多个冗余的信息，而且可以描述不同的环境特征。它的特点是冗余性、互补性、及时性和低成本性。

多传感器的集成与融合技术已经成为智能机器与系统领域的一个重要的研究方向，它涉及信息科学的多个领域，是新一代智能信息技术的核心基础之一。以20世纪80年代初在军事领域的研究为开端，多传感器集成与融合技术迅速扩展到各个应用领域，如自动目标识别、自主车辆导航、遥感、生产过程监控、医疗应用等。

传感器技术是现代检测与控制系统的关键，其应用已深入到社会中的各个领域，传感器的研究和开发工作具有广阔的前景。

1.3 智能制造中常用的传感器

拓展阅读

1.3.1 加工系统中的传感器

各行各业都已广泛应用各类传感器，据统计，工业上的应用占31%，汽车车联网和自动驾驶方面的应用占21%，健康监测与医疗诊断方面的应用占12%。伴随物联网技术的逐渐成熟，智慧家居、可穿戴产品、智慧工厂、智慧交通等新兴领域的市场迅猛发展，智能传感器的应用愈加广泛。其分类亦可按具体领域用途、被测量性质、测量原理等多种方式进行。

在智能制造领域，根据产品制造流程，一般按制造装备测控、刀具状态监测、工艺参数控制、零部件质量检测、仓储运输管理等应用场景进行分类。

按制造装备测控用途，智能传感器可分为测量机床、机器人等设备直线或回转运动位移、速度的运动传感器，测量机床部件或设备整机振动的加速度传感器，测量机床驱动传动部件的温度、电流、电压传感器等。

按刀具状态监测用途，智能传感器可分为测量刀具磨损、切削振动等传感器。

按工艺参数控制用途，智能传感器可分为测量切削深度、切削速度、切削温度、切削力、冷却液温度、流量压力等传感器。

按零部件质量检测用途，智能传感器可分为测量零件加工尺寸或形状、零件表面或表层质量等传感器。

按仓储运输管理用途，智能传感器可分为零部件编码传感器、零部件位置测量传感器、物联网传感器等。

智能传感器作为获取制造现场设备及生产状态信息的基本手段，对构建基于智能化装备、智能化工艺、传感识别网络、智能决策处理、人机互联的制造系统，实现对产品设计、制造、服务的全过程支持，具有重要的基础作用。

1.3.2 物流系统中的传感器

随着物流行业的不断发展，传感器技术的应用也越来越广泛。传感器可以实现对物流过程中各种参数的实时信息采集、监测和控制，从而提高物流效率和安全性。

物流信息采集主要通过安装在物流设备上的传感器和数据采集模块实现，如安装在自动化仓库、AGV（自动导向车）、自动装卸机器人等设备上的光电条码读数传感器、电磁接近开关、条码识别设备、RFID（射频识别）设备等。根据这些设备原理的不同，物流信息的采集分为固定物流信息采集和变化物流信息采集两大类型。

固定物流信息是指在整个物流过程中不会因其他因素变化而变化的物流信息。对于固定物流信息的采集，通常使用条形码识别、RFID 等物流信息采集设备。在物流过程中，物料的固定物流信息会以特定形式储存或记录在与物料绑定的条形码或 RFID 标签上，当使用相应的条形码识别或 RFID 设备时，信息就会被系统读取并记录，实现固定物流信息的采集。

变化物流信息是指在整个物流过程中因流动、加工、质检等操作而变化的物流信息，这类信息一般为特定物流信息。变化物流信息的采集与物流设备有关。由于信息时常发生变化，因此一般采用各种传感器或设备集成的传感模块对这类信息进行获取。常用传感器如下。

1）距离传感器，用于物流设备的距离判断。制造车间生产环境复杂，距离传感器可以使物流设备在运行过程中避让障碍物，防止发生生产事故。

2）速度传感器，用于确定物流设备的速度。物流系统通过获取物流设备的速度，可以更精确地制订物流计划。

3）物料位置识别传感器，用于对物料和设备运行位置检测。通过检测实现对物流过程的准确监控和追踪，是物流自动化的基础。

4）压力传感器，用于记录物料的重量。物料在生产过程中重量常常会发生变化，对重量信息的采集有助于实现运输设备的负载均衡。

物流领域应用的其他常见传感器如下：

1）温度传感器。温度传感器是物流领域中最常用的传感器之一。在运输过程中，许多物品需要在特定的温度范围内保持稳定，如食品、药品等。温度传感器可以实时监测货物的温度，一旦温度超出设定范围，就会发出警报，提醒物流人员及时采取措施。另外，温度传感器还可以记录货物的温度变化，为物流企业提供数据支持，帮助其优化运输方案。

2）湿度传感器。湿度传感器可以监测货物周围的湿度，防止货物受潮、发霉等问题发生。在一些特殊的物流场景中，如海运、空运等，湿度传感器的应用尤为重要。通过湿度传感器，物流企业可以及时发现货物受潮的情况，采取相应的措施，避免货物损失。

3）重量传感器。重量传感器可以实时监测货物的重量，帮助物流企业掌握货物的实际情况。在物流过程中，货物的重量是一个非常重要的参数，它直接关系到物流成本和运输方案的制订。通过重量传感器，物流企业可以及时了解货物的重量变化，为运输方案的制订提供数据支持。

4）位置传感器。位置传感器可以实时监测货物的位置，帮助物流企业掌握货物的实时位置信息。在物流过程中，货物的位置信息是一个非常重要的参数，它直接关系到物流效率和安全性。通过位置传感器，物流企业可以及时了解货物的位置信息，为运输方案的制订和货物的安全保障提供数据支持。

5）光学传感器。光学传感器可以实时监测货物的光学特性，如颜色、形状等。在物流过程中，光学传感器的应用尤为重要，它可以帮助物流企业快速识别货物，提高物流效率。例如，在快递行业中，光学传感器可以帮助快递员快速识别货物，提高派送效率。

1.4 传感器在智能制造中的作用与地位

制造是从概念到实物的过程，通过制造活动可把原材料或毛坯加工成各种用途的产品。产品的制造过程主要包括需求分析、产品设计、工艺设计、生产准备、生产制造、加工装配、销售和服务等活动。智能制造是基于新一代信息技术，贯穿设计、生产、管理和服务等制造活动的各个环节，具有信息深度自感知、智慧优化决策、精准控制执行等功能的先进制造过程、系统与模式的总称，其基本特征是生产装备和生产过程的数字化、网络化、信息化、智能化。其根本意义在于运用人工智能技术促进机械加工工艺的优化、加工质量的升级、加工装备的安全高效、车间调度和管理的优化，使制造质量和效率得到显著提高。

智能制造系统的信息层级结构主要包括设备层、感知与控制层、数据采集与监控层、制造运行管理层、规划管理层。设备层：对应实际生产制造过程中的生产制造设备，包括高端数控机床、工业机器人、精密制造装备、智能测控装置、成套自动化生产线、重大制造装备、3D 打印设备等。感知与控制层：对应生产过程的传感识别和执行活动，包括各种传感器、变送器、执行器等。数据采集与监控层：对应生产流程的监视和控制活动，包括各种数据采集与控制系统，可以对现场运行设备进行监视和控制，实现数据采集、设备控制、测量、参数调节及各类报警等功能。制造运行管理层：制订生产产品的工作流/配方控制活动，包括维护记录和优化生产过程、生产调度、详细排产、可靠性保障等内容。规划管理层：管理工厂/车间所需的与业务相关的活动，包括工厂/车间生产任务计划、资源使用、运输、物流、库存、运作管理等内容。

1.4.1 传感器的作用

传感器是一种检测装置，是实现自动检测和自动控制的首要环节。传感器能感受到被测物理量的变化信息，并将其变换成电信号或其他所需形式的信息输出，以满足信息的传输、处理、存储、显示、记录和控制等要求。伴随着智能制造及工业物联网的变革，传感器作为感知信息的自主输入装置，对智能制造、智能物流的应用起着技术支撑的作用。传感器不仅是将简单的物理信号转换为电信号的检测器，更是一种数据交换器，并能连接到更大范围的智能传感器网络中，为大数据挖掘及应用等提供丰富的现场数据支撑，提升制造业的生产和运营效率。传感器在智能制造中的作用主要表现在以下方面。

1）制造设备运行参数的监测。自动化设备运行过程中，要应用各类传感器、测量仪器对生产设备运行的状态参数、被加工零件的尺寸精度参数等进行实时监视、测量与控制，以保证设备的正常运行。

2）制造系统运行状态的监测。在全自动装配和生产线上，要利用不同的位置、速度、机器视觉等传感器进行零件的识别、定位、抓取，以保证产品位置和姿态的调整精度，或进行产品外观颜色、尺寸、缺陷的检测和自动识别与判断。

3）车间/企业级物流信息管理。通过传感器、无线传感器网络等进行信息的收集和分析，能对生产物流进行动态的管理和优化，实现物流系统运行的准确性，提高生产车间/企业物流的运行效率和资源调度水平。智能传感器已成为未来智慧工厂物流控制系统的基础元件。

总之，随着工厂自动化、网络化、智能化的发展，智能传感器将是企业、设备、产品、用户之间互联互通，实现数据信息的实时识别、及时处理和准确交换的重要基础。

1.4.2 传感器的地位

智能制造是面向产品全生命周期，实现泛在感知条件下的信息化制造，代表了目前制造业的发展趋势。根据《国家智能制造标准体系建设指南》描述，智能制造关键技术包括智能装备、智能工厂、智能服务、工业软件和大数据及工业互联网五大类。其中，智能工厂的目标是实现从产品设计到销售，从设备控制到企业资源管理等所有环节信息的传感、传递、变换、存储、处理等的无缝集成和智能化应用，是现代企业实现智能制造的最高形式。

在制造工厂中，主要的生产活动都围绕产品进行，包括产品设计、生产、管理和物流等过程。在这些过程中，大量的数据及信息采集、传输都更加依赖能感测制造设备状态和产品质量特性的传感器。可以说，传感器是实现智能制造的基石，特别是能与大数据和工厂自动化相融合，且能通过互联网或“云”实现更大范围信息交互的智能传感器，已成为发展智能制造系统的关键。

拓展阅读

本章小结

- 传感器定义：能感受规定的被测量并按一定的规律转换成可用输出信号的器件或装置。
- 传感器一般由敏感元件、转换元件和基本转换电路三部分组成。
- 传感器按构成原理，可分为结构型传感器与物理型传感器两大类。
- 传感器技术作为信息技术的三大基础之一，是当前各国竞相发展的高新技术，是进入 21 世纪以来优先发展的十大技术之一。
- 传感器技术的发展趋势主要体现在三个方面：一是对于传感器本身的开发，进行基础研究，探索新理论，发现新现象，开发传感器的新材料和新工艺；二是与计算机共同构成传感器系统，以实现传感器的集成化、智能化和多功能化；三是通过与其他学科的交叉融合，实现无线网络化。
- 传感器的广泛应用，是实现智能制造的基石。特别是能与大数据和工厂自动化相融合，且能通过互联网或“云”实现更大范围信息交互的智能传感器，已成为发展智能制造系统的关键。

习题与思考题

1-1　什么是传感器？它是由哪几部分组成的？各部分的作用是什么？

1-2　传感器有几种常用的分类方式？

1-3　简述传感器技术的应用领域与发展趋势。

1-4　为了改善传感器的性能，可采用哪些技术？

1-5　简述传感器在智能制造中的作用。

第2章

传感器的特性与标定

思维导图

扫码获取本书资源

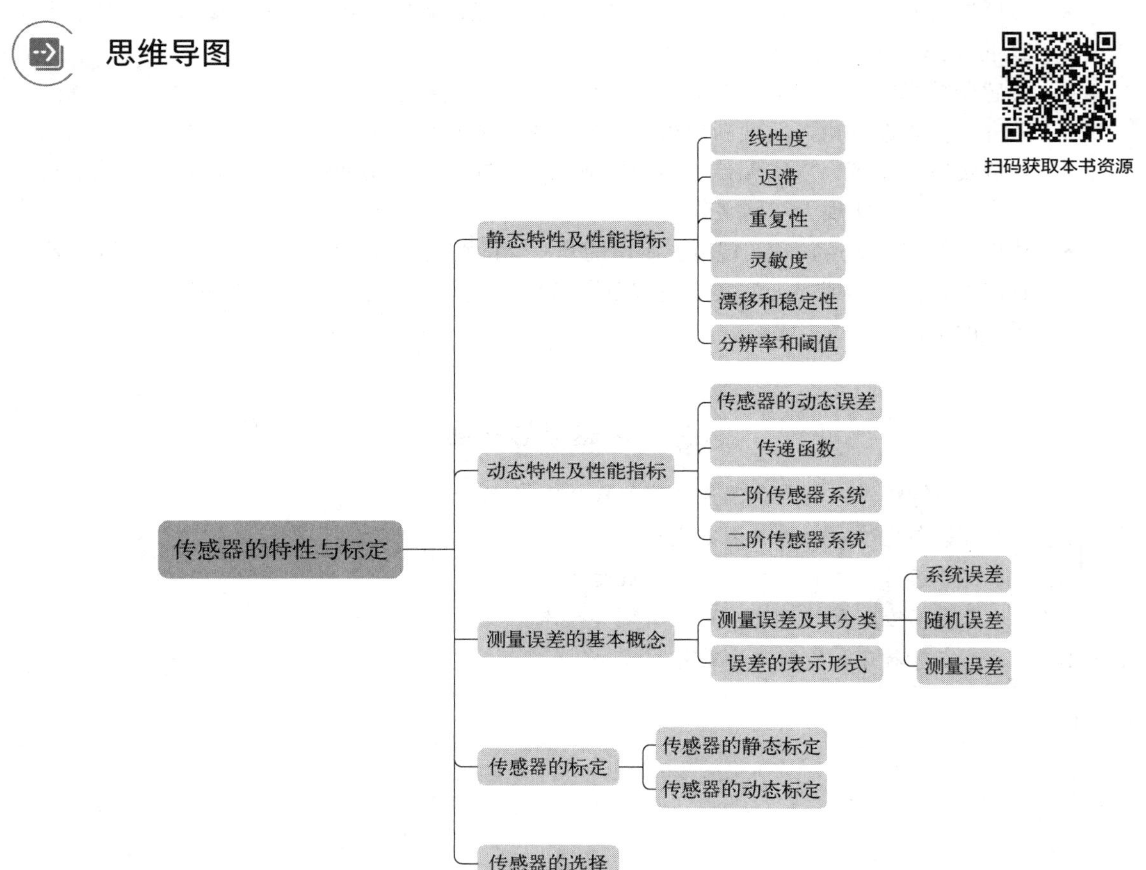

案例引入

飞机在天空中飞行，承载着乘客的生命安全，那么飞机是如何保障飞行安全的呢？飞机上有很多传感器，利用这些传感器可以保障飞机的飞行安全。例如，倾角传感器测量飞机飞行角度；高度传感器测量飞机对地的绝对高度；压力传感器测量飞机所处位置的气压；温度传感器测量飞机发动机的温度；温湿度传感器测量机舱内的温湿度；油位传感器测量飞机内油箱的油位；加速度传感器和速度传感器测量飞机飞行的加速度和速度；烟雾传感器监测机舱内烟雾；超声波传感器监控飞机的位置；还有惯性传感器等。飞机上有几千甚至上万个传感器，每个都极其重要，任何一个有问题都有可能带来机毁人亡的严重后果，因此保证这些传感器准确、可靠的工作是十分重要的。传感器的特性和标定是实现精确测量并准确将量值进行传递的关键。

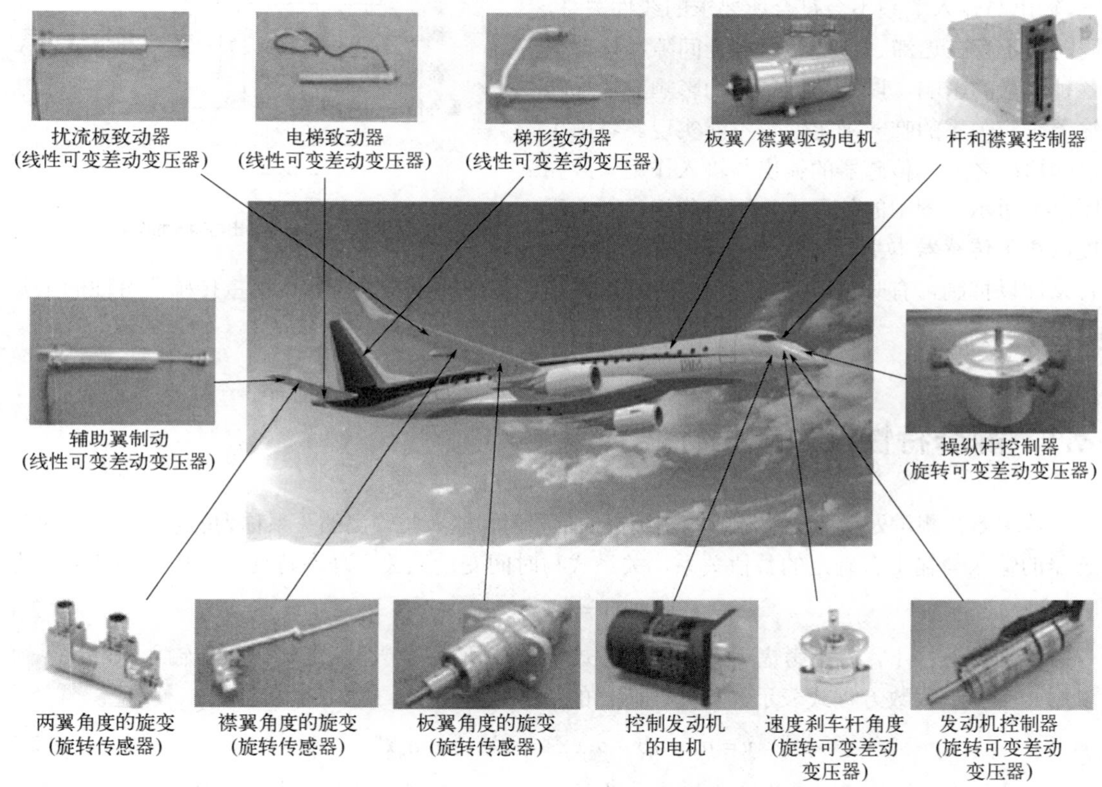

学习目标

1. 能够正确分析传感器的静、动态特性；
2. 正确计算传感器的各种静态特性指标和主要动态特性指标；
3. 了解实际的模拟传感器的数学模型和传递函数；
4. 会使用传感器的基本标定方法完成传感器的标定。

传感器的特性主要是指输出与输入之间的关系。当输入量为常量，或变化极慢时，这一关系就称为静态特性；当输入量随时间较快地变化时，这一关系就称为动态特性。一般来说，传感器输出与输入关系可用对时间的微分方程来描述。理论上，将微分方程中的一阶及以上的微分项取为零时，便可得到静态特性。因此，传感器的静态特性只是动态特性的一个特例。实际上，传感器的静态特性包括非线性和随机性等因素，如果将这些因素都引入微分方程，则使问题复杂化。为避免这种情况，总是将静态特性和动态特性分开考虑。

传感器除了描述输出与输入关系的特性之外，还描述与使用条件、使用环境、使用要求等有关的特性。

人们总是希望传感器的输出与输入具有确定的对应关系，而且最好呈线性关系。但一般情况下，输出与输入关系不会符合所要求的线性关系，同时由于存在迟滞、蠕变、摩擦、间隙和松动等各种因素的影响，以及外界条件的影响，输出与输入对应关系的唯一确定性也不能实现。考虑了这些情况之后，传感器的输出与输入作用大致如图 2-1 所示。图中的外界影响不可忽视，影响程度取决于传感器本身，可通过对传感器本身的改善来加以抑制，有时也可以对外界条件加以限制。图中的误差因素就是衡量传感器特性的主要技术指标。

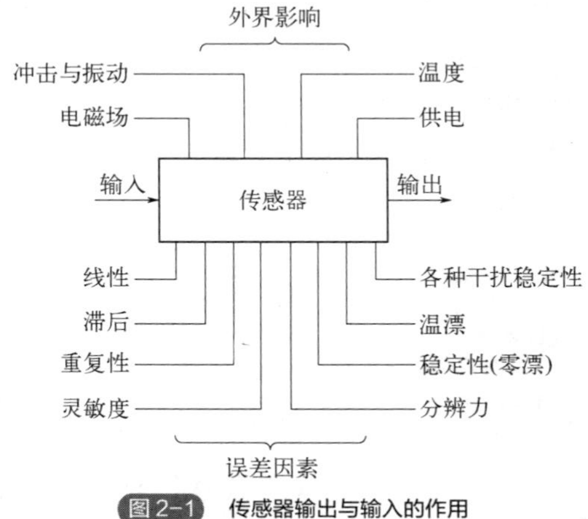

图 2-1 传感器输出与输入的作用

2.1 静态特性及性能指标

传感器在测量处于稳定状态或变化缓慢的信号时，输入与输出的关系称为静态特性，这时传感器的输入与输出有确定的数值关系，关系式与时间变量无关。静态特性可以用函数式表示为

$$y = f(x) \tag{2-1}$$

在静态条件下，若不考虑迟滞和蠕变，式（2-1）所示的传感器的输出量与输入量的关系可以用一个多项代数方程式表示，称为传感器的静态数学模型，即

$$y = a_0 + a_1 x + a_2 x^2 + a_3 x^3 + \cdots + a_n x^n \tag{2-2}$$

式中，x 为输入量；y 为输出量；a_0 为输入量 $x=0$ 时的输出值 (y)，即零位输出；a_1 为传感器的理想（线性）灵敏度；a_2，a_3，…，a_n 为非线性项系数。

式（2-2）中各项系数不同时，特性曲线的形式各不相同（图 2-2）。

设 $a_0 = 0$，当 $a_2 = a_3 = \cdots = a_n = 0$ 时，传感器的静态特性为 $y = a_1 x$，静态特性曲线为直线，可视为理想线性，如图 2-2（a）所示，传感器的灵敏度为 $y/x = a_1$，为常数。

当 $a_3 = a_5 = \cdots = 0$ 时，非线性项只有偶次项，这时传感器的静态特性为 $y = a_1 x + a_2 x^2 + a_4 x^4 + \cdots$，如图 2-2（b）所示，因特性曲线不具有对称性，其线性范围较窄，所以一般不采用这种模型。

当 $a_2 = a_4 = \cdots = 0$ 时，非线性项只有奇次项，此时传感器的静态特性为 $y = a_1 x +$

$a_3x^3 + a_5x^5 + \cdots$，如图 2-2（c）所示，因特性曲线关于原点对称，在原点附近有较宽的线性范围，通常差动形式传感器具有这种特性。

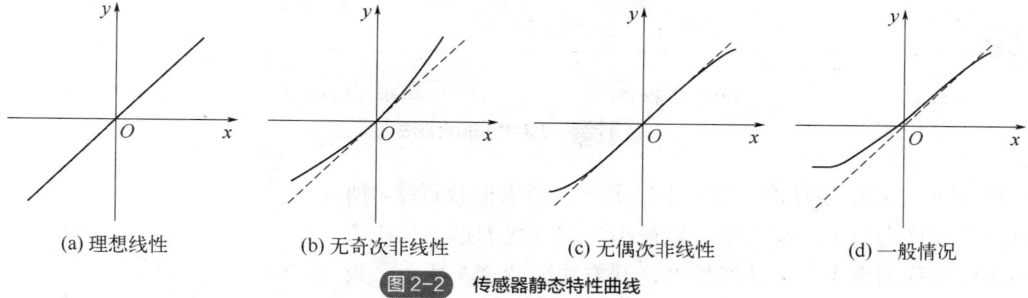

图 2-2 传感器静态特性曲线

一般情况下，特性曲线过原点，但不具有对称性，如图 2-2（d）所示。

理论分析建立的传感器数学模型非常复杂，甚至难以实现。实际应用时，常常利用实际数据绘制的特性曲线，根据曲线特征来描述传感器特征。描述传感器静态特性的主要指标包括线性度、迟滞、重复性、漂移、稳定性、阈值、分辨率、灵敏度、噪声等，它们是衡量传感器静态特性的重要指标参数。

2.1.1 线性度

一个理想的传感器具有线性的输入、输出关系，但由于实际传感器总有非线性（高次项）存在，所以大多数传感器是非线性的。实际应用中为标定方便常常对传感器做近似处理，如简化计算、电路补偿、软件补偿或在某一小范围内用切线或割线近似代表实际曲线，使输入、输出线性化。实际的静态特性曲线可以用实验方法获得。

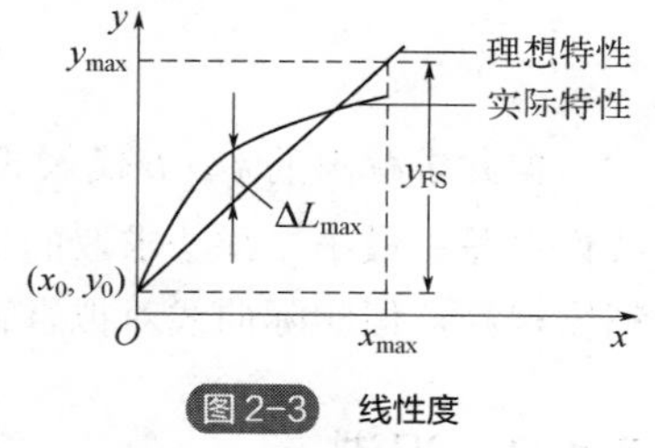

图 2-3 线性度

由于实际传感器有非线性存在，特性如图 2-3 所示，近似后的拟合直线与实际曲线存在偏差，这个最大偏差称为传感器的最大非线性绝对误差，非线性误差通常用相对误差表示，即线性度为

$$\gamma_L = \pm \frac{\Delta L_{max}}{y_{FS}} \times 100\% \tag{2-3}$$

式中，ΔL_{max} 为最大非线性绝对误差；y_{FS} 为满量程输出。

线性度 γ_L 是表征实际特性与理想特性不吻合的参数。由式（2-3）可见，传感器的非线性误差是以一条理想直线作基准，即使是同一传感器，基准不同时，得出的线性度也不同，所以不能笼统地提出线性度。当提出线性度的非线性误差时，必须说明所依据的基准直线，因为不同的基准直线对应于不同的线性度。选取拟合的方法很多，图 2-4 所示为几种直线拟合方法。

1）理论线性度（理论拟合），如图 2-4（a）、（b）所示，是以输出 0 为起点、满量程输出作终点的直线，图 2-4（b）所示是基于理论拟合的过零旋转拟合。

2）端基线性度（端点连线拟合），如图 2-4（c）所示，是实际曲线的起点与终点的直线。

3）独立线性度（端点平移拟合），如图 2-4（d）所示，以平行端基线作直线，恰好包围所有的标定点，与两条直线等距作拟合线。

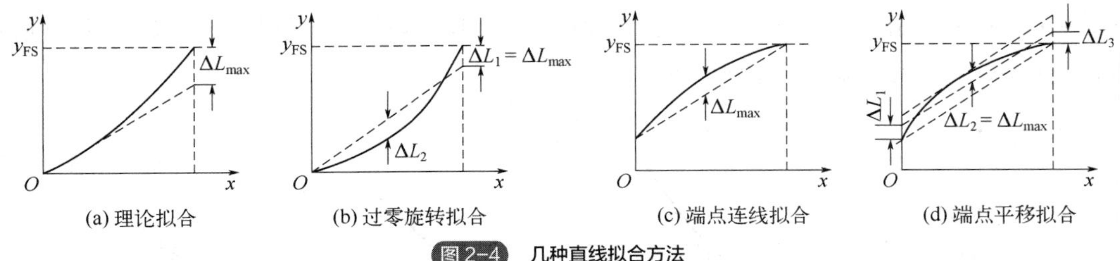

图 2-4 几种直线拟合方法

4）最小二乘法线性度，按最小二乘法原理求拟合直线，所得拟合直线称为最小二乘直线。以最小二乘直线为拟合直线得到的线性度称为最小二乘法线性度，其方法如图 2-5 所示。设最小二乘拟合方程为

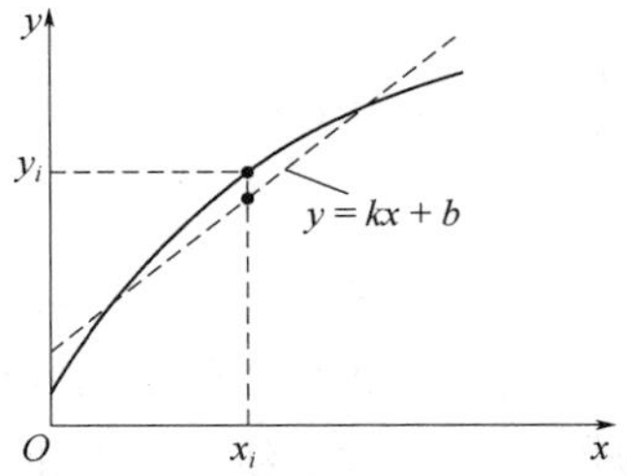

$$y = kx + b \tag{2-4}$$

图 2-5 最小二乘法线性度

对实测曲线取 n 个测点，第 i 个测点与直线间的残差为

$$\Delta i = y_i - (kx_i + b)$$

根据最小二乘法原理，取所有测点的残差平方和为最小值

$$\sum_{i=1}^{n} \Delta i^2 = \min$$

为此，将 $\sum_{i=1}^{n} \Delta i^2$ 分别对 k 和 b 求一阶偏导数，并令其等于零，求得 k、b，即

$$\frac{\partial}{\partial k}\sum_{i=1}^{n} \Delta i^2 = 0 \qquad \frac{\partial}{\partial b}\sum_{i=1}^{n} \Delta i^2 = 0$$

据此求解出的 k、b 代入式（2-4）作拟合直线，实际曲线与拟合直线的最大残差 Δi_{max} 为非线性误差。最小二乘法求取的拟合直线拟合精度最高，也是最常用的方法。虽然这种方法拟合精度很高，但实际曲线对拟合直线最大偏差的绝对值未必最小。

2.1.2 迟滞

在相同条件下，传感器在正行程（输入量由小到大）和反行程（输入量由大到小）期间所得输入与输出特性曲线往往不重合。也就是说，对于同一输入信号，传感器正、反行程的输出信号大小不等，产生迟滞现象。

迟滞用来描述传感器在正、反行程期间特性曲线不重合的程度，迟滞特性如图 2-6 所示。迟滞的大小一般由正、反行程的最大输出差值与满量程输出的百分比表示，表达式为

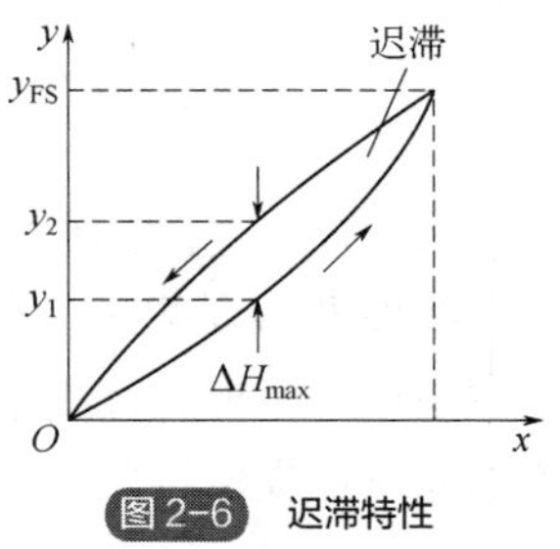

图 2-6 迟滞特性

$$\gamma_H = \pm \frac{\Delta H_{max}}{y_{FS}} \times 100\% \tag{2-5}$$

式中，$\Delta H_{max} = y_2 - y_1$，$\Delta H_{max}$ 为正、反行程输出值之间最大差值；y_{FS} 为满量程输出。

迟滞的存在会造成测量误差，如利用电阻式应变电桥输出电压作为输出的电子秤称重，逐渐增加砝码，再逐渐减少砝码，电桥输出电压与砝码重量的对应关系如下所示：

- 先增加砝码，再减少砝码（单位为 g）：10→50→100→200→100→50→10。
- 对应电桥输出电压（单位为 mV）：0.5→2→4→10←8←5→1。

砝码逐渐增加再逐渐减少，相同输入值下的电桥输出电压不等。这种现象主要是由传感器敏感元件材料的物理性质缺陷和机械部件缺陷造成的，如弹性元件的滞后，轴承摩擦、间隙，紧固件松动等；铁磁体、铁电体在外加磁场、电场作用时也有这种现象，并且速度越快，这种现象越明显。

2.1.3　重复性

重复性是指在相同条件下，输入量按同一方向做全量程多次测量时，所得传感器输出特性曲线不一致的程度，重复性误差特性曲线如图 2-7 所示。

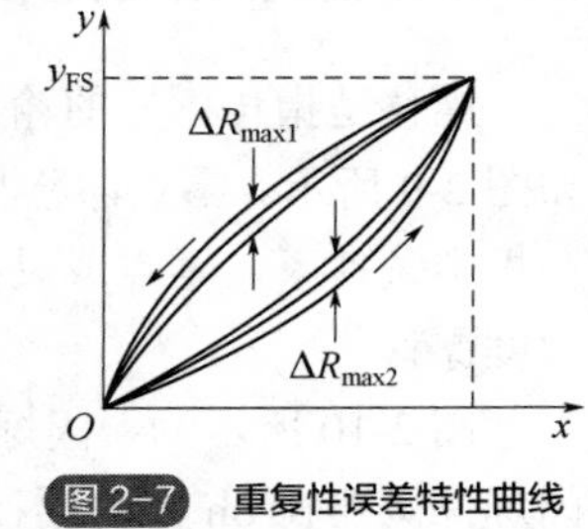

图 2-7　重复性误差特性曲线

重复性的计算有不同方法，重复性误差较简单的计算方法是用最大重复偏差表示，先求出正行程的最大偏差 ΔR_{max1} 和反行程的最大偏差 ΔR_{max2}，取两个偏差的较大者 ΔR_{max}，然后用其与满量程输出 y_{FS} 的百分比表示重复性误差，表达式为

$$\gamma_R = \pm\frac{\Delta R_{max}}{y_{FS}}\times 100\% \tag{2-6}$$

因为重复性误差属于随机误差，故常用标准差（标准偏差）来计算重复性误差，表达式可写为

$$\gamma_R = \pm\frac{(2\sim 3)\sigma_{max}}{y_{FS}}\times 100\%$$

式中，σ_{max} 为实测曲线各点的最大标准差；2～3 为置信系数，置信系数取 2 时，置信概率为 95.4%，置信系数取 3 时，置信概率为 99.7%。传感器输入、输出不重复的原因与迟滞产生的原因基本相似。

2.1.4　灵敏度

灵敏度是指传感器在稳定工作条件下，输出微小变化增量与引起此变化的输入微小变化增量的比值。常用 S_n 表示传感器灵敏度，对于输入与输出关系为线性的传感器，灵敏度是一常数，即为特性曲线的斜率，如图 2-8（a）所示，表达式为

$$S_n = \Delta y/\Delta x$$

而非线性传感器的灵敏度如图 2-8（b）所示，灵敏度为一变量，可表示为

$$S_n = \mathrm{d}y/\mathrm{d}x$$

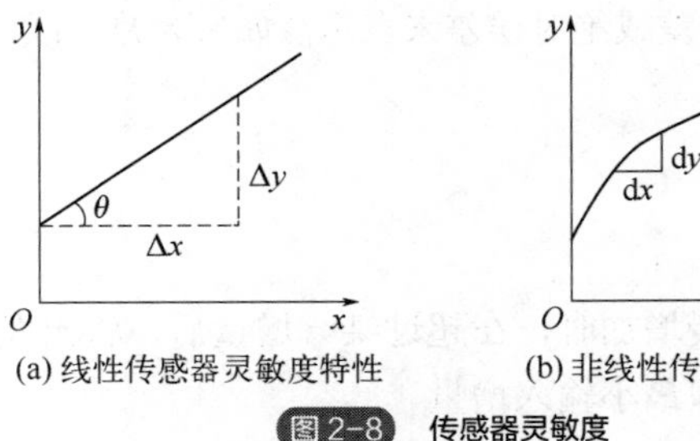

(a) 线性传感器灵敏度特性　　(b) 非线性传感器的灵敏度

图 2-8　传感器灵敏度

由于传感器输入一般为非电量，通常以电量为输出的传感器灵敏度单位表示为 mV/mm 和 mV/℃等。实际应用时，有源传感器的输出与电源有关，若传感器所加电压不同，灵敏度有较大差别，故灵敏度表达式需要考虑电源的影响，应将灵敏度再除以总电压。生产厂家的标称灵敏度是指每伏电压的灵敏度，如 mV/(mm・V)、mV/(℃・V)等。例如，位移传感器的电源电压为 1V，每 1mm 位移变化引起输出电压的变化为 100mV，其标称灵敏度可以表示为 100mV/(mm・V)。

2.1.5 漂移和稳定性

漂移是指传感器的输入量不变，而其输出量发生了改变。漂移包括零点漂移与灵敏度漂移，如图 2-9 所示。零点漂移与灵敏度漂移又可分为时间漂移（时漂）和温度漂移（温漂）。时漂指在规定条件下，零点或灵敏度随时间缓慢变化；温漂则是指环境温度变化引起的零点漂移与灵敏度漂移。

图 2-10 所示为一闪烁探测器对同一标准样品的长时间稳定性测量结果，测量数据表示了该闪烁探测器在 8h 内的漂移程度。测量数据不仅反映了放射性测量的统计涨落规律，同时也反映出探测器总体随时间或环境温度变化产生误差的情况，当误差超出要求的精度范围时，必须进行补偿和修正。

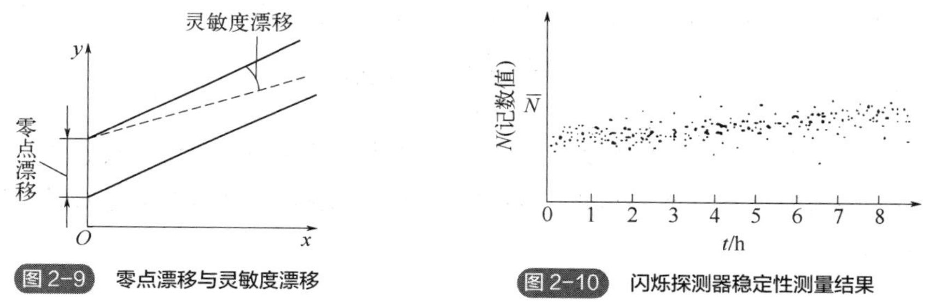

图 2-9 零点漂移与灵敏度漂移

图 2-10 闪烁探测器稳定性测量结果

稳定性表示传感器在一较长时间内保持性能参数的能力，故又称长期稳定性。理想情况下，传感器性能参数不应随时间变化；而在实际情况下，大多数传感器性能会随使用时间延长发生变化，如设备长期不用或使用次数增多。最常见的是随温度漂移，即周围环境温度变化引起的输出变化，温度引起的漂移主要表现为零点漂移和灵敏度漂移。

仪器操作人员应该对所使用仪器的每日、每月、每年变化情况进行标准数据的记录和登记，要有证明仪器数据可靠性的记录。应对仪器的漂移和稳定性情况做到心中有数，并对使用的仪器进行定期标定和检查，以便对测量数据进行修正，保证测量数据的真实性和可靠性。

一般在室温条件下，经过规定时间后，传感器实际输出与标定时输出的差异程度可以用来表示其稳定性。稳定性可用相对误差或绝对误差来表示，如××月（或××小时）不超过××%满量程输出。

2.1.6 分辨率和阈值

当传感器的输入从非零值缓慢增加时，在超过某一增量后，输出发生可观测的变化，这个输入增量称为传感器的分辨率，即最小输入增量。

当传感器的输入从零值开始缓慢增加时，在达到某一值后，输出发生可观测的变化，这个输入值称传感器的阈值，阈值是指输入小到某种程度输出不再变化的值。这时传感器的输入值 Δx 称为门槛灵敏度，指输入零点附近的分辨能力。

传感器存在“门槛”的主要原因有两个：一是传感器输入信号的变化量被传感器内部吸收，从而反映不到输出端；二是传感器输出存在噪声，如果噪声比信号还大，就无法将信号与噪声分开，如图 2-11 所示。所以输入信号必须大于噪声，或尽量减小噪声，提高分辨能力。

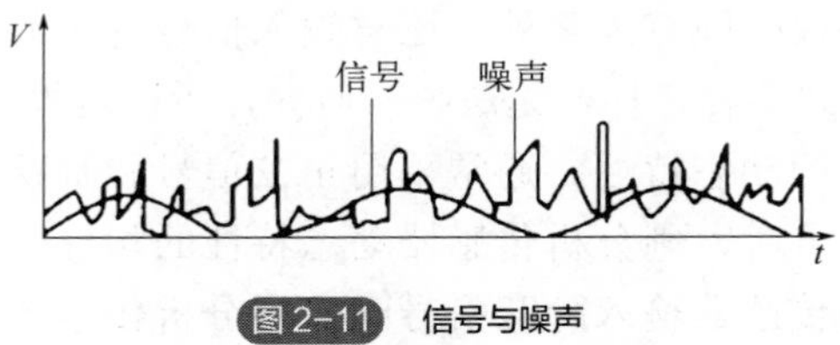

图 2-11　信号与噪声

对于数字传感器，分辨率是指传感器能够引起输出数字的末位数字发生改变所对应的输入增量。

2.2　动态特性及性能指标

传感器的动态特性是指输入量随时间变化时输出和输入之间的关系。实际应用中，传感器检测的物理量大多是时间的函数。为使传感器的输出信号及时、准确地反映输入信号的变化，不仅要求传感器有良好的静态特性，更希望它具有好的动态特性。

2.2.1　传感器动态误差

动态特性好的传感器，输入与输出之间应具有相同的时间函数，但是除了理想状态外，输出信号一定不会与输入信号有相同的时间函数，这种输入与输出之间的差异就是动态误差，这种误差反映了传感器的动态特性。动态误差通常包括两个部分：①输出达到稳定状态后与理想输出之间的差别，称为稳态误差；②输入量发生跃变时，输出量由一个稳定状态过渡到另一个稳定状态期间的误差，称为暂态误差。为了说明传感器的动态特性，下面简单介绍动态测温的问题。动态测温有以下几种情况：被测温度随时间快速变化；传感器突然插入被测介质中；传感器以扫描方式测量温度场分布。

热电偶测温示意图如图 2-12 所示。假设传感器突然插入被测介质中，设环境温度为 T_0(℃)，水槽中水的温度为 T(℃)，并且 $T>T_0$，当温度传感器（热电偶）迅速插入水中时，输出特性曲线如图 2-13 所示。理想情况下，传感器应立刻达到被测介质温度 T，特性曲线在时间 t_0 时刻的温度从 T_0 到 T 应该是阶跃变化的，而热电偶实际输出特性是缓慢变化的，经历了 $t_0 \to t_s$ 的时间后逐渐达到稳定，存在一个过渡过程，这个过程与阶跃特性的误差就是动态误差。这种动态误差是温度传感器的热惯性、传热热阻引起的，如带套管的温度传感器比裸露的温度传感器的热惯性大，这种热惯性和传热热阻是温度传感器固有的。影响动态特性的“固有因素”任何传感器都具有，只是表现形式不同而已。

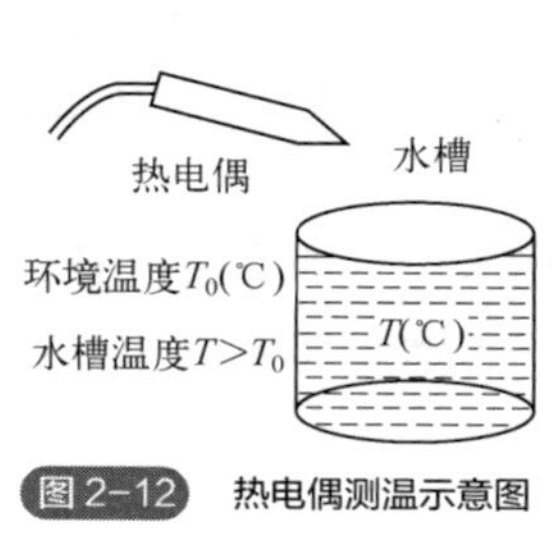

图 2-12 热电偶测温示意图

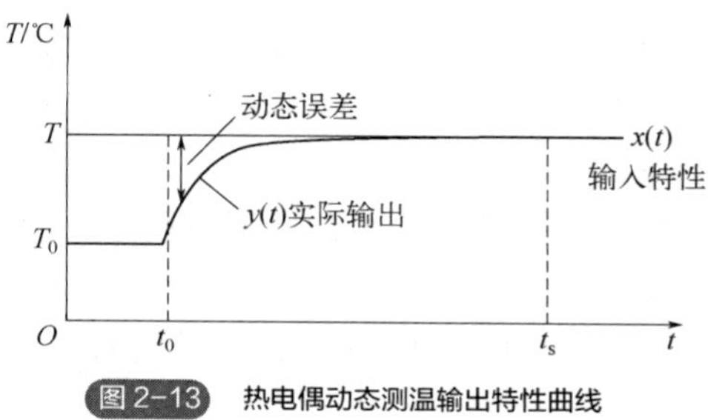

图 2-13 热电偶动态测温输出特性曲线

影响传感器的动态特性除固有因素外，还与输入信号变化的形式有关。实际应用中，输入信号随时间变化的形式多种多样，无法统一研究，所以这里只介绍在确定信号作用下，如何从理论上分析传感器的动态特性。通常采用正弦信号和阶跃信号作为“标准”输入信号。当传感器输入正弦信号时，则分析传感器动态特性的相位、振幅、频率特性，称之为频率响应或频率特性。当传感器输入阶跃信号时，则分析传感器的过渡过程和输出随时间的变化情况，称之为传感器的阶跃响应或瞬态响应。传感器的动态特性一般从频域和时域两方面研究。

2.2.2 传递函数

传感器系统的输入与输出关系如图 2-14 所示。当外界有一激励 $X(t)$ 施加于系统时，系统对外界会有一响应 $Y(t)$，传感器系统本身的传输、转换特性可由传递函数 $H(s)$ 来表示。

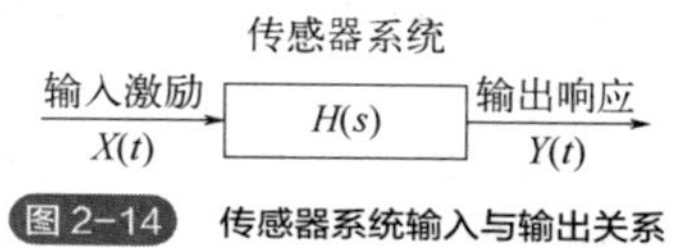

图 2-14 传感器系统输入与输出关系

多数传感器输入信号是随时间变化的，只是变化快慢不同而已，缓慢变化的信号容易跟踪；对于变化较快的信号，跟踪性能就会下降。传感器动态特性是指传感器输出对随时间变化的输入量的响应特性，如加速度、振动测量，这时被测量是时间的函数或是频率的函数，故可分别用时域或频域表示为

$$y(t)=f[x(t)] \ \rightarrow \ y(\mathrm{j}\omega)=f[x(\mathrm{j}\omega)]$$

为研究分析传感器的动态特性，首先要建立动态数学模型，求出传递函数，用数学方法分析传感器在动态变化的输入量作用下，输出量如何随时间变化。当传感器输入量随时间变化时（假设是测力传感器），系统存在阻尼、弹性和惯性元件，在力的作用下，输出不仅与位移 x 有关，还与速度 $\mathrm{d}x/\mathrm{d}t$ 、加速度 $\mathrm{d}^2x/\mathrm{d}t^2$ 有关。因此要准确地写出传感器数学模型是很困难的，为使数学模型的建立和求解方便，往往会省略影响小的因素。假设传感器的输入、输出在线性范围变化，它们的关系可用高阶常系数线性微分方程表示为

$$a_n\frac{\mathrm{d}^n y}{\mathrm{d}t^n}+\cdots+a_1\frac{\mathrm{d}y}{\mathrm{d}t}+a_0y=b_m\frac{\mathrm{d}^m x}{\mathrm{d}t^m}+\cdots+b_1\frac{\mathrm{d}x}{\mathrm{d}t}+b_0x \tag{2-7}$$

式中，x 为输入；y 为输出；a 和 b 为常数。

当然，要求解式（2-7）这样一个方程仍然是困难的。为简化运算，对式（2-7）两边做拉氏变换，将其变换为复变函数。

当满足 $x\leqslant 0$ 、 $y=0$ 时，拉氏变换定义为

$$F(s)=L[F(t)]=\int_0^{\infty}F(t)\mathrm{e}^{-st}\mathrm{d}t$$

式中，$s=\sigma+\mathrm{j}\omega$。

其中，s 为拉氏变换算子；σ 为收敛因子。将微分方程即式（2-7）两边取拉氏变换为

$$Y(s)(a_n s^n + a_{n-1}s^{n-1} + \cdots + a_0) = X(s)(b_m s^m + b_{m-1}s^{m-1} + \cdots + b_0) \tag{2-8}$$

由式（2-8）可写出传感器的传递函数

$$H(s) = \frac{Y(s)}{X(s)} = \frac{b_m s^m + b_{m-1}s^{m-1} + \cdots + b_0}{a_n s^n + a_{n-1}s^{n-1} + \cdots + a_0} \tag{2-9}$$

显然，式（2-9）的右式仅与传感器系统的结构参数有关。它反映了输出与输入的关系，是一个描述传感器信息传递特征的函数，即传感器特征的表达式。

传感器的传递函数在数学上的定义是：初始条件为零（$x\leqslant 0$、$y=0$），输出拉氏变换与输入拉氏变换之比。输出的拉氏变换等于输入拉氏变换乘以传递函数

$$\mathrm{Y(s)} = X(s)H(s) \tag{2-10}$$

引入传递函数后，式（2-10）中的 $H(s)$、$\mathrm{Y(s)}$、$X(s)$ 三者中只要知道任意两个，就可以求出第三个，即由输入拉氏变换和传递函数可求出输出拉氏变换。因此，当研究一个复杂系统时，只要给系统一个激励 $X(s)$，则由传递函数 $H(s)$ 即可确定系统的输出，再求输出的逆变换得到时间函数 $y(t)$，将频域变换为时域。

为说明问题，根据大多数传感器的情况，一般有

$$b_m = b_{m-1} = \cdots = b_1 = 0$$

传递函数可简化为

$$H(s) = \frac{Y(s)}{X(s)} = \frac{b_0}{a_n s^n + a_{n-1}s^{n-1} + \cdots + a_0} \tag{2-11}$$

式（2-11）的分母多项式 $a_n s^n + a_{n-1}s^{n-1} + \cdots + a_0 = 0$ 有 n 个根，总可以分解为一次和二次的实系数因子，传递函数可写为

$$H(s) = A\prod_{i=1}^{r}\frac{1}{s+p_i}\prod_{j=1}^{(n-r)/2}\frac{1}{s^2+2\xi_i\omega_{nj}s+\omega_{nj}^2} \tag{2-12}$$

式（2-12）中每个因子式都可以看成一个传感器子系统的传递函数。其中，A 是零阶系统的传递函数；$\dfrac{1}{s+p_i}$ 是一阶系统的传递函数；$\dfrac{1}{s^2+2\xi_i\omega_{nj}s+\omega_{nj}^2}$ 是二阶系统的传递函数。

（1）零阶系统

当 $n=0$ 时，只有 a_0、b_0 不为零，称之为零阶系统。零阶系统是一种特例，无时间滞后，可精确地跟踪输入状态。电位器是典型的零阶传感器。零阶系统输出与输入之间是线性关系，可表示为

$$y = \frac{b_0}{a_0}x = kx \tag{2-13}$$

（2）一阶系统

当 $n=1$ 时，b_0、a_0、a_1 不为零，称之为一阶系统。RC 回路是典型的一阶系统。此时，传

递函数可化简为

$$H(s)=\frac{b_0}{a_1 s+a_0} \tag{2-14}$$

（3）二阶系统

当$n=2$时，b_0、a_0、a_1、a_2不为零，称之为二阶系统。RLC 回路是典型的二阶系统。此时，传递函数可化简为

$$H(s)=\frac{b_0}{a_2 s^2+a_1 s+a_0} \tag{2-15}$$

传递函数中分子的阶次小于分母的阶次，即$m \leqslant n$，用分母的阶次代表传感器的特征，数学模型是n阶就称为n阶传感器。传感器种类很多，绝大多数传感器的动态特性都能用零阶、一阶或二阶微分方程来描述，较少的高阶系统可以看成若干个零阶、一阶、二阶系统的串联，一般也可简化为一阶或二阶系统。

2.2.3 一阶传感器系统

（1）一阶系统的阶跃响应

具体的一阶传感器系统——弹簧-阻尼惯性系统，传递函数由式（2-14）表示。令静态灵敏度为k，时间常数为τ，一阶系统传递函数可写为

$$H(s)=\frac{Y(s)}{X(s)}=\frac{b_0}{a_1 s+a_0}=\frac{b_0/a_0}{a_1 s/a_0+1}=\frac{k}{\tau s+1} \tag{2-16}$$

式中，静态灵敏度$k=\frac{b_0}{a_0}$，为方便计算做归一化处理时，令灵敏度$k=1$；时间常数$\tau=\frac{a_1}{a_0}$（量纲为时间）。

$$x(t)=\begin{cases}0, t \leqslant 0 \\ 1, t>0\end{cases}$$

单位阶跃信号的拉氏变换为

$$X(s)=\frac{1}{s} \tag{2-17}$$

由式（2-16）和式（2-17）可得传感器输出的拉氏变换为

$$Y(s)=H(s)X(s)=\frac{1}{\tau s+1} \times \frac{1}{s} \tag{2-18}$$

由式（2-18）求拉氏反变换得

$$y(t)=1-\mathrm{e}^{-t/\tau} \tag{2-19}$$

式（2-19）中输出信号$y(t)$包括稳态和暂态两个分量，输出特性如图 2-15 所示，此即一阶传感器的单位阶跃响应。对于一阶传感器的单位阶跃响应特性有如下结论。

1）由图 2-15 可知，暂态响应是一指数函数，输出曲线随时间呈指数规律变化，逐渐达到

稳定，理论上 $t \to \infty$ 时输出才能达到稳定。

2）在式（2-19）中，当 $t=\tau$ 时，输出达到稳定值的 63.2%。由此可见，τ 越小越好。τ 越小，系统需要达到稳定的时间越短，所以时间常数 τ 是反映一阶传感器特性的重要参数。

3）$t=4\tau$ 时，输出达到稳定值的 98.2%，在工程上认为已经达到稳定。

4）由特性曲线看出，它与动态测温特性相似，所以动态测温系统是典型的一阶传感器系统。

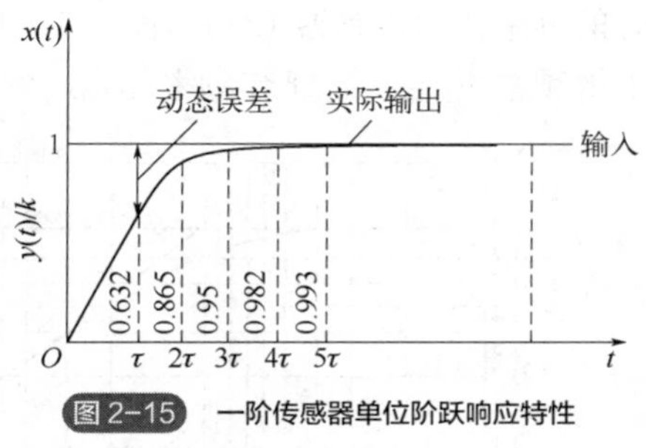

图 2-15 一阶传感器单位阶跃响应特性

（2）一阶系统的频率响应

当传感器输入一个周期变化的信号时，讨论传感器输出振幅和频率变化特性。假设传感器输入一正弦函数信号即 $x(t)=\sin(\omega t)$，振幅恒定，信号频率为 ω，已知正弦函数的拉氏变换为

$$X(s)=\frac{\omega}{s^2+\omega^2} \tag{2-20}$$

由式（2-16）一阶系统传递函数和式（2-20）输入信号，求出一阶传感器的输出响应为

$$Y(s)=X(s)H(s)=\frac{1}{\tau s+1}\times\frac{\omega}{s^2+\omega^2}=\frac{\omega}{\tau}\times\frac{1}{(s+1/\tau)(s^2+\omega^2)} \tag{2-21}$$

对式（2-21）求反变换可得出一阶传感器的时间函数

$$y(t)=\frac{\omega}{\tau}\times\frac{\mathrm{e}^{-t/\tau}}{(1/\tau)^2+\omega^2}+\frac{1}{\omega}\sqrt{\frac{(\omega/\tau)^2}{(1/\tau)^2+\omega^2}}\sin(\omega t+\varphi) \tag{2-22}$$

由式（2-22）可知输出 $y(t)$ 由两部分组成，即暂态响应成分和稳态响应成分，其中暂态响应成分（右式第一项）随时间 t 逐渐消失。忽略暂态响应，稳态响应整理后为

$$y(t)=\frac{1}{\sqrt{1+\omega^2\tau^2}}\sin(\omega t+\varphi)=A(\omega)\sin(\omega t+\varphi) \tag{2-23}$$

幅频特性为

$$A(\omega)=\left|\frac{y(t)}{k}\right|=\frac{1}{\sqrt{1+\omega^2\tau^2}} \tag{2-24}$$

相频特性为

$$\varphi(\omega)=-\arctan(\omega\tau) \tag{2-25}$$

分别用式（2-24）、式（2-25）作图，图 2-16（a）是一阶传感器的频率特性曲线，图 2-16（b）为相频特性曲线。

由图 2-16 可知，关于一阶传感器的频率响应特性有以下结论：

1）一阶传感器系统只有在时间常数 τ 远小于 1 或 $\omega\tau$ 远小于 1 时，才有近似零阶系统的特性，即 $A(\omega)\approx 1$，$\varphi(\omega)\approx 0°$；当时间常数 τ 很小时，输入与输出关系接近线性关系，且相位差很小，这时的输出信号能较真实地反映输入的变化规律。

2）当 $\omega\tau=1$ 时，传感器灵敏度幅值衰减至输入信号的 $0.707k$，如果将灵敏度下降到 3dB

时的频率作为传感器工作频率上限，则传感器上限频率为 $\omega_H = 1/\tau$ 。时间常数 τ 越小，传感器上限频率 ω_H 越高，工作频率越宽，频率响应特性越好。

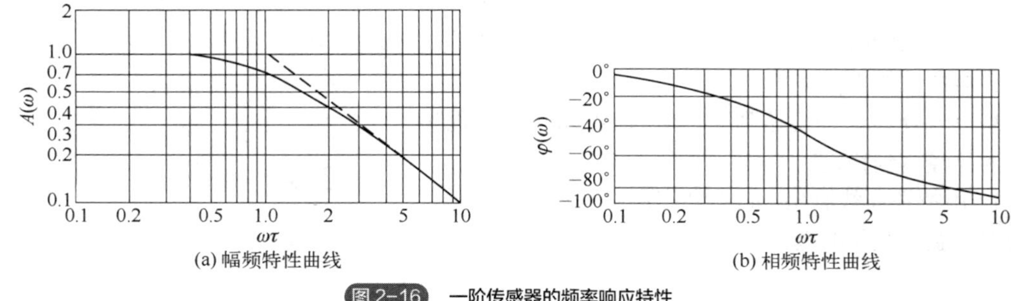

(a) 幅频特性曲线　(b) 相频特性曲线

图 2-16　一阶传感器的频率响应特性

以上一阶系统特征说明：一阶传感器系统的动态响应主要取决于时间常数 τ 。τ 越小越好，减小时间常数 τ 可改善传感器频率特性，加快响应过程。

2.2.4　二阶传感器系统

举例的二阶传感器系统是质量-弹簧-阻尼系统，属于测力、振动传感器系统。典型的二阶传感器系统的传递函数可由式（2-15）获得，故有

$$H(s)=\frac{Y(s)}{X(s)}=\frac{b_0}{a_2s^2+a_1s+a_0}=\frac{\omega_n^2}{s^2+2\xi\omega_n s+\omega_n^2} \tag{2-26}$$

式中，$k=\dfrac{b_0}{a_0}$ 为静态灵敏度，令（归一化）$k=1$ ；$\xi=\dfrac{a_1}{2\sqrt{a_0a_2}}$ 为阻尼系数；$\omega_n=\sqrt{a_0/a_2}$ 为传感器无阻尼固有频率，由传感器结构确定。

（1）二阶系统的阶跃响应

输入单位阶跃信号，取拉氏变换为 $X(s)=1/s$ ，并联合式（2-26）可获得二阶传感器的输出拉氏变换为

$$Y(s)=H(s)X(s)=\frac{\omega_n^2}{s^2+2\xi\omega_n s+\omega_n^2}\times\frac{1}{s} \tag{2-27}$$

对式（2-27）求拉式反变换

$$y(t)=1-\left[\frac{e^{-\xi\omega_n t}}{\sqrt{1-\xi^2}}\right]\sin(\omega_d t+\varphi) \tag{2-28}$$

式中

$$\varphi=-\arctan\left[\sqrt{1-\xi\left(\omega_d/\omega_n\right)^2}/\xi\right]$$

$$\omega_d=\omega_n\sqrt{1-\xi^2}$$

依据式（2-28）作图，输出特性如图 2-17 所示。

图 2-17 中不同阻尼系数的曲线形式不同，二阶传感器的单位阶跃响应特性讨论如下：

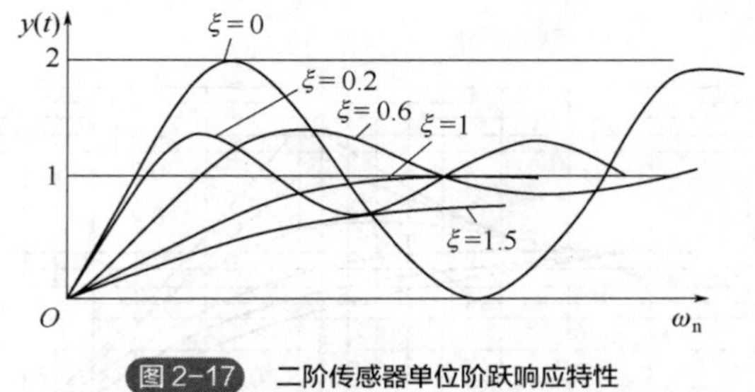

图 2-17　二阶传感器单位阶跃响应特性

1）固有频率 ω_n 越高，响应曲线上升越快，当 ω_n 为常数时，响应特性取决于阻尼系数 ξ。

2）阻尼系数较大时，过冲现象减弱，$\xi \geqslant 1$ 时无过冲，不存在振荡。可见阻尼系数直接影响过冲量和振荡次数，根据阻尼系数 ξ 大小，二阶系统可分为四种情况：

$\xi = 0$，零阻尼，输出等幅振荡，系统产生自激永远达不到稳定；$0 < \xi < 1$，欠阻尼，输出为衰减振荡，达到稳定的时间随 ξ 下降而延长；$\xi = 1$，临界阻尼，响应时间最短；$\xi > 1$，过阻尼，达到稳定的时间较长。

3）实际应用中取欠阻尼调整，阻尼系数 $\xi = 0.6 \sim 0.8$，取值的原则是过冲量不太大，稳定时间不太长。

（2）二阶系统的频率响应

一个起始静止的二阶传感器系统，输入 $x(t) = \sin(\omega t)$ 的正弦信号时，信号频率为 ω，取拉氏变换为

$$X(s) = \frac{\omega}{s^2 + \omega^2}$$

代入式（2-26），得到输出的拉氏变换为

$$Y(s) = \frac{\omega_n^2}{s^2 + 2\xi\omega_n s + \omega_n^2} \times \frac{\omega}{s^2 + \omega^2}$$

对上式求反拉氏变换为

$$\begin{aligned} y(t) &= \frac{k\omega_n\omega}{\sqrt{(\omega_n^2 - \omega^2)^2 + 4\xi^2\omega_n^2\omega^2}}\sin(\omega t + \varphi_1) \\ &+ \frac{k\omega_n\omega}{(1-\xi^2)\sqrt{(\omega_n^2 - \omega^2)^2 + 4\xi^2\omega_n^2\omega^2}}\mathrm{e}^{-\xi\omega_n t}\sin\left[\omega_n(1+\xi^2)t + \varphi_2\right] \end{aligned} \tag{2-29}$$

忽略式（2-29）的暂态部分（即右式第二项），从第一项获得幅频特性为

$$A(\omega) = \left|\frac{y(t)}{k}\right| = \frac{1}{\sqrt{\left[1-(\omega/\omega_n)^2\right]^2 + (2\xi\,\omega/\omega_n)^2}} \tag{2-30}$$

相频特性为

$$\varphi(\omega) = -\arctan\frac{2\xi\,\omega/\omega_n}{1-(\omega/\omega_n)^2} \tag{2-31}$$

分别用式（2-30）和式（2-31）作图，幅频特性曲线如图 2-18（a）所示，相频特性曲线如图 2-18（b）所示。

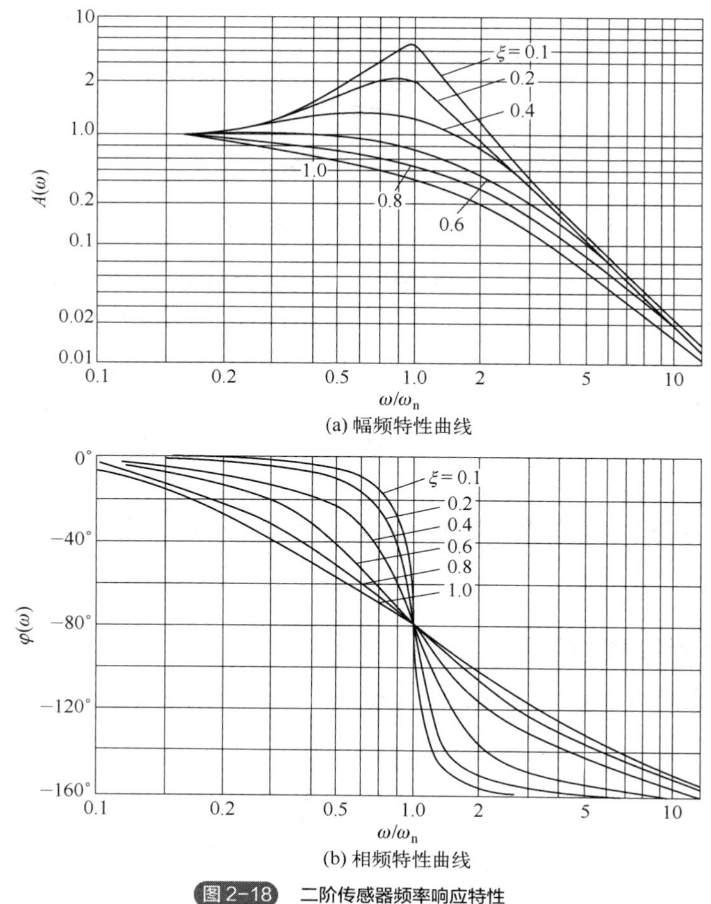

图 2-18　二阶传感器频率响应特性

对二阶传感器的频率响应特性讨论如下：

1）当 $\xi<1$，且 $\omega_n \gg \omega$（或 $\omega/\omega_n \ll 1$）时，输出幅值 $A(\omega)\approx 1$，相移 $\varphi(\omega)\approx 0°$。

2）当 $\xi<1$，且 $\omega_n=\omega$（$\omega/\omega_n=1$）时，在 $\omega/\omega_n=1$ 附近幅值增加，形成峰值，系统会产生共振；同时相频特性变差，会有 90°～180° 相位差。

3）传感器固有频率 ω_n 至少应大于被测信号频率 ω 的 3～5 倍，即 $\omega_n \geqslant (3\sim5)\omega$，以保证增益，避免共振。

二阶传感器对阶跃响应和频率响应特性的好坏很大程度上取决于阻尼系数 ξ 和传感器的固有频率 ω_n。

2.3　测量误差的基本概念

测量是按照某种规律、数据来描述观察到的现象，即对事物作出量化描述。测量是对非量化实物的量化过程，在机械工程中，测量是指将被测量与具有计量单位的标准量在数值上进行比较，从而确定二者比值的实验认识过程。

2.3.1　测量误差及其分类

用实验方法去研究事物的客观规律，总是在一定的环境（温度、湿度、气压等）和仪器条件下进行的，由于测量条件（温度、湿度、气压等）的变化以及仪器精度的不同，在任何测量中，测量结果 N 与待测量客观存在的真值 N' 之间总存在着一定的差异。测量值 N 与真值 N' 的差值叫作测量误差（ΔN），简称误差，即

$$\Delta N = N - N' \tag{2-32}$$

任何测量都不可避免地存在误差，所以，一个完整的测量结果应该包括测量值和误差两部分。真值是理想的概念，一般来说是不可能确切知道的。既然测量不能得到真值，那么怎样才能最大限度地减小测量误差，并估算出误差的范围呢？要回答这些问题，首先需要了解误差产生的原因及其性质。误差主要来自仪器误差、环境误差、人为误差和方法误差。为了便于分析，根据误差的性质将它们主要归纳为系统误差和随机误差两大类。

（1）系统误差

系统误差是指在重复性条件下，对同一被测量进行无限多次测量所得结果的平均值与被测量的真值之差。系统误差在某些情况下对测量结果的影响比较大，因此研究系统误差产生的原因，发现、减小或消除系统误差，使测量结果更加趋于正确和可靠，是误差理论研究的重要课题之一，是数据处理中的一个重要内容。

① 系统误差产生的原因。系统误差是由固定不变的或按确定规律变化的因素造成的，这些误差一般是可以掌握的。

a．测量装置方面的因素。由于仪器设计制造方面的缺陷（如尺子刻度偏大、表盘刻度不均匀等），仪器安装、调整不当等因素导致的误差。

b．测量方法方面的因素。测量所依据的理论和公式的近似性引起的误差，如单摆实验中所用的测重力加速度公式就是近似公式；测量条件或测量方法不能满足理论公式所要求的条件等引起的误差，如在实验中忽略了摩擦、散热、电表的内阻等引起的误差都属于这一类。

c．环境方面的因素。测量时实际环境与所要求的环境有偏差，测量过程中由温度、湿度、气压等按一定规律变化引起的误差。

d．测量人员方面的因素。由于测量者本身的生理特点或固有习惯所引起的误差，如某些人在进行动态测量、记录某一信号时有滞后的倾向等。

② 系统误差服从的规律。根据系统误差产生的原因可以确定它不具有抵偿性，它是固定的或服从一定规律的。

a．不变系统的误差。在整个测量过程中，误差的符号和大小都固定不变的系统误差叫作不变系统的误差。如某尺子的公称尺寸为 100mm，实际尺寸为 100.001mm，误差为−0.001mm，若按公称尺寸使用，始终会存在−0.001mm 的系统误差。

b．线性变化的系统误差。在测量过程中，误差值随某些因素做线性变化的系统误差叫作线性变化的系统误差。如刻度值为 1mm 的标准刻度尺，由于存在刻画误差 $\Delta_1$mm，每刻度间距实际为（$1\text{mm}+\Delta_1\text{mm}$），若用它测量某一物体，得到的值为 k，则被测长度的实际值为 $L=k(1\text{mm}+\Delta_1\text{mm})$，这样就产生了随测量值 k 的大小而变化的线性系统误差 $(-k\Delta_1\text{mm})$。

c．周期性变化的系统误差。测量值随某些因素按周期性变化的误差叫作周期性变化的系统

误差。典型的例子为当仪表指针的回转中心与刻度盘中心有偏心值e时，则指针在任一转角φ下由偏心引起的读数误差ΔL即为周期性变化的系统误差（$\Delta L = e\sin\varphi$）。

ΔL的变化规律符合正弦曲线，指针在0°和180°时误差为零，而在90°和270°时误差最大，为$\pm e$。

d．复杂规律变化的系统误差。在整个测量过程中，若误差是按确定且复杂的规律变化的，则叫作复杂规律变化的系统误差。如微安表的指针偏转角与偏转力矩不能严格保持线性关系，而表盘仍采用均匀刻度所产生的误差等。变化规律不太复杂的系统误差可用多项式来表示，如电阻与温度的关系可用下式表述

$$R = R_{20} + \alpha(t-20) + \beta(t-20)^2 \tag{2-33}$$

式中，R为温度为t时的电阻；R_{20}为温度为20℃时的电阻；α，β分别为电阻的一次和二次温度系数。

③ 系统误差的发现。若要提高测量精度，首要问题是发现系统误差，然而在测量过程中形成系统误差的因素是复杂的，目前还没有能够发现各种系统误差的普遍方法，只有根据具体测量过程和测量仪器进行全面、仔细的分析，针对不同情况合理选择一种或几种方法加以校验，才能最终确定有无系统误差。下面简单介绍几种发现某些系统误差的常用方法。

a．实验对比法。这种方法主要适用于发现不变系统的误差，其基本思想是改变产生系统误差的条件，进行不同条件的测量。例如，采用不同方法测同一物理量，若其结果不一致，表明至少有一种方法存在系统误差；还可采用仪器对比法、参量改变对比法、改变实验条件对比法、改变实验操作人员对比法等，测量时可根据具体实验情况选用。

b．理论分析法。理论分析法是指主要进行定性分析来判断是否有系统误差。例如，分析仪器所要求的工作条件是否满足，实验依据的理论公式所要求的条件在测量过程中是否满足，如果这些要求没有满足，则实验必有系统误差。

c．数据分析法。数据分析法是指主要进行定量分析来判断是否有系统误差。一般可采用残余误差观察法、残余误差校验法、不同公式计算标准差比较法、计算数据比较法、t检验法、秩和检验法等方法。

④ 系统误差的减小和消除。在实际测量中，如果判断出存在系统误差，就必须进一步分析可能产生系统误差的因素，想方设法地减小和消除系统误差。由于测量方法、测量对象、测量环境及测量人员不尽相同，因而没有一个普遍适用的方法来减小或消除系统误差。下面简单介绍几种减小和消除系统误差的方法与途径。

a．从产生系统误差的根源上消除。从根源上消除误差是最根本的方法，通过对实验过程中的各个环节进行认真分析，发现产生系统误差的各种因素。采用近似性较好又比较切合实际的理论公式，尽可能地满足理论公式所要求的实验条件：选用能满足测量误差要求的实验仪器装置，严格保证仪器设备所要求的测量条件；采用多人合作、重复实验的方法。

b．引入修正项消除系统误差。通过预先对仪器设备产生的系统误差进行分析计算，找出误差规律，从而找出修正公式或修正值，对测量结果进行修正。

c．采用能消除系统误差的方法进行测量。对于某种不变的或有规律变化的系统误差，可以采用交换法、抵消法、补偿法、对称测量法、半周期偶数次测量法等特殊方法进行消除。采用什么方法要根据具体的实验情况及实验者的经验来决定。

无论采用哪种方法，都不可能将系统误差完全消除，只要将系统误差减小到测量误差允许的范围内，或者系统误差对测量结果的影响小到可以忽略不计，就可以认为系统误差已被消除。

（2）随机误差

随机误差是由感官灵敏度和仪器精密程度的限制、周围环境的干扰及伴随着测量而来的不可预料的随机因素的影响造成的。它的特点是大小无定值，一切都是随机发生的，因而把它叫作随机误差。但它的出现服从以下统计规律：

① 单峰性。测量值与真值相差越小，其可能性越大；测量值与真值相差很大，其可能性较小。

② 对称性。测量值与真值相比，大于或小于某个值的可能性是相等的。

③ 有界性。在一定的测量条件下，误差的绝对值不会超过一定的限度。

④ 抵偿性。随机误差的算术平均值随测量次数的增加越来越小。

根据上述特性，通过多次测量求平均值的方法，可以使随机误差相互抵消。算术平均值与真值较为接近，一般作为测量的结果。

随机误差用误差范围来表示，它可由误差理论估算出来，其表示方法有标准误差、平均误差和极限误差等。它们的区别仅在于概率大小的不同。对于初学者来说，首先是建立误差概念以及学会用对实验结果进行评价的简单误差来进行误差估算。

在测量中可能出现读数错误、记录错误、操作错误、计算错误等。错误已不属于正常的测量工作，应当尽量避免。克服错误的方法有端正工作态度、正确操作等，可用与另外一次测量的结果相比较的方法来发现错误。

2.3.2　误差的表示形式

误差的表示形式主要有绝对误差和相对误差两种。绝对误差 $\pm\Delta N$ 表示测量结果 N 与真值间的相差范围，正负号（±）表示 N 可能比 N' 大或小。由测量结果 N 及其绝对误差 $\pm\Delta N$ 可以看出真值所在的范围为 $N-\Delta N<N'<N+\Delta N$，即 $N'=N\pm\Delta N$。仅仅根据绝对误差的大小还难以评价一个测量结果的可靠程度，还需要看测定值本身的大小，为此引入相对误差的概念。相对误差 $E=\dfrac{\Delta N}{N'}\times100\%$，表示绝对误差在所测物理量中所占的比例，一般用百分比表示。例如，测量一长度时结果为 1000m，而绝对误差为 1m，测另一长度时结果为 100cm，而绝对误差为 1cm，后者的相对误差为 1%，而前者的相对误差为 0.1%，所以前者较后者更可靠。

由于误差的存在，任何测量值 N 都只能在一定近似程度上表示真值 N' 的大小，而误差范围大致说明这种近似程度。完整的测量结果，不仅要说明所测数值 N 及其单位，还必须说明相应的误差，用以下的标准形式表示

$$N'=N\pm\Delta N \tag{2-34}$$

$$E=\frac{\Delta N}{N'}\times100\% \tag{2-35}$$

不标明误差的测量结果在科学上是没有价值的。

2.4 传感器的标定

任何一种传感器与所有仪器仪表一样，在其制造、装配完成后都必须按原设计指标进行一系列的严格试验，以确定其实际性能，这个过程称为标定；在使用一段时间后或经过修理，也必须对其主要技术指标进行校准试验，以确保传感器的各项性能达到使用要求，这个过程称为校准。校准和标定的内容、方法是基本相同的。

国家标准《传感器通用术语》（GB/T 7665—2005）对校准（标定）（calibration）的定义为：在规定的条件下，通过一定的试验方法记录相应的输入-输出数据，以确定传感器性能的过程。传感器的标定就是利用准确度等级更高的标准器具对传感器进行定度的过程，从而确立传感器输出量与输入量之间的关系。同时，也确定不同使用条件下的误差关系。

标定的基本方法是将已知的被测量（即标准量）输入待标定的传感器，得到传感器的输出量，建立传感器输出量与输入量之间的对应关系，从而得到一系列表征两者对应关系的标定曲线，进而得到传感器性能指标的实测结果。

按标准量的产生方式可以将标定分为绝对法标定和相对法标定，图 2-19 为标定系统组成框图。图 2-19（a）所示为绝对法标定系统，标准设备产生标准量，并作为输入量输入待标定传感器，测得传感器的输出量，从而得到校准数据和校准曲线；图 2-19（b）所示为相对法标定系统，在没有标准设备的情况下，用标准传感器测量输入给待标定传感器的输入量，将其测量结果即标准传感器的输出量作为标准量。

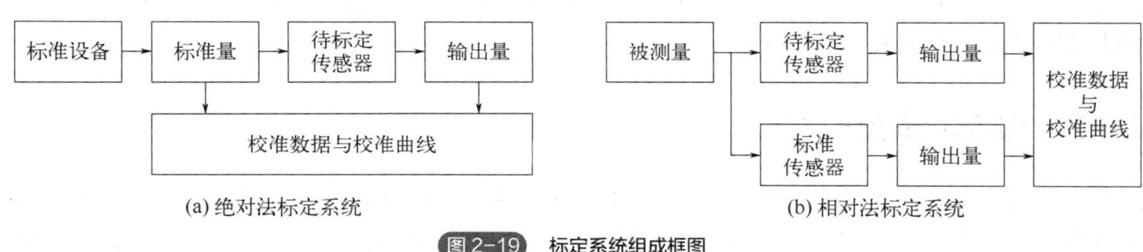

图 2-19 标定系统组成框图

为了保证标定的精度，所用的标准设备或标准传感器的精度应比待标定传感器高一个数量级，并符合国家有关计量量值传递的规定。传感器的标定应在与其使用条件相似的环境中进行。有时为了获得较高的标定精度，可将传感器与配用的电缆、滤波器、放大器等测试系统一起标定。由于各种传感器原理及结构不同，标定的方法也有一些差异。传感器的标定可以分为静态标定和动态标定两种。

2.4.1 传感器的静态标定

传感器的静态标定目的是确定传感器的静态特性指标，如线性度、灵敏度、重复性和迟滞等。下面介绍传感器的静态标定方法。

（1）静态标准条件

传感器的静态特性是在静态标准条件下标定的。静态标准条件是指没有加速度、振动、冲击（除非这些参数本身就是被测量），环境温度一般为(20±5)℃，相对湿度不大于 85%RH，气压为

(101±7)kPa 等条件。

（2）静态标定系统的组成

传感器静态标定系统一般由以下几部分组成：

① 被测物理量标准发生器，如测力机、活塞式压力计、恒温源等。

② 被测物理量标准测试系统，如标准力传感器、标准压力传感器、标准热电偶、量块等。

③ 待标定传感器所配接的信号调理器和显示器、记录仪等，所配接仪器精度应是已知的。

（3）静态标定的步骤

① 连接传感器与测试仪器，将传感器的全量程（测量范围）分成若干个等间距点，一般以全量程的 10%为间隔。

② 根据传感器量程分点的情况，由小到大逐点递增地输入标准量，并记录与各点输入值相对应的输出值。

③ 将输入的标准量由大到小逐点递减，同时记录与各点输入值相对应的输出值。

④ 按步骤②、③所述过程，对传感器进行正、反行程往复循环多次测试，将得到的输出-输入测试数据用表格形式列出或画成曲线。

⑤ 对测试数据进行必要的处理，根据处理结果就可以确定传感器的静态特性指标。

2.4.2　传感器的动态标定

拓展阅读

传感器动态标定的目的是确定传感器的动态特性参数，如工作频带、时间常数、固有频率和阻尼比等。

传感器的动态标定，实质上就是向传感器输入一个标准的动态信号，再根据传感器输出的响应信号，经分析计算、数据处理，确定传感器的动态性能指标的具体数值。如一阶传感器的动态性能指标是时间常数 τ；二阶传感器则有固有频率 ω_n 和阻尼比 ξ 两个动态性能指标。

标定方法常常因传感器工作形式（电的、光的、机械的等）的不同而有所不同，但从原理上通常可分为阶跃信号响应法、正弦信号响应法、随机信号响应法和脉冲信号响应法等。为了便于比较和评价，对传感器进行动态标定时，常用的标准信号有周期函数（如正弦函数）与瞬变函数（如阶跃函数）两类。对一定的传感器，其动态特性参数是固有的，因此可选用任一种动态信号进行标定。

（1）一阶传感器时间常数 τ 的确定

一阶传感器输出 y 与被测量 x 之间的关系为 $a_1\dfrac{\mathrm{d}y}{\mathrm{d}x}+a_0y=b_0x$，当输入 x 是幅值为 A 的阶跃函数时，其解为 $y=kA(1-\mathrm{e}^{-t/\tau})$。对于一阶传感器，在测得的阶跃响应曲线上，通常取输出值达到其稳态值的 63.2%时所经过的时间作为其时间常数 τ。但这样确定的 τ 值实际上没有涉及响应的全过程，测量结果的可靠性仅仅取决于某些个别的瞬时值。而采用下述方法，可获得较为可靠的 τ 值。

根据 $y=kA(1-\mathrm{e}^{-t/\tau})$ 得 $1-y(t)/(kA)=\mathrm{e}^{-t/\tau}$，令 $Z=-t/\tau$，可见 Z 与 t 呈线性关系，而且

$$Z = \ln\left[1 - \frac{y(t)}{kA}\right] \tag{2-36}$$

因此，根据测得的输出信号 $y(t)$ 作出 Z-t 曲线，则 $T=-\Delta t/\Delta Z$，如图 2-20 所示。这种方法考虑了暂态响应的全过程，并可以根据 Z-t 曲线与直线的拟合程度来判断传感器与一阶系统的符合程度。

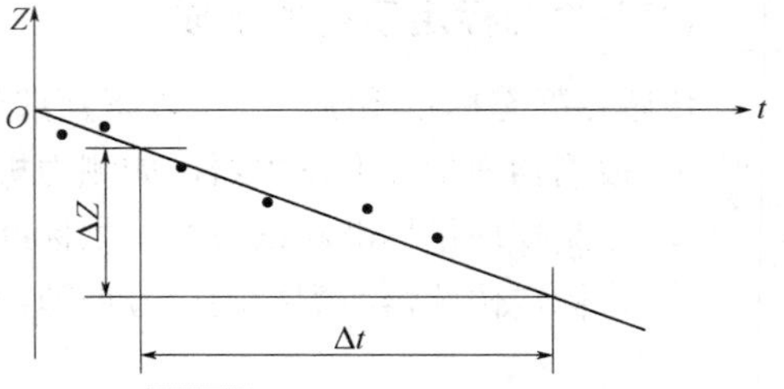

图 2-20　由 $Z-t$ 曲线求时间常数

（2）二阶传感器阻尼比 ξ 和固有频率 ω_n 的确定

二阶传感器一般设计成 ξ=0.6～0.8 的欠阻尼系统，则测得的传感器单位阶跃响应输出曲线如图 2-17 所示，其上可以获得曲线振荡频率 ω_d、稳态值 $y(\infty)$、最大过冲量 δ_m 及其发生的时间 t_m。而

$$\xi = \sqrt{\frac{1}{1+\left[\pi / \ln(\delta_m / y(\infty))\right]^2}} \tag{2-37}$$

$$\omega_n = \frac{\omega_d}{\sqrt{1-\xi^2}} = \frac{\pi}{\sqrt{1-\xi^2}} \tag{2-38}$$

由上面两式可确定出 ξ 和 ω_n。

也可以利用任意两个过冲量来确定 ξ，设 n 为第 i 个过冲量 δ_{mi} 和第 $i+n$ 个过冲量 $\delta_{m(i+n)}$ 之间相隔的周期数（整数），它们分别对应的时间为 t_i 和 t_{i+n}，则 $t_{i+n}=t_i+2\pi n/\omega_d$。令 $\delta_n=\ln(\delta_{mi}/\delta_{m(i+n)})$。此时

$$\xi = \sqrt{\frac{1}{1+4\pi^2 n^2 / \left[\ln(\delta_m / \delta_{m(i+n)})\right]^2}} \tag{2-39}$$

那么从传感器单位阶跃响应曲线上测取相隔 n 个周期的任意两个过冲量 δ_{mi} 和 $\delta_{m(i+n)}$，然后代入式（2-39）便可确定 ξ 的值。

由于该方法使用比值 $\delta_{mi}/\delta_{m(i+n)}$，因而消除了信号幅值不理想的影响。若传感器是精确的二阶传感器，则取任何正整数 n 求得的 ξ 值都相同；反之，若 n 取不同值而获得不同的 ξ 值，就表明传感器不是二阶系统。所以，该方法还能判断传感器与二阶系统的符合程度。

（3）正弦信号响应法

测量传感器正弦稳态响应的幅值和相角，然后得到稳态正弦输入和输出的幅值比和相位差，逐渐改变输入正弦信号的频率，重复这个过程，即可得到幅频和相频特性曲线。

1）一阶传感器时间常数 τ 的确定。将一阶传感器的频率特性曲线绘成伯德图，如图 2-21 所示，则其对数幅频曲线下降 3dB 处所测取的角频率为 $\omega=1/\tau$，

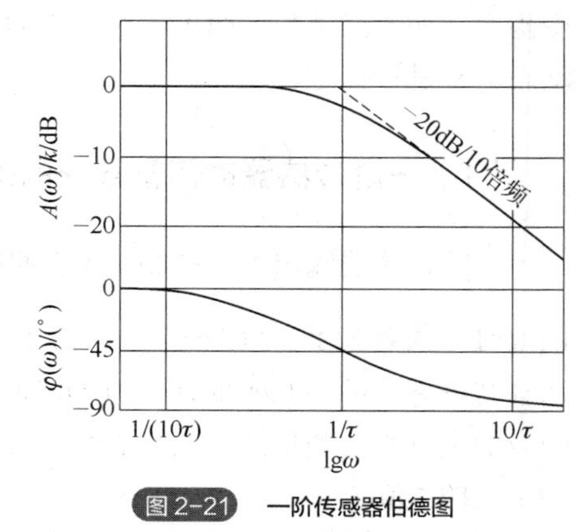

图 2-21　一阶传感器伯德图

由此可确定一阶传感器的时间常数 $\tau=1/\omega$ 。

2）二阶传感器阻尼比 ξ 和固有频率 ω_n 的确定。

二阶传感器的幅频特性曲线如图 2-18 所示。在欠阻尼情况下，从曲线上可以测得三个特征量，即零频增益 k_0、共振频率增益 k_r 和共振角频率 ω_r。由式（2-40）或式（2-41）

$$\frac{k_r}{k_0}=\frac{1}{2\xi\sqrt{1-\xi^2}} \tag{2-40}$$

$$\omega_n=\frac{\omega_r}{\sqrt{1-2\xi^2}} \tag{2-41}$$

即可确定 ξ 和 ω_n。

虽然从理论上来讲，也可以通过传感器相频特性曲线确定 ξ 和 ω_n，但是准确的相角测试比较困难，所以很少使用相频特性曲线。

（4）其他信号响应法

如果用功率密度为常数 C 的随机白噪声作为待标定传感器的标准输入量，则传感器输出信号功率谱密度为 $Y(\omega)=C|H(\omega)|^2$，所以传感器的幅频特性 $k(\omega)$ 为

$$k(\omega)=\frac{1}{\sqrt{C}}\sqrt{Y(\omega)} \tag{2-42}$$

由此得到传感器频率响应的方法称为随机信号校验法，它可消除干扰信号对标定结果的影响。

如果使用冲击信号作为传感器的输入量，则传感器的系统传递函数为其输出信号的拉普拉斯变换，由此可确定传感器的传递函数。

如果传感器属于三阶以上的系统，则需要分别求出传感器输入和输出的拉普拉斯变换，或通过其他方法确定传感器的传递函数，或直接通过正弦响应法确定传感器的频率特性；再进行因式分解将传感器等效成多个一阶和/或二阶环节的串并联系统，进而分别确定它们的动态特性；最后以其中动态特性最差的作为传感器的动态特性标定结果。

（5）振动传感器的动态标定

对性能的全面标定只在制造单位或研究部门进行，而在一般单位或使用场合，主要是标定其灵敏度、频率特性和动态线性范围。

振动传感器（或测振仪）的动态标定，常采用振动台作为正弦激励的信号源。振动台有机械的、电磁的、液压的等多种，常用的是电磁振动台。标定方法可以分为绝对标定法和比较标定法。绝对标定法是采用激光光波长度作为振幅量值的绝对基准。由于激光干涉基准系统复杂、昂贵，而且一经安装调试就不能移动，因此该方法仅用于复现振动量值的最高基准，以及标定的标准测振仪作为二等标准。比较标定法是最常用的标定方法，即将被标定的振动传感器与标准振动传感器相比较。标定时，将被标振动传感器与标准振动传感器一起安装在标准振动台上。为了使它们尽可能地靠近以保证感受的振动量相同，常采用“背靠背”方法安装。标准振动传感器端面上常有螺孔以直接安装被标振动传感器或用刚性支架安装。设标准振动传感器与被标振动传感器在受到同一振动量时输出电压分别为 U_0 和 U，已知标准振动传感器的加速度灵敏度为 S_{a0}，则被标振动传感器的加速度灵敏度为

$$S_a = \frac{U}{U_0} S_{a0} \tag{2-43}$$

频率响应的标定是在振幅恒定条件下，改变振动台的振动频率，所得到的输出电压与振动频率的对应关系即传感器的幅频响应。频率响应的标定要做七个点以上，并应注意有无局部谐振现象的存在，这可采用频率扫描法来检查。比较待标定传感器与标准传感器输出信号间的相位差，就可以得到传感器的相频特性。相位差可以用相位计读出，也可以利用示波器观测它们的李沙育图形求得。

需要指出的是，前面仅通过几种典型传感器介绍了静态标定与动态标定的基本概念和方法。由于传感器种类繁多，标定设备与方法各不相同，各种传感器的标定项目也远不止上述几项。另外，随着技术的不断进步，不仅标准发生器与标准测试系统在不断改进，利用计算机进行数据处理、自动绘制特性曲线以及自动控制标定过程也已在各种传感器的标定中出现。

2.5 传感器的选择

现代传感器在原理与结构上千差万别，如何根据具体的测量目的、测量对象及测量环境合理地选用传感器，是在进行某个量的测量时首先要解决的问题；当传感器确定之后，与之相配套的测量方法和测量设备也就可以确定了；测量的成败，在很大程度上取决于传感器的选用是否合理。

（1）根据测量对象与测量环境确定传感器的类型

要进行一项具体的测量工作，首先需要考虑采用何种原理的传感器，这需要分析多个因素之后才能确定。即使测量同一个物理量，也有多种原理的传感器可供选用，哪一种原理的传感器更为合适，则需要根据被测量的特点和传感器的使用条件考虑以下一些具体问题：量程的大小；被测位置对传感器体积的要求；测量方式是接触式还是非接触式；信号的引出方法是有线还是无线；传感器的来源是国产还是进口，价格能否承受，是否自行研制。在考虑上述问题之后就能确定选用何种类型的传感器，然后考虑传感器的具体性能指标。

（2）灵敏度的选择

通常，在传感器的线性范围内，希望传感器的灵敏度越高越好，因为只有灵敏度高时，与被测量变化对应的输出信号的值才比较大，有利于信号处理；但需要注意的是，传感器的灵敏度高，与被测量无关的外界噪声也容易混入，也会被放大系统放大，影响测量精度。因此，要求传感器本身具有较高的信噪比，尽量减少从外界引入的干扰信号。

传感器的灵敏度是有方向性的：当被测量是单向量，而且对其方向性要求较高时，则应选择其他方向灵敏度小的传感器；如果被测量是多维向量，则要求传感器的交叉灵敏度越小越好。

（3）频率响应特性

传感器的频率响应特性决定了被测量的频率范围，必须在允许频率范围内保持不失真的测量条件。实际上，传感器的响应总有一定延迟，希望延迟时间越短越好；传感器的频率响应高，可测的信号频率范围就宽，而由于受到结构特性的影响，机械系统的惯性较大，固有频率低的传感器可测信号的频率较低；在动态测量中，应关注信号的特点及稳态、暂态、随机等响应特性，以免产生过大的误差。

（4）线性范围

传感器的线性范围是指输出与输入成正比的范围。从理论上讲，在此范围内，灵敏度保持定值。传感器的线性范围越宽，则其量程越大，并且能保证一定的测量精度。在选择传感器时，当传感器的种类确定后首先要查看其量程是否满足要求。

实际上，任何传感器都不能保证绝对的线性，其线性是相对的；当所要求的测量精度比较低时，在一定的范围内，可将非线性误差较小的传感器近似看作线性，这会给测量带来极大的方便。

（5）稳定性

传感器使用一段时间后，其性能保持不变的能力称为稳定性。影响传感器稳定性的因素除传感器本身结构外，主要是传感器的使用环境。因此，要使传感器具有良好的稳定性，传感器必须具有较强的环境适应能力。

在选择传感器之前，应对其使用环境进行调查，并根据具体的使用环境选择合适的传感器，或采取适当的措施以减小环境的影响。传感器的稳定性有定量指标，超过使用期后，在使用前应重新进行标定，以确定传感器的性能是否发生变化。

在某些要求传感器能长期使用而又不能轻易更换或标定的场合，对所选用的传感器的稳定性要求更严格，要能够经受住长时间工作的考验。

（6）精度

精度是传感器的一个重要的性能指标，它关系到整个测量系统的测量精度。传感器的精度越高，其价格越昂贵，因此，传感器的精度只要满足整个测量系统的精度要求就可以了，不必选得过高。这样，就可以在满足同一测量目的的诸多传感器中选择比较便宜和简单的传感器。如果测量目的是定性分析，选用重复精度高的传感器即可，不宜选用绝对量值精度高的；如果是为了定量分析，必须获得精确的测量值，就需要选用绝对量值精度等级满足要求的传感器。

对某些特殊使用场合，无法选到合适的传感器，则需自行设计、制造传感器，自制传感器的性能应满足使用要求。

本章小结

- 传感器的特性主要是指输出与输入之间的关系。
- 当输入量为常量，或变化极慢时，输出与输入的关系就称为静态特性。
- 当输入量随时间较快地变化时，输出与输入的关系就称为动态特性。
- 静态特性主要包括线性度、灵敏度、重复性、温漂及零漂等，而动态特性主要考虑它的幅频特性和相频特性。

- 传感器的标定对其实际工程应用具有重要的现实意义。
- 标定是将标准量输入待标定传感器，得到传感器输入与输出的关系，进而得到传感器性能指标的实测结果。
- 主要根据测量对象与测量环境确定传感器的类型，还需要考虑传感器的具体性能指标，如频率响应特性、精度、稳定性、线性范围、灵敏度等。

习题与思考题

2-1 传感器标定与校准的意义是什么？它们有什么区别？

2-2 传感器标定的基本方法是什么？

2-3 传感器的静态标定系统由哪几部分组成？静态特性的标定步骤有哪些？

2-4 传感器的线性度指标是表征什么内容的参数？

2-5 两个电子秤的传感器分别标有1mV/（g·V）、0.5mV/（g·V），问哪个传感器的灵敏度高？

2-6 两个电子秤可感受的最小质量分别为0.1g、0.05g，问哪个分辨率高？

2-7 一阶传感器系统的动态响应主要取决于哪个参数？减小这个参数可改善传感器的什么特性？

2-8 传感器传递函数的定义是什么？传递函数可以反映传感器的哪些特征？

2-9 什么是传感器的动态标定？传感器的动态特性指标有哪些？

2-10 有一个温度传感器，其特性可用一阶微分方程 $40dy/dx+4y=0.4x$ 表示，其中 y 为输出电压（mV），x 为输入温度（℃）。试求该温度传感器的时间常数和静态灵敏度。

2-11 某传感器给定相对误差为2%，满量程输出为50mV，求可能出现的最大误差 δ（以mV计）。当传感器使用的刻度在满刻度的1/2和1/8处时，计算可能产生的相对误差，并由此说明使用的传感器选择适当的量程的重要性。

2-12 有一个力传感器，可简化为质量-弹簧-阻尼二阶系统，已知该传感器的固有频率 f_0=1kHz，阻尼比为0.65，试求用它测量频率为600Hz、400Hz的正弦交变力时，振幅的相对误差和相位的相对误差是多少？若要求传感器的输出幅值误差小于5%，试确定该传感器的工作频率范围。

第3章

电阻式传感器

思维导图

扫码获取本书资源

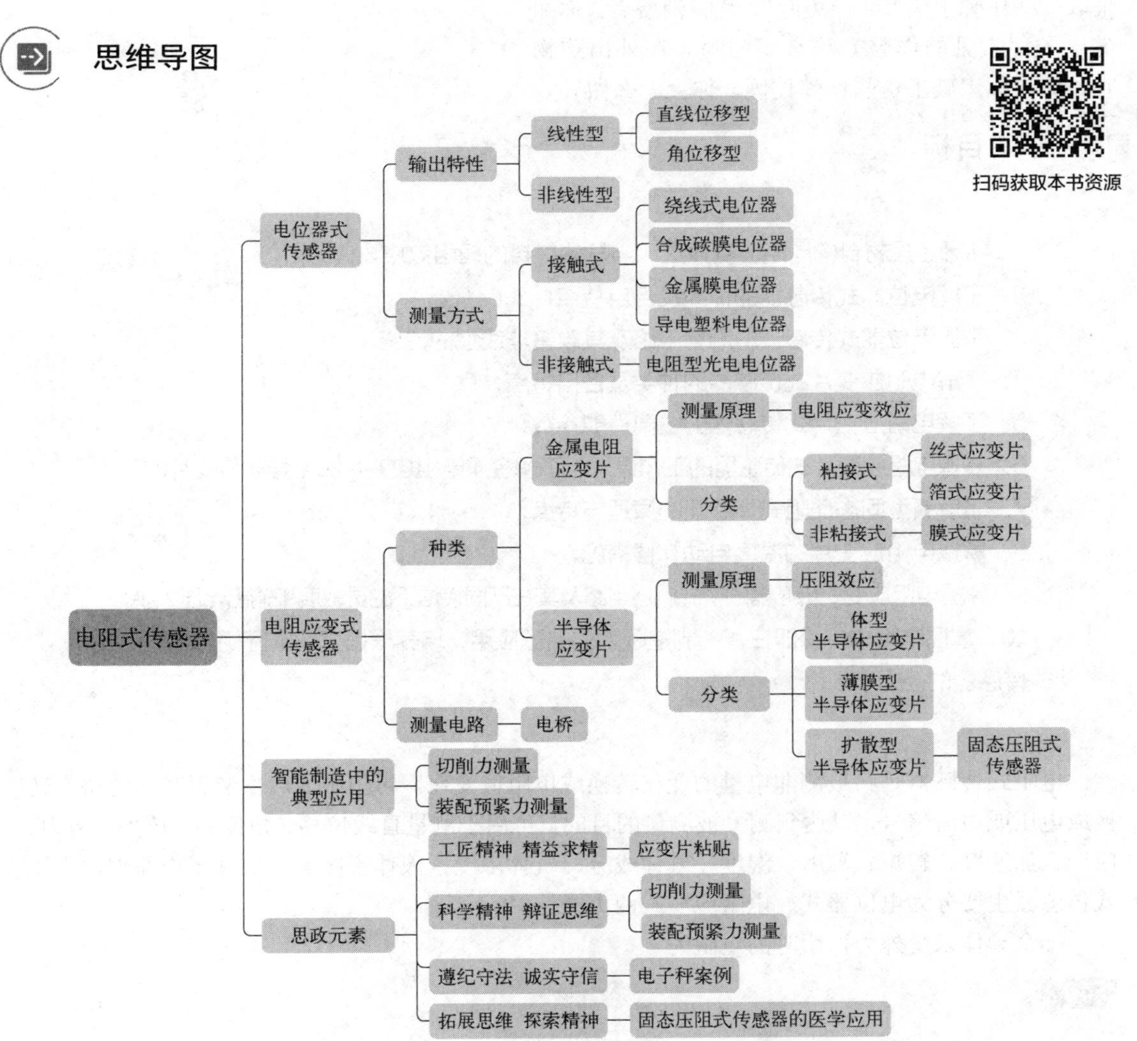

案例引入

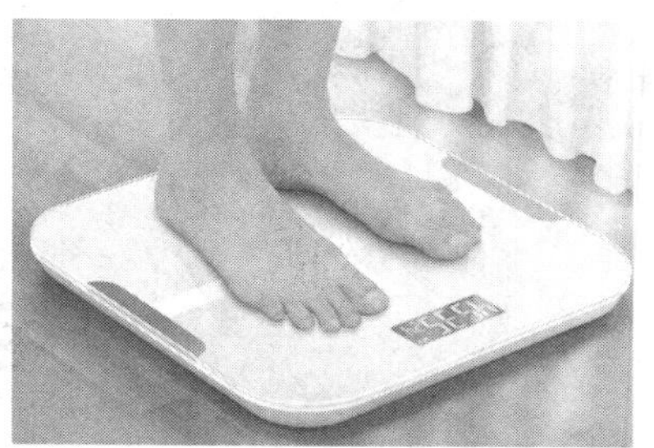

日常生活中，我们经常会遇到这样的场景：清晨起床后，在体重秤上站一站，看看自己是胖了还是瘦了；到超市或市场购物时，商家用台式秤称量我们所挑选的商品，于是我们就能知道该付多少钱了；在家烘焙时，用厨房秤称量一下各种配料的重量，这样我们制作的蛋糕才更美味。这些不同种类的秤都可以统称为电子秤。你知道这些电子秤中所使用的重量检测装置是什么吗？它们是如何实现称重的呢？

“秤平斗满，童叟无欺”。秤自古以来就是公平公正的象征，但是少数不良商家为谋取不法利益，采取一些作弊手段“缺斤短两”，坑害消费者。你知道电子秤常见的作弊方法有哪些吗？在外出购物时，如果你识破了这些作弊伎俩，你会怎么做？

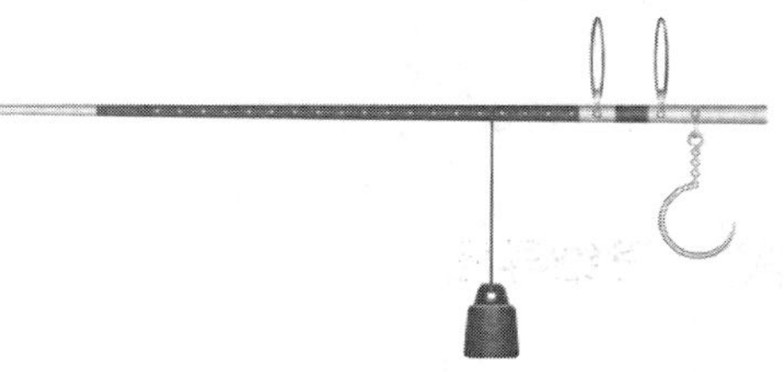

学习目标

1. 熟悉金属材料的电阻应变效应和半导体材料的压阻效应；
2. 了解电位器式传感器的种类及各自特点；
3. 掌握电位器式传感器的测量电路及其改善非线性的措施；
4. 了解电阻应变片式传感器的种类及各自特点；
5. 了解电阻应变片式传感器的主要性能参数；
6. 掌握电阻应变片式传感器的工作原理，了解金属电阻应变片和半导体应变片的不同；
7. 了解新型固态压阻式传感器的原理与特点；
8. 掌握电阻应变片的温度自动补偿措施；
9. 掌握电阻应变式传感器的桥式测量电路及其在不同接法下的灵敏度和输出电压大小；
10. 掌握电阻式传感器在智能制造领域的典型应用，培养根据工程实际问题合理选用电阻式传感器的能力。

电阻式传感器是将被测非电量的变化转换成电阻值变化，再由中间转换装置（如电桥）转换成电压或电流信号，以达到测量被测量的目的，可用于测量直线位移、角位移、压力、应力、应变、加速度、转矩、温度、湿度、气体成分、气体浓度、液体密度等。按其工作原理，电阻式传感器主要分为电位器式、电阻应变式两大类。

一个导体未受外力作用时的电阻为

$$R = \rho \frac{l}{A} \tag{3-1}$$

式中，R 为导体的电阻，Ω；ρ 为导体材料的电阻率，$\Omega \cdot mm^2 / m$；l 为导体的长度，mm；A 为导体的截面积，mm^2。

由式（3-1）可以看出，当导体的长度、截面积、电阻率这三个参数中的一个或几个发生变化时，其电阻值 R 随之改变，故利用此原理可构成不同的传感器。例如，仅改变 l，可构成电位器式传感器；同时改变 l、A 和 ρ，可构成金属电阻应变片；只改变 ρ，则可构成半导体应变片。

3.1 电位器式传感器

3.1.1 电位器式传感器的工作原理与特性

电位器式传感器亦称为变阻器式传感器，可简称为电位器或电位计，主要由电阻体和电刷（活动触点）两部分组成，其原理是通过电位器电刷使其输出电阻随被测量的变化而变化。

根据输出特性，电位器式传感器可分为线性型和非线性型两类，线性型又分为直线位移型和角位移型，如图 3-1 所示。

对于如图 3-1（a）所示的直线位移型电位器式传感器，当被测位移 x 变化时，电刷 C 沿电位器移动，则 C、A 两点之间的电阻值为

$$R = k_l x \tag{3-2}$$

式中，k_l 为单位长度的电阻值，Ω / m。

传感器灵敏度为

$$S = \frac{dR}{dx} = k_l \tag{3-3}$$

当导线截面一致、材质分布均匀时，k_l 为一常数，因此传感器的输出（电阻 R）和输入（直线位移 x）成线性关系。

对于角位移型电位器式传感器［图 3-1（b）］，电阻值 R 随电刷转角 α 的变化而变化，其灵敏度为

$$S = \frac{dR}{d\alpha} = k_\alpha \tag{3-4}$$

式中，k_α 为单位弧度对应的电阻值，Ω / rad。

当导线截面一致、材质分布均匀时，k_α 为常数，说明传感器的输出（电阻 R）和输入（角位移 α）成线性关系。

非线性型电位器亦称函数电位器，其输出电阻（或电压）与电刷位移（直线位移或角位移）之间具有非线性函数关系，如指数函数、三角函数、对数函数、二次函数［传感器骨架为直角三角形，如图 3-1（c）所示］、三次函数（传感器骨架制成抛物线形）等各种特定函数以及其他任意非线性函数。这种传感器可用于测量控制系统、解算装置以及对传感器的非线性进行补偿等。

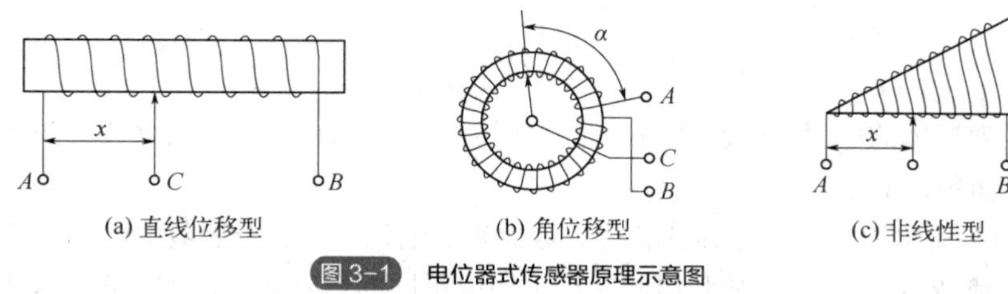

图 3-1 电位器式传感器原理示意图

3.1.2 电位器式传感器的结构形式与特点

电位器式传感器的结构形式有绕线式和非绕线式两大类。绕线式电位器式传感器是利用康铜丝、铂铱合金丝或镍锰合金丝等电阻丝绕制成电阻体，如图 3-2 所示，阻值范围为 100Ω～100kΩ。由于结构上的限制，传感器电刷在一个电阻丝直径的范围内移动时不会使其输出产生变化，因此阻值呈阶梯式变化，且只能通过减小电阻丝直径来提高其分辨率，但电阻丝太细不仅绕制困难，而且在使用过程中极易断开，严重影响传感器的使用寿命。为克服这些缺点，人们又研究出合成碳膜、金属膜、导电塑料、有机合成实芯、无机合成实芯等非绕线式电位器式传感器。

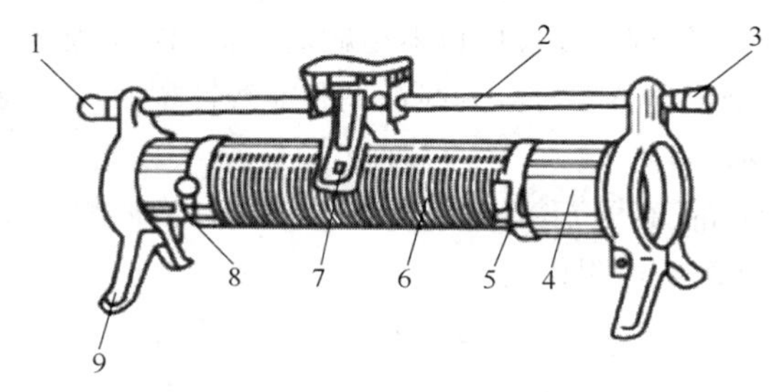

图 3-2 绕线式电位器式传感器

1，3，5，8—接线柱；2—金属杆；4—瓷管（筒）；6—电阻丝（表面涂有绝缘层）；7—电刷（金属滑片）；9—绝缘支架

合成碳膜电位器式传感器是在绝缘骨架表面均匀喷涂一层由石墨、碳膜、树脂材料混合而成的电阻液后再烘干聚合而成，具有分辨率高、线性度好、工艺简单、价格低、阻值范围宽（100Ω～4.7MΩ）、耐磨性好、寿命长等优点。其主要缺点是接触电阻大、耐潮性差、噪声较大等。

金属膜电位器式传感器是在绝缘基体上利用高温蒸镀或电镀方法，涂覆一层锗铑、铂铜、铂铑锰等金属材料的薄膜制成的。该电位器具有无限分辨率、耐热性好、接触电阻小等优点，但耐磨性较差，阻值范围窄（10～100Ω），因而限制了其使用范围。与合成碳膜电位器式传感器相同的是，它也易受温漂和湿度的影响。

导电塑料电位器式传感器由塑料粉和导电材料（合金、石墨等）压制而成。其优点是分辨率较高，线性度较好，阻值范围大，耐磨性好，使用寿命长，在振动、冲击等恶劣环境中仍能可靠工作，但是阻值易受温度影响，接触电阻大，精度不高。

上述电位器式传感器均采用接触式测量。除此之外，还有光电电位器式传感器，其用一束光代替一般电位器中的活动触点，实现非接触式测量，具有耐磨性好、精度和分辨率高、寿命长（可达亿万次循环）、可靠性好、阻值范围宽等优点。

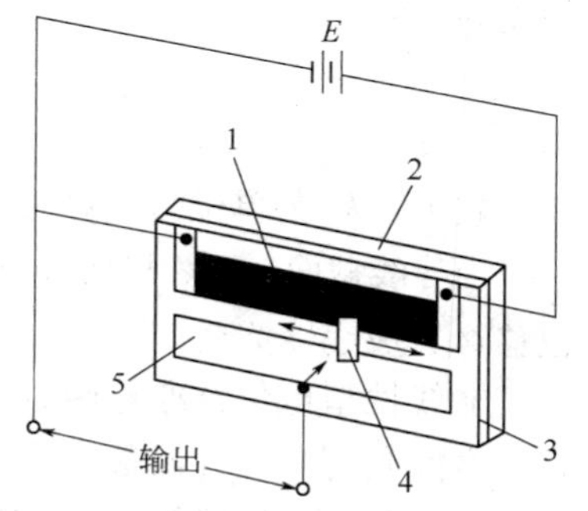

图 3-3 电阻型光电电位器式传感器

1—电阻体；2—基体；3—光电导层；4—光束；5—导电电极

如图 3-3 所示，电阻型光电电位器式传感器主要由电阻

体、光电导层和导电电极等组成，电阻体和导电电极之间有一狭窄间隙。当无光线照射时，因光电导层材料的暗电阻极大，电阻体和导电电极之间可视为断路。当光束照射在电阻体和导电电极之间的狭窄间隙上时，由于光电导层被照射部位的亮电阻很小，电阻体上的该部位和导电电极接通，于是输出端有直流电压输出，输出电压的大小与光束照射在电阻体上的位置有关，从而实现了将光束位移转换为电压输出。

电位器式传感器的优点是结构简单，尺寸小，重量轻，使用方便，价格低廉；可实现线性输出或任意函数特性输出；受温度、湿度、电磁干扰等环境因素影响小，性能稳定；输出信号大，一般无须放大就可以直接驱动伺服元件和显示仪表。对于采用接触式测量的传感器，电刷与电阻元件之间存在机械摩擦，需要由被测对象提供一定的推力或转矩，即需要较大的输入能量，因此适用于能提供一定的驱动能力、慢速、重复次数较少的场合；电刷在电阻元件上滑动时产生磨损，不仅影响使用寿命和可靠性，而且会降低测量精度；输出信号噪声较大；动态响应较差，故不适用于测量快速变化量，一般用于精度要求不高、动作不太频繁、静态或缓变的检测场合。

3.1.3 电位器式传感器的测量电路

线性电位器式传感器的测量电路一般采用电阻分压电路，用于将电阻变化转换成电压输出。如图 3-4 所示，在直流激励电压 e_s 作用下，电位器将滑动触点位移 x 的变化转换为输出电压 e_o 的变化。由于负载 R_L 的接入，e_o 与 x 的关系为

$$e_o = \frac{e_s}{\frac{x_p}{x} + \frac{R_p}{R_L}(1 - \frac{x}{x_p})} \tag{3-5}$$

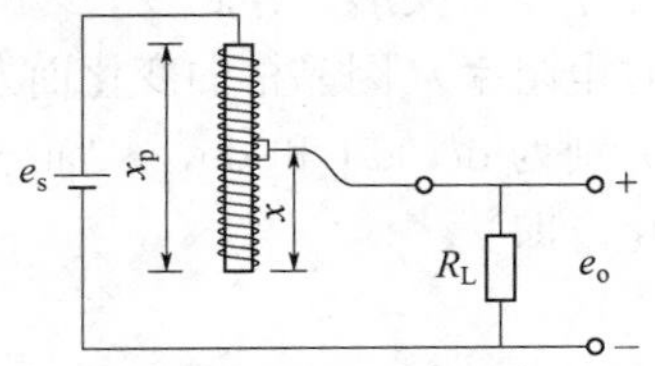

图 3-4 电阻分压电路

式中，R_p 为电位器的总电阻；x_p 为电位器的总长度；R_L 为后接电路的负载电阻。

由式(3-5)可知，当电位器输出端接有电阻时，输出 e_o 与输入 x 成非线性关系。只有 $R_p << R_L$ 时，e_o 才与 x 成线性关系，此时 $e_o \approx \frac{e_s}{x_p}x$，电位器灵敏度为 $S = \frac{e_o}{x} = \frac{e_s}{x_p}$。为改善加载引起的非线性，可增大 R_L 或者在 R_L 给定的情况下尽可能减小 R_p。但是，前者增大了后接电路的输入阻抗，使干扰更易侵入；后者则降低了传感器的灵敏度。

3.2 电阻应变式传感器

这类传感器是将核心元件——电阻应变片粘贴于被测试件的指定部位或弹性敏感元件的表面。在被测量（如外力）的作用下，应变片随被测试件或弹性元件一起变形，产生相应的位移、应力和应变，使其电阻值发生相应的变化，从而将被测量转换为电阻应变片的电阻变化，并通过后续电桥转换为电压或电流的变化。

电阻应变式传感器具有线性好（电阻的变化与应变近似成线性关系）、体积小（国产应变片最小栅长为 0.178mm）、重量轻（一般为 0.1～0.2g）、惯性好、使用简便、频率响应好（可测 0～

500kHz 的动态应变）、测量精度高（动态测试精度为 1%，静态测试精度达 0.1%）、测量范围广（一般测量范围为 10^{-4}～10 量级的微应变，高精度的半导体应变片可测量 10^{-2} 量级的微应变）、测量适应性好（从−270℃的深冷温度到 1000℃的高温，从真空到几千个大气压的超高压，以及在水下或大的离心力、强磁强振、放射性和腐蚀性等恶劣环境中都可进行测量）等优点，可用来测量应变以及能转换为应变变化的物理量（如力、位移、加速度、转矩等），在机械、建筑、航空、船舶等许多领域得到了广泛应用。

目前，国际上约有数万种不同形式与结构的应变片。按制成材料和工作原理，电阻应变片可分为金属电阻应变片和半导体应变片两类。

拓展阅读

3.2.1 金属电阻应变片

（1）工作原理

金属电阻应变片的工作原理是基于金属材料的电阻应变效应，即金属导体在外力作用下发生机械变形时，其电阻值随机械变形的变化而发生变化的现象。

如图 3-5 所示，若金属导体沿轴向方向受到拉力作用而变形，其长度 l 变长、截面积 A 变小，同时电阻率 ρ 因晶格的变化而发生相应变化，其变化分别为 $\mathrm{d}l$、$\mathrm{d}A$ 和 $\mathrm{d}\rho$，从而导致电阻 R 产生相对变化，即

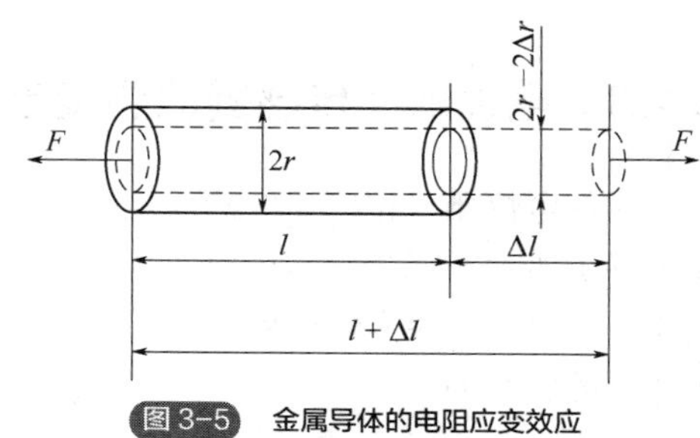

图 3-5 金属导体的电阻应变效应

$$\frac{\mathrm{d}R}{R}=\frac{\mathrm{d}l}{l}-\frac{\mathrm{d}A}{A}+\frac{\mathrm{d}\rho}{\rho} \tag{3-6}$$

式中，负号表示截面积变小。

如果金属导体是半径为 r 的圆形截面电阻丝，$A=\pi r^2$，则有

$$\frac{\mathrm{d}R}{R}=\frac{\mathrm{d}l}{l}-2\frac{\mathrm{d}r}{r}+\frac{\mathrm{d}\rho}{\rho} \tag{3-7}$$

式中，$\frac{\mathrm{d}l}{l}$ 为电阻丝轴向相对变形，即轴向应变 ε（单位为 με，1με=1×10^{-6}mm/mm）；$\frac{\mathrm{d}r}{r}$ 为电阻丝径向相对变形，即径向应变，与 ε 之间的关系为 $\frac{\mathrm{d}r}{r}=-\nu\varepsilon$（$\nu$ 为电阻丝材料的泊松比）；$\frac{\mathrm{d}\rho}{\rho}$ 为电阻丝的电阻率相对变化，与电阻丝所受轴向正应力 σ 有关，即 $\frac{\mathrm{d}\rho}{\rho}=\lambda\sigma=\lambda E\varepsilon$（$E$ 为电阻丝材料的弹性模量；λ 为压阻系数，与材料有关）。

于是，式（3-7）可改写为

$$\frac{\mathrm{d}R}{R}=\varepsilon+2\nu\varepsilon+\lambda E\varepsilon=(1+2\nu)\varepsilon+\lambda E\varepsilon \tag{3-8}$$

式中，$(1+2\nu)\varepsilon$ 和 $\lambda E\varepsilon$ 分别由受力后电阻丝材料的几何尺寸和电阻率变化引起。

定义电阻丝的灵敏度 S 为单位应变所引起的应变片电阻的相对变化，即

$$S=\frac{dR/R}{\varepsilon}=(1+2\nu)+\lambda E \tag{3-9}$$

由于电阻丝弹性变形引起的电阻率变化很小，λE 可忽略不计，这样式（3-9）可简化为

$$S=\frac{dR/R}{\varepsilon}\approx(1+2\nu) \tag{3-10}$$

或

$$\frac{dR}{R}\approx(1+2\nu)\varepsilon \tag{3-11}$$

式（3-11）表明电阻丝的电阻相对变化率与应变成正比。可以设想，若将一根较细的电阻丝贴在工程构件的表面，利用电阻丝的电阻应变效应将构件受力后的应变直接变换为电阻的相对变化，便可实现应变测量。

另外，对于同一种金属材料，$1+2\nu$ 为常数，表明就金属电阻应变片而言，在拉伸比例极限内，其输出（电阻相对变化率）与输入（轴向应变）之间成线性关系。金属电阻应变片的灵敏度一般为 1.7～3.6。

（2）分类与特点

金属电阻应变片按材料不同主要分为丝式、箔式和膜式，丝式应变片和箔式应变片为粘接式（图 3-6），而膜式应变片为非粘接式。

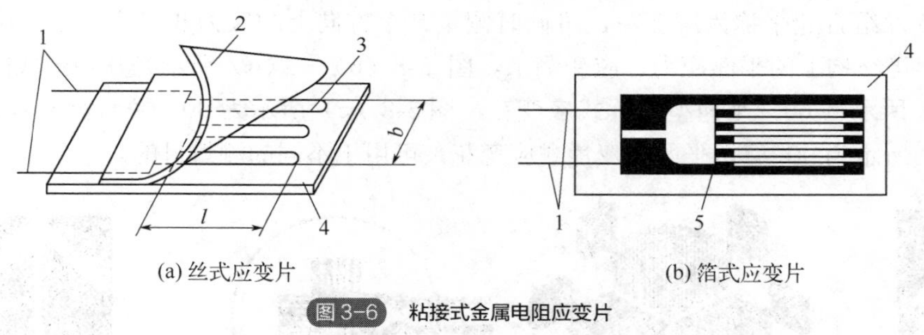

(a) 丝式应变片　　(b) 箔式应变片

图 3-6　粘接式金属电阻应变片

1—引线；2—绝缘覆盖层；3—电阻丝；4—基底；5—金属箔

① 丝式应变片。丝式应变片是最早使用的一种应变片，有纸基、胶基之分，由直径为 0.025mm 左右、具有高电阻率的金属丝（康铜、镍铬合金、镍铬铝合金及铂、铂钨合金等）制成。为了获得高的电阻值，将电阻丝绕成栅状（称为敏感栅），粘贴在绝缘的基底（基片、基板）上。最后，在电阻丝的两端焊接引线，用来与后续测量电路相连，并在敏感栅上粘贴起保护作用的绝缘覆盖层。

丝式应变片制作简单，性能稳定，易粘贴，价格便宜，常用于大批量、一次性、低精度的应变和应力测量场合。

丝式应变片有回线式和短接式两种类型。回线式应变片［图 3-7（a)］是一种常用的应变片，其圆弧部分参与应变，故横向效应较大。短接式应变片［图 3-7（b)］的敏感栅平行布置，两端用直径比栅丝直径大 5～10 倍的镀银丝短接。该结构形式能够显著减小横向效应，但是由于焊点较多，在冲击、振动试验条件下，焊接处易出现疲劳破坏，且制造工艺要求高。

② 箔式应变片。箔式应变片是将应变合金（康铜和镍铬合金等）延压成厚度为 0.001～0.01mm 的电阻箔材，经热处理后涂刷一层树脂，经聚合处理后形成绝缘基底，然后在未涂胶

的一面利用光刻腐蚀技术制成各种形状的敏感栅，焊上引出线，再覆一层保护层而制成。

(a) 回线式　　(b) 短接式

图 3-7　丝式应变片

箔式应变片具有以下优点：

a．可制成多种形状复杂、线条均匀、尺寸准确的敏感栅，其最小栅长可做到 0.2mm，以适应不同的测量要求；

b．横向效应小；

c．由于应变片与基底的接触面积大，故散热条件好，允许流过较大工作电流，输出灵敏度大；

d．蠕变和机械滞后小，疲劳寿命长；

e．由于金属箔栅为光刻成形，生产效率高，适于大批量生产，因此其使用范围日益扩大，已逐步取代丝式应变片。

图 3-8 示出了几种结构形式的箔式应变片。其中，图 3-8（a）所示为单轴应变片，用来测量单方向的应变，其端部之所以做得比较肥大，是为了减小应变片的横向灵敏度。将两个以上的单轴应变片组合起来称为应变花，可同时测量几个方向上的应力和应变，主要用于框架、桁架、支架等结构上的平面应力、应变测量。图 3-8（b）～（d）所示为几种形式的应变花，图 3-8（b）所示为 60° 平面型三片式应变花，图 3-8（c）所示为 90° 叠合型双片式应变花，图 3-8（d）所示为 90° 剪切平面型双片式应变花，可用于不同的测量目的。

(a) 单轴应变片

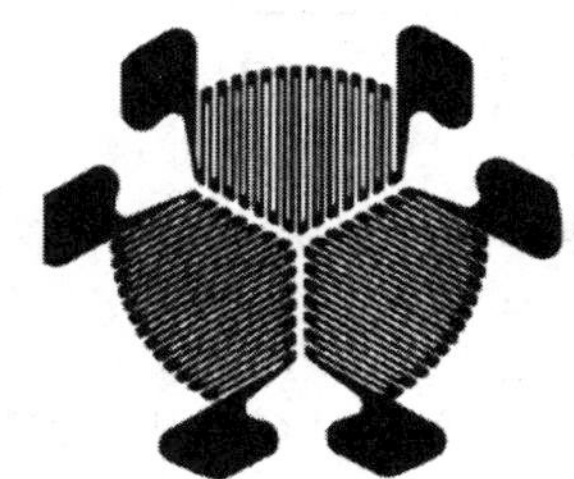

(b) 60° 平面型三片式应变花

(c) 90° 叠合型双片式应变花

(d) 90° 剪切平面型双片式应变花

图 3-8　箔式应变片

③ 膜式应变片。膜式应变片是一种很有前途的新型应变片，是薄膜技术发展的产物。它采用真空沉积或离子溅射等方法，在薄的绝缘基底上形成厚度小于 0.1μm 的金属电阻应变片材料的敏感栅，最后再加上保护层而制成。

当采用沉积工艺时，将膜片置于装有某种绝缘材料的真空室中，通过加热使该绝缘材料先蒸发而后凝结，结果就在膜片上形成了一个绝缘薄膜，再在膜片表面放置一块呈一定栅形的模板，并将金属电阻应变片材料重复上述的蒸发-凝结过程，从而在该绝缘基底上制出所需的应变片图形。在离子溅射过程中，首先采用溅射工艺在真空室中将一薄层绝缘材料沉积在膜片表面，然后在该绝缘基底上再溅射上一层金属电阻应变片材料。将该膜片从真空室中取出，并用光敏掩膜材料对其进行微成像处理，从而形成应变片图案，然后将该膜片放回到真空室，用溅射刻蚀法将未掩膜金属层去掉，从而将完成的应变片图案保留下来。

膜式应变片的优点：电阻值比箔式应变片高，尺寸比箔式应变片更小；应变灵敏系数大；允许电流密度大；散热性好，工作温度范围宽（可达−197～317℃）；易于规模化生产；无须粘贴，可有效克服粘接法所引入的漂移、蠕变等问题，因此具有较好的时间和温度稳定性。

3.2.2 半导体应变片

（1）工作原理

与金属电阻应变片的使用方法相同，半导体应变片也是粘贴在被测物体上，所不同的是它采用半导体材料作为敏感栅，基于半导体材料的压阻效应实现测量。用半导体应变片制成的传感器亦称作压阻式传感器。

压阻效应是指半导体材料在外力作用下产生应变时，其电阻率发生变化，导致电阻值发生改变。这是因为单晶半导体材料沿某一轴向受到外力作用时，原子点阵排列规律发生变化导致载流子迁移率及载流子浓度产生变化，从而引起其电阻率的改变。实际上，任何材料都会不同程度地呈现出压阻效应，只是半导体材料的这种效应更强。压阻效应的大小用压阻系数 λ 表示。

$$\lambda = \frac{\Delta\rho}{\rho} / \sigma \tag{3-12}$$

式中，$\frac{\Delta\rho}{\rho}$ 为半导体材料受应力作用后电阻率的相对变化量；σ 为作用于半导体材料上的轴向应力。

压阻系数有纵向压阻系数和横向压阻系数之分。纵向压阻系数为电流和应力方向处于同一直线上的电阻率的相对变化与应力之比。对于横向压阻系数，应力与电流方向垂直。

式（3-6）所示的电阻应变效应的分析公式同样适用于半导体材料。与金属材料不同，半导体材料因机械变形而引起的电阻变化小到可以忽略，其电阻变化率主要由电阻率的相对变化量 $\frac{\mathrm{d}\rho}{\rho}$ 引起，即

$$\frac{\mathrm{d}R}{R} \approx \frac{\mathrm{d}\rho}{\rho} = \lambda E\varepsilon \tag{3-13}$$

灵敏度为

$$S = \frac{\mathrm{d}R / R}{\varepsilon} = \lambda E \tag{3-14}$$

对于半导体应变片，其压阻系数 λ 和弹性模量 E 都很大，因此其灵敏度要远高于金属电阻应变片。

（2）分类与特点

半导体应变片主要有体型、薄膜型、扩散型三种类型。其中，体型半导体应变片的敏感栅大多是由 P 型单晶硅、锗等半导体材料经切型、切条、光刻腐蚀成形（一般为单根状），然后压

焊粘贴在基底上；薄膜型半导体应变片是利用真空沉积技术将半导体材料沉积在带有绝缘层的试件上而制成；扩散型半导体应变片是将 P 型杂质扩散到 N 型单晶硅基底上，形成一层极薄的 P 型导电层，再通过超声波和热压焊法接上引线而制成。图 3-9～图 3-11 分别是它们的结构示意图。

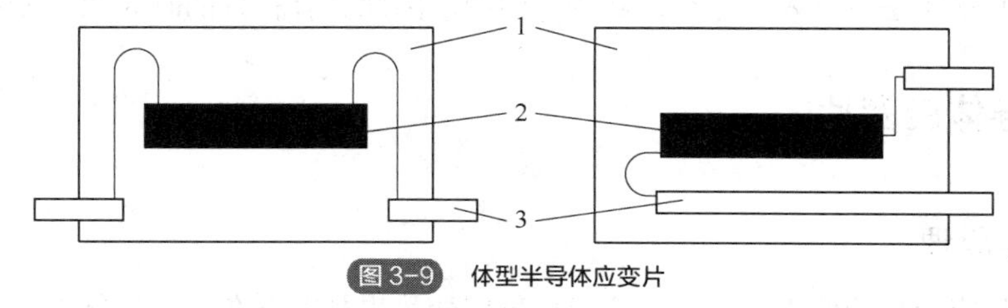

图 3-9 体型半导体应变片

1—基底；2—P 型硅；3—带状引线

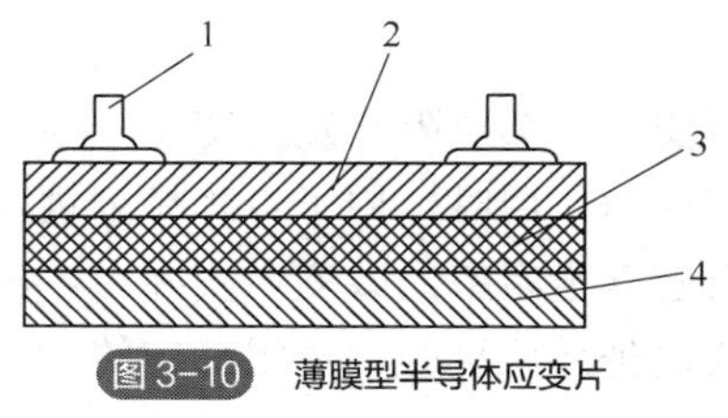

图 3-10 薄膜型半导体应变片

1—引线；2—锗膜；3—绝缘层；4—基底

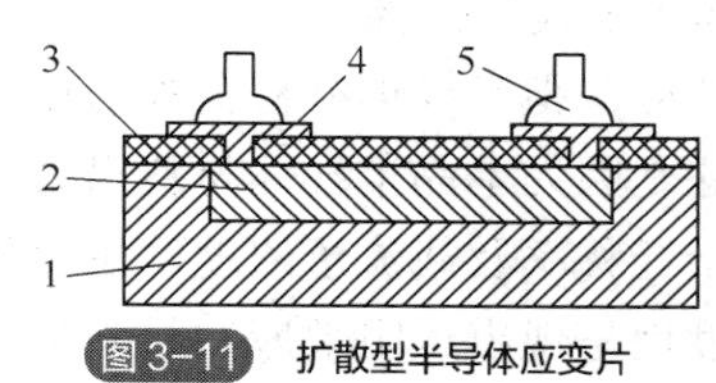

图 3-11 扩散型半导体应变片

1—N 型硅；2—P 型硅扩散层；3—SiO_2 绝缘层；4—铝电极；5—引线

半导体应变片最为突出的优点是灵敏度非常高，比金属电阻应变片高 50～70 倍，因而输出大，可以无须放大而直接用于测量，使得测试系统简化，为应用提供了有利条件；分辨率高，如测量压力时可测出 10～20Pa 的微压；尺寸小，而且机械滞后和横向效应小，扩大了其使用范围；可测量低频加速度和直线加速度等。

半导体应变片最大的缺点是温度稳定性差，温度的变化会导致电阻值相应变化，尤其是当工作温度超过常温范围时，应变片的灵敏度会随着工作温度的变化而发生明显改变，因此工作温度范围窄；在较大应变的作用下，半导体应变片的非线性误差大。因此，在使用时应采取温度补偿、非线性误差补偿等措施或在恒温条件下使用等。另外，半导体应变片多用薄硅片制成，容易断裂，其应变测试值通常为 3000με 左右，而金属应变片的可测应变值可达 40000με。加之价格较高，因此半导体应变片的广泛应用仍受到一定的限制。

3.2.3 固态压阻式传感器

拓展阅读

随着半导体集成电路技术的迅速发展，固态压阻式传感器得到广泛的重视，并在各个领域得到日益广泛的应用。固态压阻式传感器最早用于航空航天工业中，如 1967 年美国库利特半导体产品公司为波音公司研制出固态压力传感器用于风洞测试，法国斯鲁姆贝格公司于 1970 年生产出用于协和客机和阿波罗飞船的固态压力传感器。

固态压阻式传感器的测量原理也是利用半导体材料的压阻效应，其核心部分（即敏感元件）为扩散型半导体应变片，是利用集成电路的扩散工艺将硼杂质扩散到硅片上形成压敏电桥而制成的单晶硅膜片。当受到外力作用时，膜片弯曲而产生径向应力和切向应力，排布于膜片中心的扩散电阻在应力作用下，阻值发生改变，于是电桥输出与外力成正比的电压信号。由于没有可动部分，故此类传感器被称为固态压阻式传感器。

固态压阻式传感器主要用于测量压力、压差和加速度等物理量。图 3-12 所示的固态压阻式压力传感器由外壳、硅杯和引线等组成，其核心部分是一块周边固定的 N 型硅膜片，其上利用集成电路工艺扩散有 4 个阻值相等的 P 型电阻，并接成全桥。硅膜片的表面用 SiO_2 薄膜加以保护，并用超声波焊上铝质细线作为电桥引线。硅膜片底部加工成中间薄（用于产生应变）、周边厚（起支承作用）的结构，形如杯形，故也被称为硅杯。硅杯在高温下用玻璃胶黏剂黏结在热胀冷缩系数相近的玻璃基板上，然后紧密地安装在外壳内。硅杯两侧有两个进气口，一个进气口与被测压力相通（高压侧），另一个与大气相通（低压侧）。当硅杯两侧存在压力差时，硅膜片产生变形，导致 4 个扩散电阻的阻值发生变化，使电桥失去平衡，并输出与膜片两侧的压差成正比的电压信号。

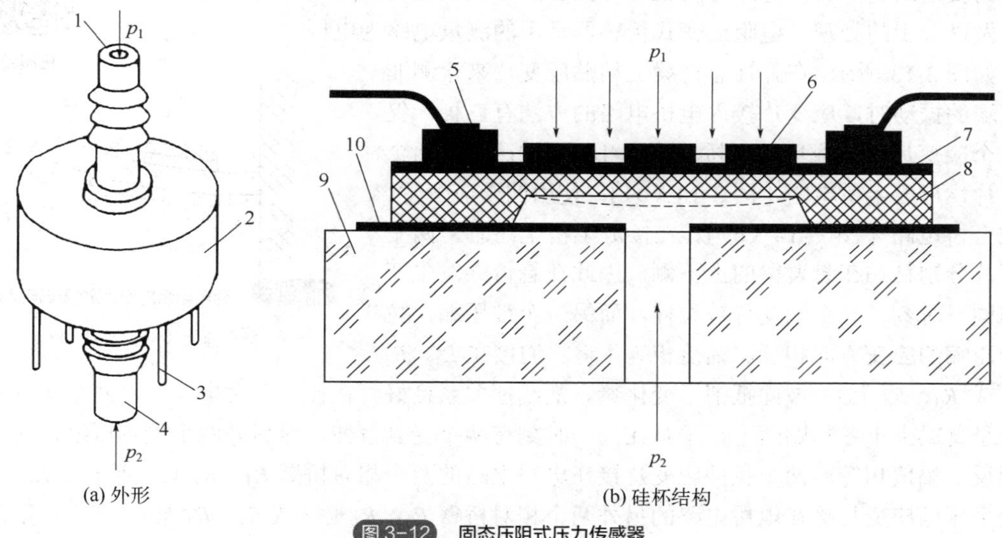

图 3-12 固态压阻式压力传感器

1—高压侧进气口；2—外壳；3—引脚；4—低压侧进气口；5—电极及引线；6—扩散型应变片；7—单晶硅膜片；8—硅杯；9—玻璃基板；10—玻璃胶黏剂

与其他传感器相比，固态压阻式传感器具有以下突出的优点。

① 结构简单，体积小，可微型化。由于采用集成电路工艺，将压敏电阻直接扩散在硅膜片上，不但结构较简单，而且传感器敏感部件可以做得很小，国外的固态压阻式传感器的外径尺寸仅为 ϕ0.672mm，这是其他传感器很难做到的。

② 频率响应快。单晶硅是非常理想的刚体，具有很高的刚性系数，加之膜片的直径很小，而固有频率与膜片的有效直径成反比，所以固态压阻式传感器的敏感膜片的固有频率很高，一般硅杯型压阻式传感器的固有频率在 20kHz 以上，专门设计的高频传感器固有频率可达 1500kHz。

③ 精度高。固态压阻式传感器的弹性元件和应变元件为一体化，消除了因机械缺陷和应变片粘贴而造成的迟滞和重复性误差，而且单晶硅具有很好的线性压阻系数。另外，由于没有一般传感器常有的传动机构，不存在摩擦误差，所以这种传感器很容易做到很高的精度（一般精度为 0.1%～0.5%，最高精度可达 0.05%）。

④ 灵敏度高。在不加放大器的情况下，传感器的满量程输出可达 150mV 左右，而应变式

传感器的满量程输出最多为15mV左右。

虽然有诸多显著的优势，但固态压阻式传感器仍存在一些需要改进和克服之处。由于该传感器是用半导体材料制成，而半导体材料的电阻温度系数较大，故具有较高的温度敏感性，因此在温度变化较大的场合使用时应采取温度补偿措施。另外，传感器的制造工艺较为复杂，封装工艺要求也较高。然而，随着半导体工艺的不断发展，固态压阻式传感器的制造工艺将有望变得更加简单。

3.2.4 电阻应变式传感器的测量电路及温度补偿

电阻应变式传感器是将感受到的应变变化转换成应变片电阻的相对变化。因此，需要借助测量转换电路先将应变片微小的阻值变化转换为电压或电流变化，然后做进一步的处理。电阻应变式传感器常用的测量电路为电桥。

拓展阅读

如图3-13所示，在弹性悬臂梁上粘贴应变片来检测非固定端的振动时，应变片接入电桥电路的方法有三种：仅用一个应变片，形成单臂电桥［图3-14（a）］；使用两个应变片，形成半桥电路［图3-14（b）］；使用四个应变片，形成全桥电路［图3-14（c）］。在接成半桥电路时，两个应变片分别粘贴在悬臂梁的上下侧，因此在悬臂梁发生变形的同一时刻，一个应变片被拉伸，而另一个被压缩，拉伸和压缩的应变方向相反、幅值相等。将它们接在R_1、R_2上（或R_3、R_4上），彼此抵消了变化量，故线性关系良好。在接成全桥电路时，四个应变片可以是悬臂梁上下各粘贴两个，于是在同一时刻有两个受到拉伸，而另外两个受到压缩，应变方向相反、幅值相等。两个拉伸应变片接在电桥电路的两个相对桥臂R_1、R_3上（或R_2、R_4上），而两个压缩应变片接在电桥电路的另外两个相对桥臂R_2、R_4上（或R_1、R_3上），同样可以获得良好的线性关系。

1
2

图3-13 利用电阻应变片测量悬臂梁振动

1—电阻应变片；2—悬臂梁

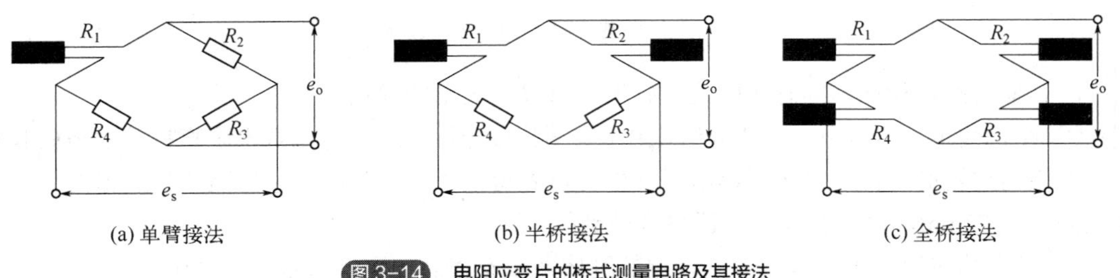

(a) 单臂接法　(b) 半桥接法　(c) 全桥接法

图3-14 电阻应变片的桥式测量电路及其接法

在实际应用中，电阻应变片的电阻值不仅随着应变变化，也随着温度的变化而改变。当采用单臂电桥测量被测试件表面某一点的应变ε时，电桥输出为

$$e_o=\frac{e_s}{4}S(\varepsilon+\varepsilon_T)$$

式中，ε_T为环境温度变化所产生的应变值。很显然，ε_T是应变测量中不需要的部分，却与ε几乎具有相同的数量级，这必将给测量带来误差，因此需要采取必要的温度补偿措施，以减小温度敏感效应的不利影响。常用的温度补偿方法有补偿应变片法和差动电桥自动补偿法。

（1）补偿应变片法

如图 3-15 所示，补偿应变片法是使用两个相同的电阻应变片，一片为工作应变片（R_1），粘贴在试件上需要测量应变的地方；另一片为补偿应变片（R_2），粘贴在与试件同材料、同温度条件但不受力的补偿件上，并与工作应变片作为邻臂接入电桥中。在工作过程中，补偿应变片不承受应变，只感受温度变化。由于两个应变片处于相同的温度场中，所以温度变化引起的应变相同，即 ε_{1T}=ε_{2T}，故电桥输出为

$$e_o=\frac{e_s}{4}S\left[(\varepsilon+\varepsilon_{1T})-\varepsilon_{2T}\right]=\frac{e_s}{4}S\varepsilon$$

很显然，e_o 只与被测试件的应变有关，而不受温度的影响，因此温度的影响得以消除。这种补偿方法简单、方便，在常温下补偿效果较好，但是在温度变化梯度较大时，工作应变片和补偿应变片很难保证处于温度完全一致的环境中，从而影响了补偿效果。

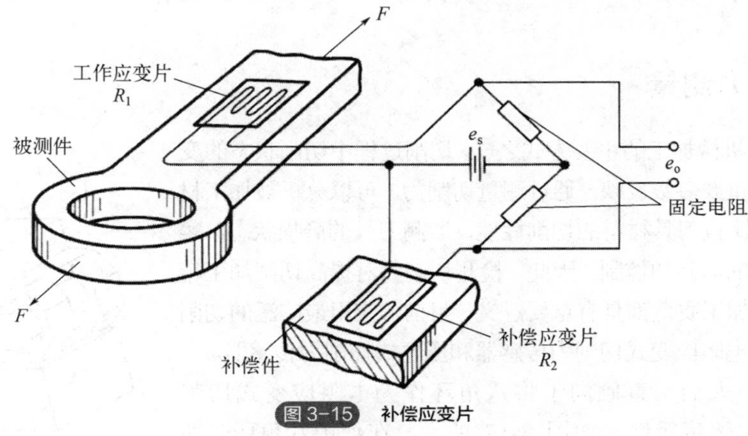

图 3-15　补偿应变片

（2）差动电桥自动补偿法

当测量电桥处于半桥和全桥工作方式时，温度补偿原理与上述的补偿应变片法相似，即在同一温度场内，电桥相邻两臂受到温度的影响，同时产生大小相等、方向相同的电阻变化从而相互抵消，以此实现温度的自动补偿。

在测量如图 3-16 所示的简支梁（如桥梁）上下表面的应变时，如果采用半桥电桥［图 3-14（b）］，在梁的上、下表面各贴一个应变片（R_2 和 R_1），在外力 F 的作用下分别产生 $+\varepsilon$ 和 $-\varepsilon$ 的变化。将两应变片分别接在相邻桥臂上，由于 ε_{1T}=ε_{2T}，此时的电桥输出为

$$e_o=\frac{e_s}{4}S\left[(\varepsilon+\varepsilon_{1T})-(-\varepsilon+\varepsilon_{2T})\right]=\frac{e_s}{2}S\varepsilon$$

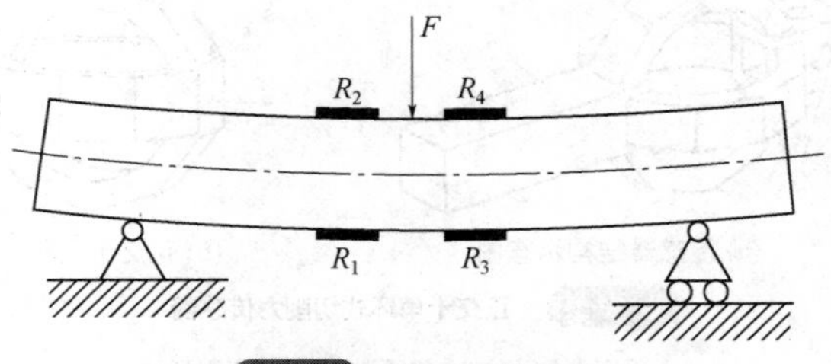

图 3-16　简支梁应变测量

也可采用 4 片型号相同的电阻应变片，将其中的 R_2、R_4 贴在试件的上表面，而 R_1、R_3 贴在试件的下表面，并接成全桥［图 3-14（c）］。由于四个应变片所处环境的温度相同，$\varepsilon_{1T}=\varepsilon_{2T}=\varepsilon_{3T}=\varepsilon_{4T}$，此时的电桥输出为

$$e_o=\frac{e_s}{4}S\left[\left(\varepsilon+\varepsilon_{1T}\right)-\left(-\varepsilon+\varepsilon_{2T}\right)+\left(\varepsilon+\varepsilon_{3T}\right)-\left(-\varepsilon+\varepsilon_{4T}\right)\right]=e_sS\varepsilon$$

由此可见，在利用电阻应变片进行应变等物理量测量时，将其接入差动连接的电桥，当各应变片所处环境中的温度保持一致时，电桥输出与温度引起的应变无关，不仅能够对环境温度的影响实现自动补偿，而且可以提高灵敏度（半桥输出为单臂时的 2 倍，全桥输出为半桥时的 2 倍、单臂时的 4 倍）。

3.3 电阻式传感器在智能制造中的典型应用

3.3.1 切削力测量

切削加工是机械加工的主要方式之一，切削过程中切削状态的变化由切削力这一重要参数反映。通过测量切削力，可以分析被加工材料的可加工性，比较刀具材料的切削性能，监测刀具的磨损状态，实现切削过程状态的监测和控制。因此，检测切削力对提高切削加工精度、加工效率及加工质量都具有重要意义。目前，应用最广泛的切削力传感器主要有电阻应变式切削力传感器和压电式切削力传感器。

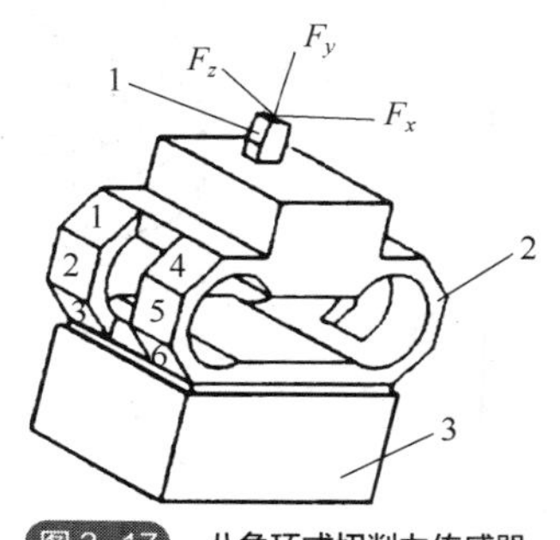

图 3-17 八角环式切削力传感器

1—刀具；2—八角环；3—底座

长期以来，人们一直倾向于将八角环作为电阻应变式切削力传感器的弹性敏感元件。如图 3-17 所示，在使用八角环式切削力传感器时，刀具通过装夹体安装在刀架上，经由粘贴电阻应变片的弹性体——八角环与底座相连，图中以数字 1～6 标明电阻应变片的粘贴位置，八角环右侧还对称粘贴有电阻应变片 7～12。

拓展阅读

随着高速切削技术的不断发展，传统八角环式传感器灵敏度较低的问题日益凸显。于是，人们在八角环的基础上进行改进和优化，出现了正交八角环式、延伸八角环式以及新型的正交十角环式等切削力传感器。其中，正交十角环式切削力传感器（图 3-18）的弹性敏感元件采用的是两个完全相同、相互垂直构成一个整体的十角环，这样每个正十角环所在平面可以测量两个切削力分量［如图 3-18（b）所示］。在使用时，车刀用螺栓固定在车刀插槽内，通过正交十角环将其与传感器柄连接成一个整体后装夹在刀架上。

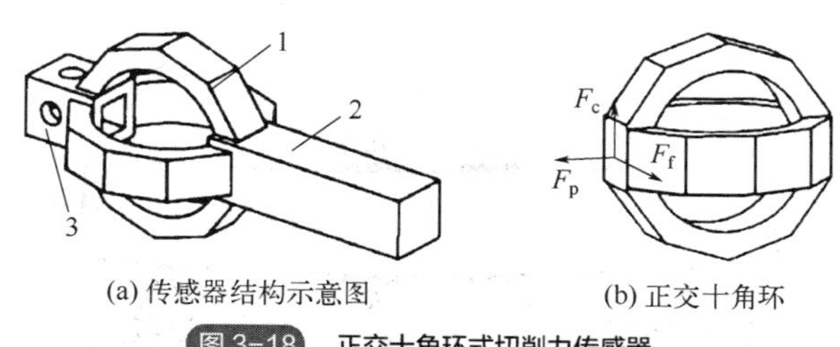

图 3-18 正交十角环式切削力传感器

1—正交十角环；2—传感器柄；3—车刀插槽

图3-19示出了正交十角环式切削力传感器的应变片布置方案。其中，R_1～R_4、R_9～R_{12}布置于竖向十角环，R_1、R_2对称布置于上半环θ=36°外表面，R_9布置于上半环θ=108°外表面，R_{11}布置于上半环θ=90°内表面，而R_3、R_4、R_{10}、R_{12}布置于下半环并与R_1、R_2、R_9、R_{11}对称；R_5～R_8布置于横向十角环，具体位置与R_1～R_4相同。

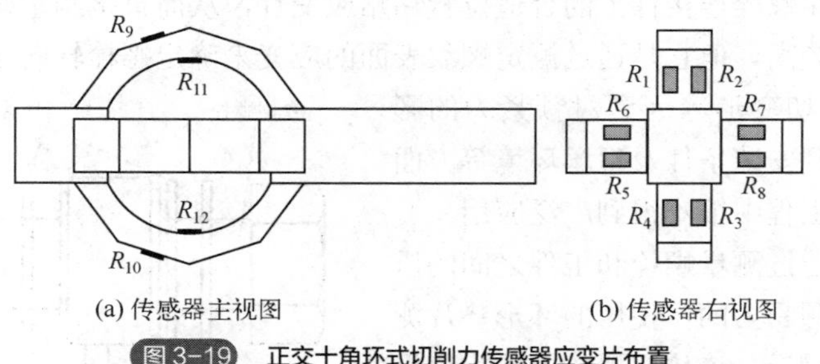

(a) 传感器主视图　(b) 传感器右视图

图3-19 正交十角环式切削力传感器应变片布置

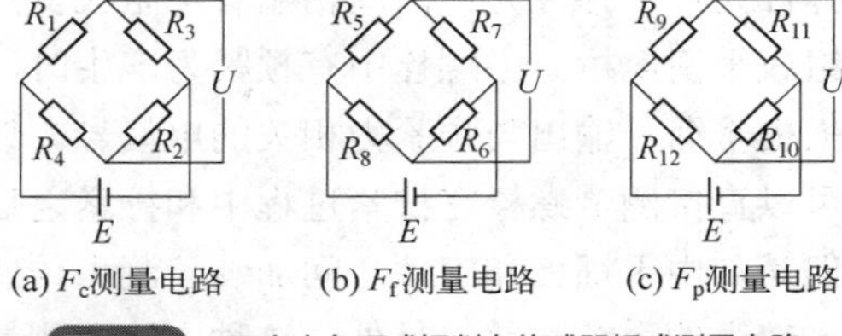

(a) F_c测量电路　(b) F_f测量电路　(c) F_p测量电路

图3-20 正交十角环式切削力传感器桥式测量电路

正交十角环式切削力传感器的测量电路设计如图3-20所示，现以F_c测量电路为例进行说明。当主切削力作用于车刀时，正交十角环发生变形，R_1、R_2产生拉应力，R_3、R_4产生压应力，拉、压应力相等，于是R_1、R_2阻值增大，R_3、R_4阻值减小，且阻值变化量相同，该测量电路获得与主切削力成比例的电压输出信号；当进给力作用于车刀时，R_1、R_4产生拉应力，R_2、R_3产生压应力，且拉、压应力相等，于是R_1、R_4阻值增大，R_2、R_3阻值减小，且阻值变化量相同，此时测量电路无电压信号输出；当吃刀抗力作用于车刀时，R_1～R_4处均产生大小相同的压应力，故测量电路无信号输出。同理不难分析，F_f、F_p测量电路理论上均可单独测量本方向上的力，且不受其他方向上力的交叉干扰。

对具有相同几何参数的正交八角环和正交十角环传感器进行仿真分析，结果表明正交十角环较传统正交八角环在各切削力方向的灵敏度得到显著提高，并具有更好的动态性能。

3.3.2 装配预紧力测量

装配质量是影响产品质量的主要因素之一。在零部件精度相同的前提下，合理的装配可以使产品的性能得到很大程度的提高。因此，保证产品的装配质量对于提高产品质量至关重要。影响装配质量的因素有很多，装配预紧力是主要影响因素之一。

在机械装配连接中，在承受工作载荷作用之前，通常会对工件预先加载一个作用力，即装配预紧力。施加预紧力的目的是增强连接的可靠性和紧密性，以防止受到载荷作用后连接件之间出现缝隙或相对滑移。为了保证装配质量，在装配过程中必须采用合适的预紧力，过大或不均匀都会直接影响装配质量。例如，在一些大行程的超精密工艺装备的装配过程中，装配预紧力的不均匀会造成结构部件变形，从而导致构件表面精度降低、卡滞和振动增大，这将大大影响产品的工艺稳定性和工程可靠性。另外，在一些刚度较低的薄壁超精密零部件装配过程中，过大的装配预紧力会造成装配零件的变形超出零件几何精度要求，这将使前期的超精密加工失去意义。

产品零部件之间的装配连接通常采用螺栓来实现。在机械制造行业中，螺栓连接是应用最为广泛的连接方式，如航空航天、军事装备、化工设备、核电设备等都大量使用螺栓连接。在装配中，除连接作用外，螺栓连接还起到了固定、传动、定位、密封和调整等作用，而螺栓预紧力是实现上述功能的关键。对螺栓预紧力进行测量和分析可以为精密零件的结构设计以及预紧力的控制等装配工艺提供指导。

螺栓预紧力可以通过测量应变或测量压力的方法（即应变测量法或压力测量法）来获得。

应变测量法是在螺栓连接件上的合适位置粘贴应变片，从而直接测量螺栓的轴向预紧力。这种方法测量精度较高，但它是通过测定螺纹表面的应变来确定螺栓轴向预紧力的大小，而未考虑局部应力和剪切变形等因素对预紧力的影响。另外，由于受到安装条件及现场环境等方面的限制，该方法在工程中很难得到广泛应用。

压力测量法是通过测量螺栓和工件之间的压力变化来测定螺栓预紧力的，使用的环形垫片测力传感器如图 3-21 所示。该传感器的主体为筒形弹性元件，弹性元件四周粘贴有电阻应变片，并组成平衡电桥。当螺栓中有预紧力产生时，电桥失去平衡，输出与预紧力相关的电信号。该方法可以直接测量螺栓在拧紧过程中和拧紧之后的预紧力变化，实现螺栓预紧力的实时状态监测。但是，由于螺栓和工件之间加装了测力传感器，改变了螺栓的长度及弹性模量，导致测量时引入较大的系统误差。另外，这种方法在测量结束后需要拆除整个装置，增加了操作的复杂度，故较难应用于设备或生产线的在线监测。

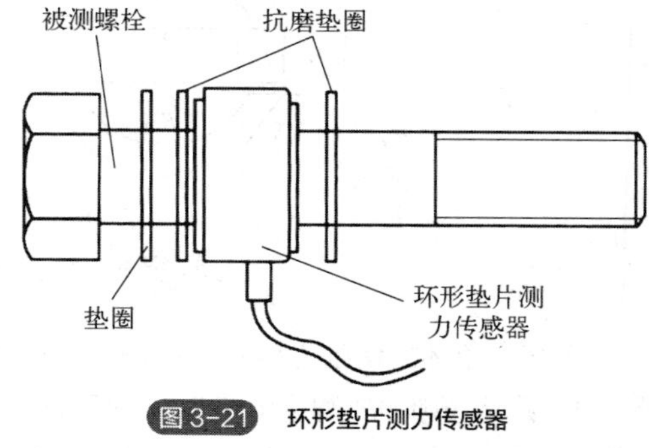

图 3-21 环形垫片测力传感器

本章小结

- 电位器式传感器的主要组成为电阻体和电刷两部分，通过电刷的移动使电阻体的阻值随被测量而发生变化，又称为变阻器式传感器。
- 电位器式传感器的测量电路为电阻分压电路，当电位器总电阻远小于负载电阻时，电路呈线性特性。
- 电阻应变片分为金属电阻应变片和半导体应变片，金属电阻应变片是基于金属材料的电阻应变效应，半导体应变片则是基于半导体材料的压阻效应。半导体应变片的灵敏度比金属电阻应变片高 50～70 倍。
- 电阻应变片有粘接式和非粘接式之分，丝式和箔式应变片属于粘接式，膜式应变片属于非粘接式。
- 电阻应变片的主要性能参数有标称电阻值、绝缘电阻、灵敏度、允许电流、机械滞后、蠕变、零点漂移和横向效应系数。其中，标称电阻值用于表征电阻应变片的规格。
- 固态压阻式传感器的测量原理也是半导体材料的压阻效应，但是利用集成电路工艺将敏感元件直接扩散在硅膜片上，具有体积小、精度高、动态响应特性好、灵敏度高等显著优势。
- 在实际使用中，电阻应变片粘贴在被测对象或弹性元件上，并通过桥式测量电路将阻值变化转换为电压或电流变化。为了实现应变片的温度自补偿，电桥应接成半桥或全桥接法。

习题与思考题

3-1 将一个变阻器式传感器按图 3-22 接线，其输入量和输出量分别是什么？在什么条件下输出量与输入量之间有较好的线性关系？

3-2 金属电阻应变片与半导体应变片在工作原理上有何异同？各有何优缺点？使用时应如何根据具体情况进行选用？

3-3 某截面积为 9.8mm^2 的钢质圆柱体试件，弹性模量 $E=2\times10^{11}\text{N/m}^2$，沿轴向受拉力 $F=2000\text{N}$。若沿受力方向粘贴一片灵敏度 $S=2$、标称阻值 $R=120\Omega$ 的应变片，试求受拉后应变片的阻值 R。

3-4 电阻应变片的测量电路为何通常选用电桥？在应变测量中，如果希望灵敏度高、输出信号大并具有温度自补偿功能，应选择哪种测量电桥？为什么？

3-5 在使用应变片进行应力、应变测量时，环境温度的变化会对测量产生哪些影响？应采取什么措施来消除这些影响？

3-6 应变式和电位器式传感器是否可做成接近开关？为什么？

3-7 汽车衡中使用电阻应变式荷重传感器来测量汽车及所载货物的重量，试画出汽车衡称重系统的组成框图，并说明其工作原理。

3-8 图 3-23 所示为应变式加速度传感器，通过基座固定在被测物体上。试说明其测量原理。

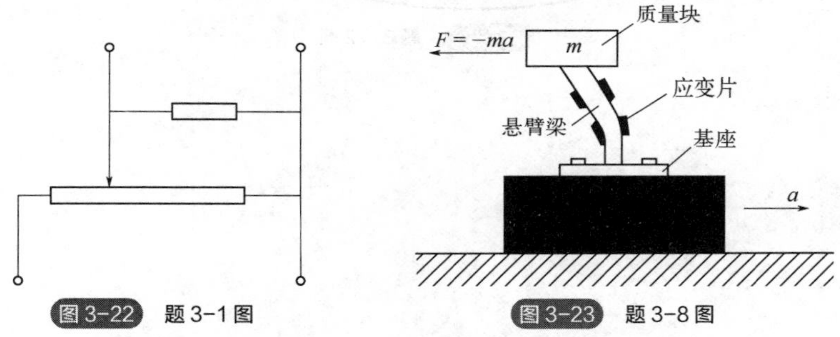

图 3-22 题 3-1 图　　图 3-23 题 3-8 图

3-9 图 3-24 为应变式水平仪的结构示意图。电阻应变片 R_1～R_4 粘贴在悬臂梁上，悬臂梁的自由端安装一个质量块，水平仪放置在被测平面上。试说明该水平仪的工作原理。

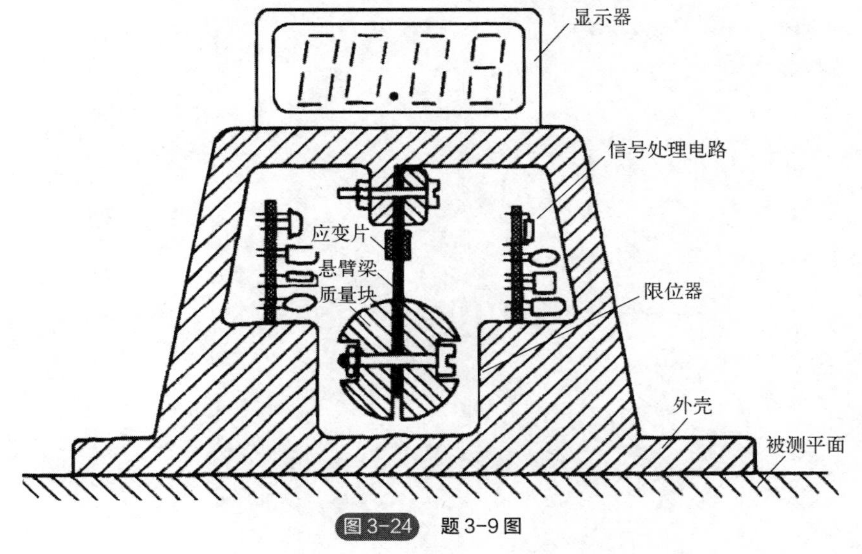

图 3-24 题 3-9 图

3-10 固态压阻式传感器的主要优点是什么？它可以应用在哪些方面？

3-11 在测量气体压力时，为了提高集成度，应选择哪种电阻式传感器？

3-12 如图 3-25 所示，固态压阻式传感器可用于投入式液位计中。试说明其测量原理。

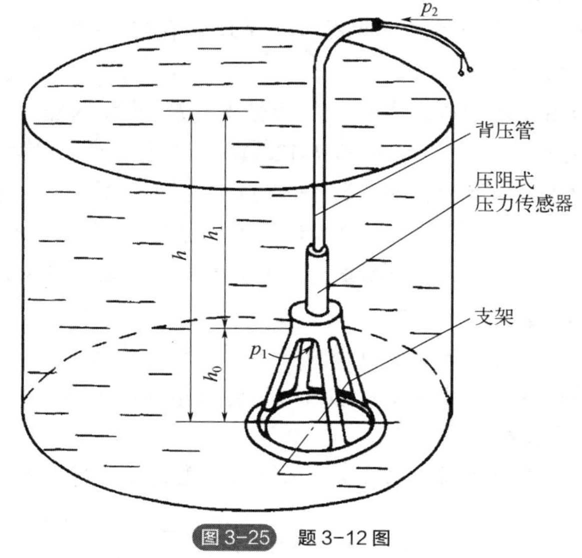

图 3-25 题 3-12 图

第 4 章

电感式传感器

思维导图

扫码获取本书资源

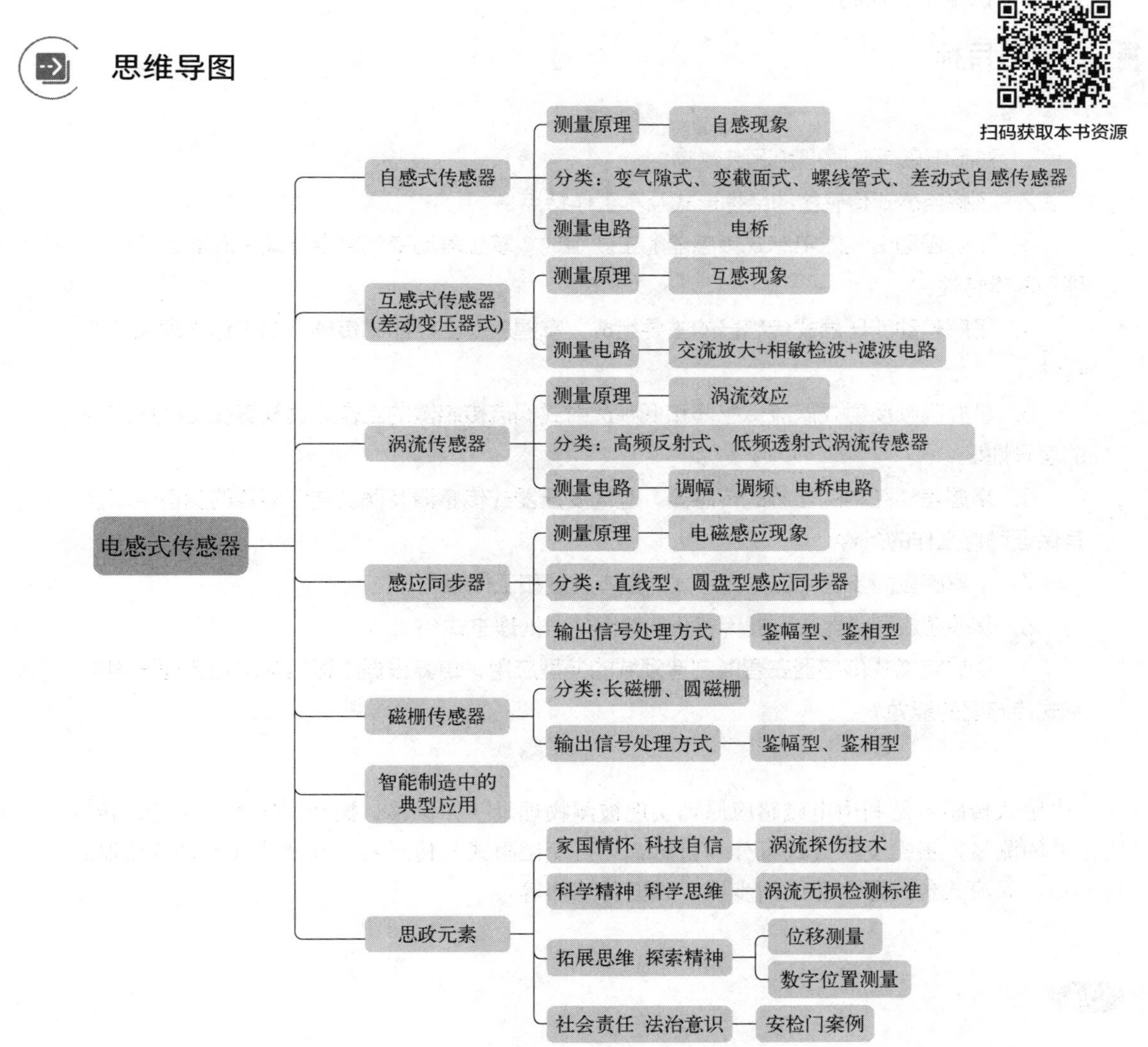

案例引入

我们乘坐火车或飞机出行时，在进入火车站或机场时，都会被要求接受安检。在将随身携带的行李和物品放到安检机上后，我们还要通过安检门。除了火车站、汽车站、地铁站和机场等人流量较大的交通场所外，安检系统还广泛应用在博物馆、剧院、图书馆以及政法机关、钱币厂等重要场合或大型工厂、企业，用来检测进出人员是否携带违规金属物品（如枪支、管制刀具等金属制品）或带出工厂的金属材料或金属产品等。安检机是利用 X 射线检查行李和包裹中是否有违禁品的，那么你知道安检门是利用了什么物理原理吗？它是如何判知受检者在身体的某个部位携带了金属物体的？

学习目标

1. 熟悉电磁感应原理和涡流效应；
2. 了解自感式传感器的结构形式及其工作特点；
3. 了解差动变气隙电感式传感器的主要组成，掌握差动变气隙电感式传感器的工作原理和基本特性；
4. 了解差动变压器式传感器的主要组成，掌握差动变压器式传感器的工作原理和基本特性；
5. 掌握高频反射式涡流传感器和低频透射式涡流传感器的工作原理及其在工程应用上的差异性；
6. 掌握差动结构的自感式传感器、差动变压器式传感器及涡流式传感器的测量电路及其保证可靠工作的条件；
7. 了解感应同步器和磁栅传感器的基本组成和工作原理；
8. 掌握感应同步器和磁栅传感器的输出信号处理方式；
9. 掌握电感式传感器在智能制造领域的典型应用，培养根据工程实际问题合理选用电感式传感器的能力。

电感式传感器是利用电磁感应原理实现被测物理量（如位移、振动、压力、流量、转速、力矩）的测量，根据变换方式可分为自感式（可变磁阻式）传感器、互感式（差动变压器式）传感器、涡流式传感器、感应同步器、磁栅传感器等。

4.1 自感式传感器

自感式传感器将被测量的变化转换成线圈本身自感量的变化。按结构形式的不同，可分为变气隙式自感传感器、变截面式自感传感器和螺线管式自感传感器；按工作线圈数量的不同，又有单圈式自感传感器和双圈式（差动式）自感传感器之分。

4.1.1 自感式传感器的工作原理

自感式传感器由铁芯、线圈、衔铁等组成，线圈绕在铁芯上，铁芯与衔铁之间有长度为 δ 的空气隙。其工作原理是被测量的变化引起磁路磁阻的改变，从而使线圈本身的自感发生变化，故也称为可变磁阻式传感器。

根据电磁感应原理，当线圈中通以电流 i 时，其中产生的磁通 Φ_m 与 i 之间的关系为

$$W\Phi_m = Li \tag{4-1}$$

式中，W 为线圈匝数；L 为线圈自感，H。

由磁路欧姆定律可知

$$\Phi_m = \frac{Wi}{R_m} \tag{4-2}$$

式中，Wi 为磁路磁动势，A；R_m 为磁路总磁阻，H^{-1}。

将式（4-2）代入式（4-1），得

$$L = \frac{W^2}{R_m} \tag{4-3}$$

当不考虑磁路的铁损且气隙 δ 较小时，磁路的总磁阻由铁芯磁阻和空气隙磁阻串联而成，即

$$R_m = \frac{l}{\mu A} + \frac{2\delta}{\mu_0 A_0} \tag{4-4}$$

式中，l 为铁芯导磁长度，m；μ 为铁芯磁导率，H/m；A 为铁芯导磁截面积，m^2；δ 为气隙长度，m；μ_0 为空气磁导率，$\mu_0 = 4\pi\times10^{-7}$ H/m；A_0 为气隙导磁截面积，m^2。

式（4-4）等号右边的两项分别为铁芯磁阻和空气隙磁阻。由于铁芯和衔铁采用高导磁材料制成，其磁导率远高于空气的磁导率，磁阻与空气隙的磁阻相比可以忽略不计，故有

$$R_m \approx \frac{2\delta}{\mu_0 A_0} \tag{4-5}$$

将式（4-5）代入式（4-3），得

$$L = \frac{W^2 \mu_0 A_0}{2\delta} \tag{4-6}$$

由此可见，自感 L 与气隙长度 δ 成反比，与气隙导磁截面积 A_0 成正比。δ 或 A_0 的变化都会引起传感器自感量的改变，因此就有了变气隙式自感传感器和变截面式自感传感器两种结构形式。

4.1.2 单圈式自感传感器

(1)变气隙式自感传感器

当线圈匝数 W 及气隙导磁截面积 A_0 一定时，气隙长度 δ 的改变将使磁阻变化，进而使线圈的自感 L 发生改变，据此原理构成的传感器称为变气隙式自感传感器（图 4-1），其灵敏度为

$$S=\frac{\mathrm{d}L}{\mathrm{d}\delta}=-\frac{W^2\mu_0 A_0}{2\delta^2} \tag{4-7}$$

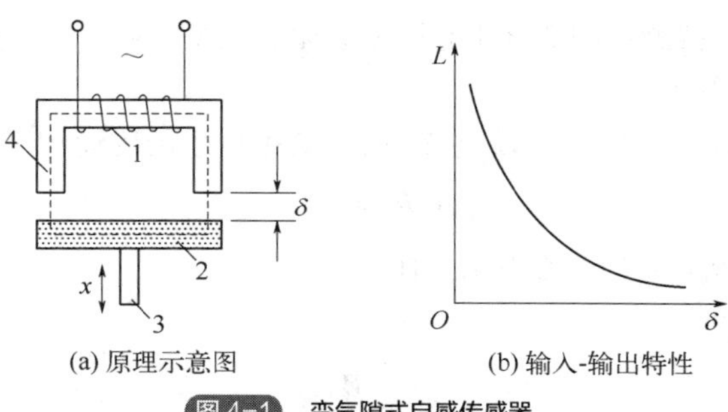

图 4-1 变气隙式自感传感器

1—线圈；2—衔铁；3—测杆；4—铁芯

可见，灵敏度 S 与气隙长度 δ 的平方成线性关系，说明传感器在不同的工作气隙下灵敏度不为常数，故存在理论上的非线性误差。为了限制这一误差的大小，通常使传感器在初始气隙长度 δ_0 附近的较小范围（$\pm\Delta\delta$）内工作，则此时的灵敏度为

$$S=-\frac{W^2\mu_0 A_0}{2(\delta_0+\Delta\delta)^2}$$

因 $\Delta\delta$ 很小，故只取泰勒级数的一次项，得

$$S\approx-\frac{W^2\mu_0 A_0}{2\delta_0^2}(1-2\frac{\Delta\delta}{\delta_0})$$

当 $\Delta\delta \ll \delta_0$ 时，有

$$S\approx-\frac{W^2\mu_0 A_0}{2{\delta_0}^2} \tag{4-8}$$

此时，灵敏度近似为一常数，输入-输出近似保持线性关系。在实际应用中，为了保证一定的线性度，这种传感器的工作范围一般取为 $\Delta\delta/\delta_0 \leqslant 0.1$（$\delta_0$ 的选取主要与结构制造工艺性及灵敏度要求有关），故仅适用于微小位移（一般为 0.001～1mm）的测量。

(2)变截面式自感传感器

在线圈匝数 W 确定后，保持气隙长度 δ 不变，改变气隙导磁截面积 A_0 也会导致线圈自感 L 的变化，这便构成了变截面式自感传感器（图 4-2）。此时，L 和 A_0 成正比，输入和输出之间成线性关系。

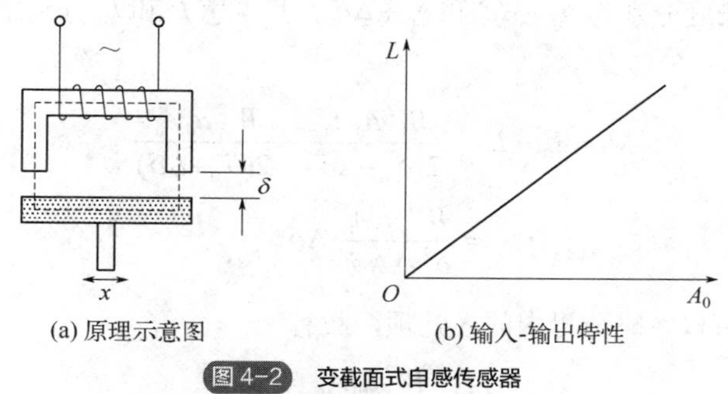

(a) 原理示意图　(b) 输入-输出特性

图 4-2 变截面式自感传感器

变截面式自感传感器的灵敏度为

$$S = \frac{\mathrm{d}L}{\mathrm{d}A_0} = \frac{W^2\mu_0}{2\delta} \tag{4-9}$$

灵敏度为一常数。但由于漏感等原因，此类传感器在 A_0 为零时仍存在较大的电感，故其线性范围较小，且灵敏度较低。

(3) 螺线管式自感传感器

如图 4-3 所示，螺线管式自感传感器是在一个螺线管线圈中放入一根圆柱形衔铁。当衔铁在线圈中运动时，将改变磁阻，从而使线圈自感发生变化。

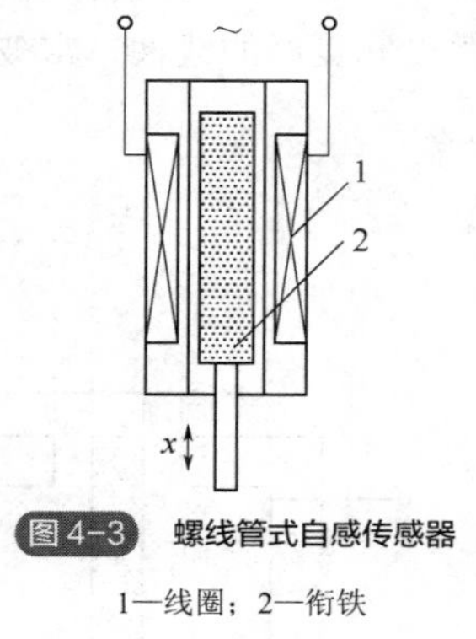

图 4-3 螺线管式自感传感器

1—线圈；2—衔铁

这种传感器的线性取决于螺线管的长径比。对于长螺线管（长径比 >>1），当衔铁位于螺线管的中部时，线圈内的磁场强度可看作是均匀的，此时线圈自感 L 与衔铁插入深度大致成正比。因此，螺线管的长径比越大，传感器的线性工作范围就越大。

螺线管式自感传感器的特点是结构简单，制作容易，但是灵敏度略低，而且只有衔铁在螺线管中间部分的时候，传感器才能获得较好的线性关系。这种传感器适用于较大位移（数毫米）的测量。

4.1.3 差动式自感传感器

上述三种传感器都只有一个工作线圈，故称为单圈式自感传感器。在工作时，由于线圈中通有交流励磁电流，衔铁和铁芯之间始终存在着较大的电磁吸力，不但会引起振动和附加误差，而且非线性误差较大。另外，外界环境的干扰（如电源电压频率变化和温度变化等）都会使输出产生误差。因此，为了提高灵敏度、减小测量误差，自感式传感器在实际工作中通常采用差动形式。

差动式自感传感器由两个完全相同的单圈式自感传感器共用一根衔铁构成，其结构要求是两个导磁体的几何尺寸和材料性能完全相同；两个线圈的电气参数（如电感、匝数、直流电阻、分布电容等）和几何尺寸也完全相同；两个铁芯完全对称安装。差动式自感传感器有变气隙式差动自感传感器、变截面式差动自感传感器和螺线管式差动自感传感器之分。

图 4-4（a）所示为变气隙式差动自感传感器，当衔铁在平衡位置（δ_0）附近有一个位移 $\Delta\delta$

时，两线圈的空气隙长度分别为 $\delta_0-\Delta\delta$ 和 $\delta_0+\Delta\delta$，其自感 L_1 和 L_2 分别增大和减小。两个线圈的自感差值 ΔL 为

$$\begin{aligned}\Delta L=L_1-L_2&=\frac{W^2\mu_0A_0}{2(\delta_0-\Delta\delta)}-\frac{W^2\mu_0A_0}{2(\delta_0+\Delta\delta)}\\&=\frac{W^2\mu_0A_0}{\delta_0^2-\Delta\delta^2}\Delta\delta\end{aligned}\tag{4-10}$$

当 $\Delta\delta<<\delta_0$ 时，可以忽略分母中的 $\Delta\delta^2$ 项，故有

$$\Delta L\approx\frac{W^2\mu_0A_0}{\delta_0^2}\Delta\delta\tag{4-11}$$

差动式传感器的灵敏度为

$$S=\frac{\Delta L}{\Delta\delta}=\frac{W^2\mu_0A_0}{\delta_0^2}\tag{4-12}$$

由此可见，将自感式传感器做成差动式，灵敏度比单圈式提高了一倍，大大改善了传感器的非线性［图 4-4（b）］，同时还在一定程度上实现了对环境条件变化、铁芯材料的磁特性不均匀等误差因素的补偿。

同理，与螺线管式自感传感器相比，图 4-5 所示的螺线管式差动自感传感器具有较高的灵敏度和良好的线性，常被用在电感测微计上。

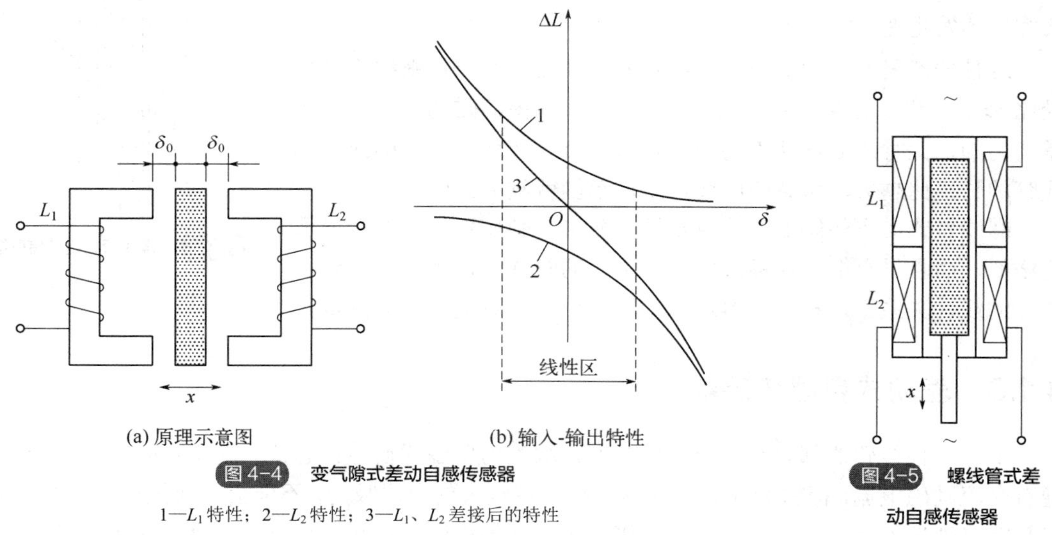

(a) 原理示意图　(b) 输入-输出特性

图 4-4　变气隙式差动自感传感器

1—L_1 特性；2—L_2 特性；3—L_1、L_2 差接后的特性

图 4-5　螺线管式差动自感传感器

4.1.4　自感式传感器的测量电路

自感式传感器的测量电路采用电桥，将自感量的变化转换为电压或电流信号，以便送给放大器进行放大，再利用仪器或仪表予以指示或记录。

如图 4-6 所示，变气隙式差动自感传感器是将两个线圈 L_1、L_2 与固定电阻 R_1、R_2 分别接在交流电桥的相邻桥臂，当输入 x（即 δ）发生变化时，ΔL 与 x 基本成线性关系，而电桥的输出又正比于 ΔL，所以电桥的输出 e_o 与输入 x 基本保持线性关系。

螺线管式差动自感传感器则是将两个螺线管线圈作为邻臂接入变压器电桥电路[图 4-7(a)]，线圈电感 L_1、L_2 随衔铁位移 x 而变化，其输入-输出特性如图 4-7（b）所示，可见电桥的输出电压 e_o 与衔铁的位移量 x 成正比。

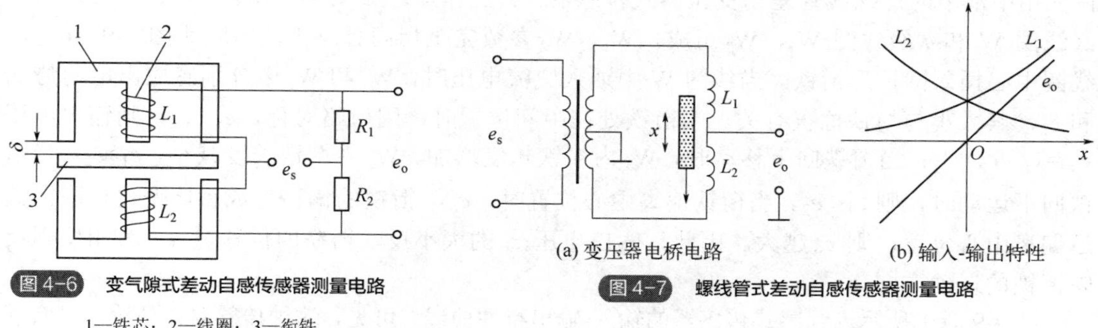

(a) 变压器电桥电路　(b) 输入-输出特性

图 4-6 变气隙式差动自感传感器测量电路

1—铁芯；2—线圈；3—衔铁

图 4-7 螺线管式差动自感传感器测量电路

变压器电桥电路的输出信号经放大器放大后送给后续仪表进行指示或记录。但指示仪表只能反映出输出电压 e_o 的幅值，却无法判别其相位，即位移的方向。另外，由于差动电感线圈的电气参数、几何尺寸或磁路参数不完全对称，以及线圈间存在寄生电容或线圈、引线与外壳间存在分布电容等，该测量转换电路会受到零点残余电压的影响，即当衔铁位于差动电感线圈的中间位置时，电路仍有一个微小的误差电压输出。为此，传感器的输出电压需先经过相敏检波电路后，再送往指示仪表。

4.2 互感式传感器

互感式传感器的特点为测量精度高（可达 0.1μm），测量范围大（可达±100mm），结构简单，使用方便，稳定性好，故广泛用于直线位移测量。由于这种传感器借助弹性元件可将压力、重量、液位、振动等物理量转换为位移变化，所以也可用于测量压力、重量、液位及振动等。

4.2.1 互感式传感器的工作原理

互感式传感器是基于电磁感应中的互感现象工作的，它实质上是一个结构改造了的变压器（铁芯做成可以活动的）。如图 4-8 所示，初级线圈 W_1 通以交流电流 i_1，次级线圈 W_2 产生一感应电动势 e_{12}，其大小与电流 i_1 的变化率成正比，即

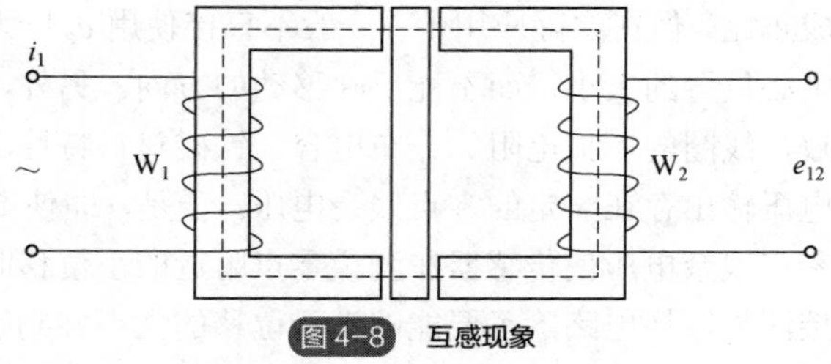

图 4-8 互感现象

$$e_{12} = -M\frac{di_1}{dt} \tag{4-13}$$

其中，M 为互感，单位为 H，用来度量两线圈 W_1 和 W_2 之间的耦合程度，其大小与两线圈的相对位置及周围介质的磁导率等因素有关。

可见，当互感 M 发生变化时，输出电压也随之改变。因此，输出感应电动势的变化反映了传感器结构参数的变化，据此可以制成各种互感式传感器。

互感式传感器通常采用两个次级线圈并组成差动形式，故又称为差动变压器式传感器。实际应用中常用的是螺线管差动变压器式传感器，其工作原理如图 4-9（a）所示。传感器由初级线圈 W 和次级线圈 W_1、W_2 组成，W_1、W_2 参数完全相同且反极性串联［图 4-9（b）］，线圈中心插入圆柱形衔铁。当线圈 W 中通入交流电压时，W_1 和 W_2 中分别感应出电动势 e_1 和 e_2，其大小与衔铁位置有关。当衔铁处在中间位置时，因磁路对称，$e_1= e_2$，则输出电压 $e_o = e_1 - e_2 = 0$；当衔铁向上移动时，W_1 内衔铁长度增加、W_2 内衔铁长度减小，$e_1>e_2$；当衔铁向下运动时，则 $e_1< e_2$。当衔铁偏离中心位置时，e_o 与衔铁的偏移量成正比变化，即衔铁越偏离中心位置，则 e_o 越大。因此，输出电压 e_o 的大小反映衔铁的位移量 x，其相位则反映衔铁的运动方向。

图 4-9（c）所示为互感式传感器的输入-输出特性曲线。可见，这种传感器在理论上具有理想的线性输入-输出特性。但在实际上，由于受边缘效应及线圈结构参数不一致、衔铁特性不均匀等因素的影响，差动变压器式传感器仍具有一定的非线性误差。

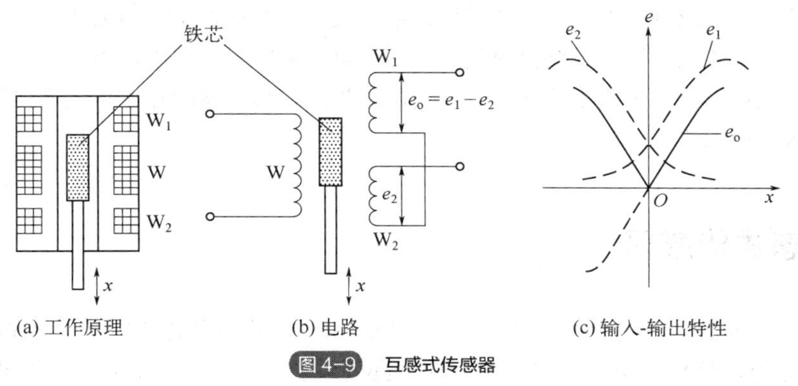

图 4-9　互感式传感器

4.2.2　互感式传感器的测量电路

测量电路的作用是将互感式传感器的电感量变化转换成电压或电流的变化，以便用仪表指示出来。互感式传感器输出的是高频交流电压信号 e_o，其幅值与衔铁相对于中间位置的偏移量成正比。但在实际应用中，一般不直接使用 e_o 作为传感器输出，这是因为 e_o 只能反映衔铁偏离中心位置的大小，而不能反映移动的方向。另外，由于两个二次线圈的结构参数不可能绝对一致，线圈的铜损电阻、分布电容、铁磁材料特性的均匀性等因素也不可能完全相同，导致交流电压输出存在一定的零点残余电压。于是，即使衔铁位于中间位置时，传感器的输出也不为 0。零点残余电压使传感器在测量零点附近的小位移时误差大、线性差，所以，互感式传感器的后接测量转换电路除了要能够表示位移的大小并判别位移的方向（极性）外，还要能够补偿零点残余电压。为此需要采用差动相敏检波电路。

如图 4-10 所示，在没有信号输入时，衔铁处于中间位置，调节电阻 R，使零点残余电压减小；当有信号输入时，衔铁向上或向下移动而偏离中间位置，其输出电压经交流放大、相敏检波、滤波后得到直流输出，由表头指示输入位移量的大小和方向。

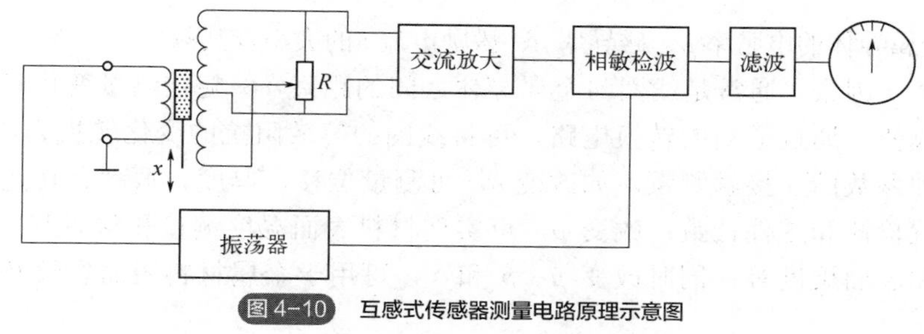

图 4-10　互感式传感器测量电路原理示意图

4.3　涡流式传感器

根据电磁感应原理，当金属导体置于变化着的磁场中或在磁场中运动时，金属导体内部会产生呈旋涡状闭合的感应电流，即涡流，这种现象称为涡流效应，是涡流式传感器的测量基础。涡流式传感器一般分为高频反射式涡流传感器和低频透射式涡流传感器两类，可对被测参数进行动态非接触测量，具有结构简单、安装方便、测量范围大、分辨率高、灵敏度高、抗干扰能力强、不受油污等介质的影响等优点，广泛用于径向振摆、回转轴误差、位移、转速和厚度的测量，以及工件计数、表面裂纹和材质的无损探伤等领域。

拓展阅读

4.3.1　高频反射式涡流传感器

高频反射式涡流传感器的工作原理如图 4-11 所示。把一个扁平线圈置于一个金属导体附近，金属导体和线圈相距 δ。当线圈中通以高频（几兆赫兹以上）交变激励电流 i 时，线圈周围产生高频磁场 Φ_{m1} 并作用于金属导体，金属导体内便会感应出电流 i_e。i_e 在金属导体的纵深方向并非均匀分布，而只是集中在金属导体表面的薄层内，这种现象称为趋肤效应或集肤效应。

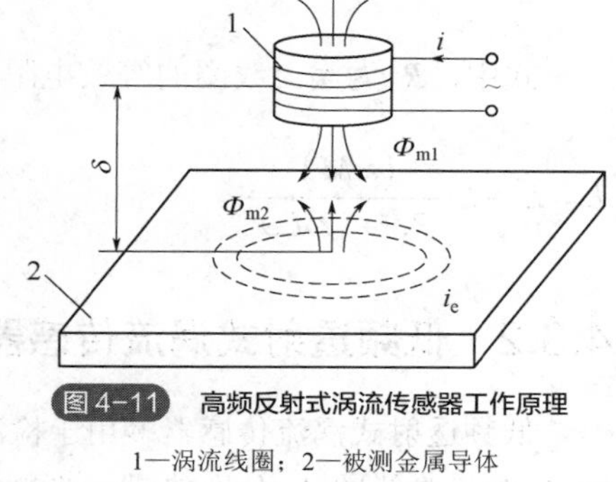

图 4-11　高频反射式涡流传感器工作原理

1—涡流线圈；2—被测金属导体

为了表征趋肤效应的严重程度，引入了透入深度（渗透深度、集肤深度）的概念，此深度的涡流密度为金属导体表面涡流密度大小的 1/*e* 倍，其表达式为

$$\Delta=\frac{1}{\sqrt{\pi f\mu\sigma}} \tag{4-14}$$

由式（4-14）可以看出，涡流的透入深度 Δ 与激励源频率 f、金属导体的电导率 σ 和磁导率 μ 等有关。其中，激励源频率 f 越高，涡流的透入深度 Δ 越浅，因此通过改变 f 可达到控制透入深度即检测深度的目的。激励源频率一般为 100kHz～1MHz，为了使涡流深入金属导体深处，或对距离较远的金属导体进行检测，可将 f 设定为十几千赫兹甚至几百千赫兹。

根据楞次定律，涡流 i_e 将产生磁场 Φ_{m2}，其方向总是与 Φ_{m1} 相反，即抵抗原磁场 Φ_{m1} 的变化。因此，涡流效应的存在使线圈中的磁通相对于没有金属板时有所变化，从而改变了线圈的阻抗，该阻抗称为线圈的等效阻抗 Z，其最主要的影响因素是线圈与金属导体间的距离 δ，其他影响因素还包括金属导体的电阻率 ρ、磁导率 μ、激励电流 i 的大小及其频率 f。

当上述某一因素（通常是线圈与金属导体之间的距离 δ）随被测量变化时，线圈的等效阻抗随之改变。通过适当的转换电路，可将线圈的等效阻抗的变化转换为电压的变化，从而实现各种参数的非接触测量。如改变 δ，可测量位移、厚度、振动、转速等物理量，也可实现位置检测和零件计数；改变 ρ，可实现材料表面温度测量和材质判别；改变 μ，可测量应力和表面硬度等；同时改变 μ、ρ 和 δ，可用于金属材料表面裂纹及焊缝裂纹的无损探测。

在分析涡流式传感器中的线圈阻抗与其影响因素之间的关系时，涡流式传感器可用图 4-12 所示的等效电路来表示，图中将金属导体抽象为一个与传感器线圈磁性耦合的短路线圈，两者之间的耦合程度用互感系数 M 来表示，并随线圈与金属导体的间距 δ 的增大而减小。R_1 和 L_1 分别为涡流线圈的电阻和电感，R_2 和 L_2 分别为金属导体的电阻和电感，E 为激励电压。

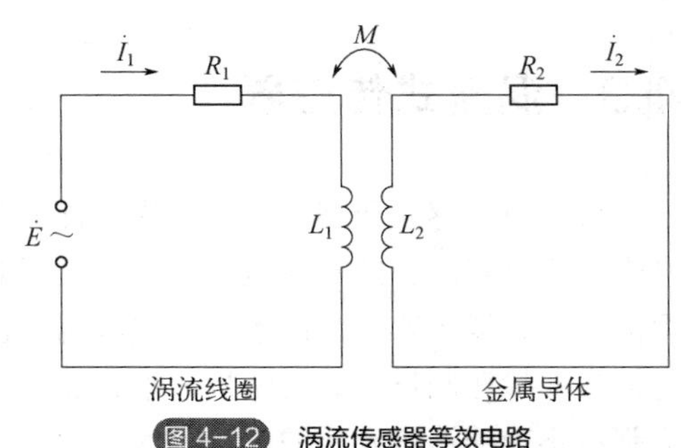

图 4-12 涡流传感器等效电路

由基尔霍夫定律可推导出涡流线圈受到被测金属导体影响后的等效阻抗为

$$Z=\left[R_1+R_2\frac{(\omega M)^2}{R_2{}^2+(\omega L_2)^2}\right]+\mathrm{j}\omega\left[L_1-L_2\frac{(\omega M)^2}{R_2{}^2+(\omega L_2)^2}\right]=R+\mathrm{j}\omega L \qquad (4\text{-}15)$$

式中，R 为涡流线圈的等效电阻，$R=R_1+R_2\dfrac{(\omega M)^2}{R_2{}^2+(\omega L_2)^2}$；$L$ 为涡流线圈的等效电感，$L=L_1-L_2\dfrac{(\omega M)^2}{R_2{}^2+(\omega L_2)^2}$。

4.3.2 低频透射式涡流传感器

低频透射式涡流传感器多用于检测材料的厚度，其工作原理如图 4-13（a）所示。发射线圈 L_1 和接收线圈 L_2 分别放置于被测金属板的上、下方。由振荡器产生的低频电压（一般为音频范围）e_1 加到线圈 L_1 的两端后，在其周围空间产生一交变磁场。如果两个线圈之间不存在金属板，L_1 的磁场直接贯穿 L_2，于是 L_2 的两端便感生出一交变感应电动势 e_2。在 L_1 和 L_2 之间放置金属板后，L_1 所产生的磁感线必然穿过金属板，并在其中产生涡流 i。这个涡流损耗了部分磁场能量，使贯穿 L_2 的磁感线减少，从而引起 e_2 的下降。e_2 的大小与被测金属板的厚度及其材料性质有关，金属板越厚，涡流的损耗越大，e_2 就越小，e_2 与材料厚度 h 之间呈负指数规律［图 4-13（b）］变化。因此，根据 e_2 的改变便可测得材料的厚度。

在进行金属板厚度测量时，电源的激励频率应选用较低频率，若频率太高，贯穿深度小于被测厚度，将不利于厚度测量。激励频率通常为 500～2000Hz，具体应根据金属板的厚度及其材料来选择。在测量薄金属板时，频率一般选得略高些；对于厚金属板，则应当选择较低的频率。如果金属板的电阻率较小，应选用较低的频率，而在测量电阻率较大的金属板时，则应选用较高的频率，以保证在测量不同材料时都能获得较好的线性度和灵敏度。

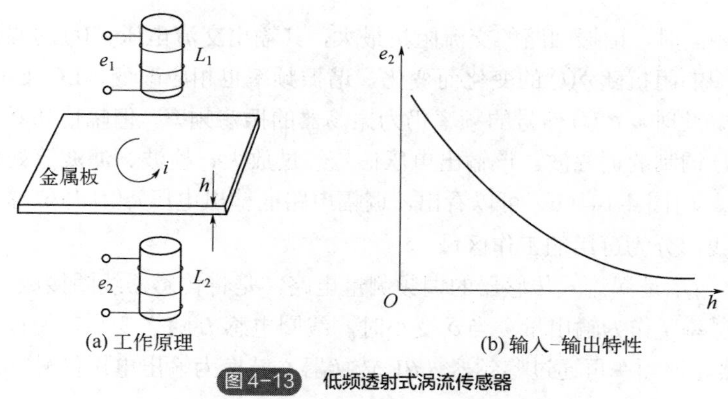

(a) 工作原理　　(b) 输入-输出特性

图 4-13　低频透射式涡流传感器

4.3.3　涡流式传感器的测量电路

由式（4-15）可知，涡流式传感器与被测金属试件之间互感量 M 的变化可以转换为线圈的等效阻抗的变化，测量电路的作用是将这个变化变换为频率、电压或电流。测量电路有调频电路、调幅电路和交流电桥等。以下对调幅和调频测量电路做简单介绍。

图 4-14（a）所示为用于涡流测振仪的分压式调幅电路，它主要由石英晶体振荡器、高频放大器、检波器和滤波器等组成。由振荡器产生频率一定、稳幅的高频振荡信号作为载波信号，传感器输出信号受该载波信号调制后产生一高频调制信号。该信号经放大器放大后，再经过检波和滤波，即可得到有关间隙 $\delta(t)$ 动态变化的信息。

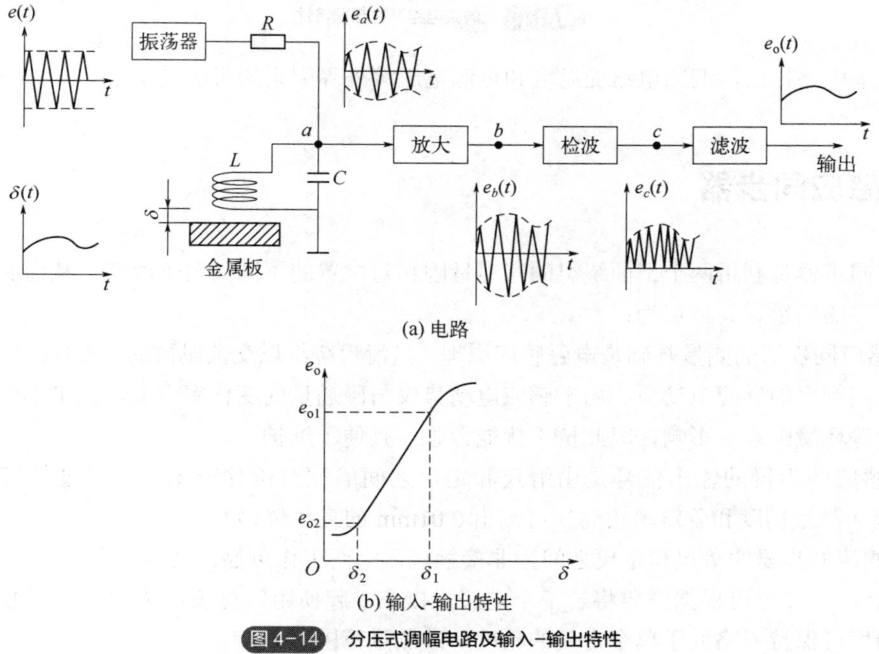

(a) 电路

(b) 输入-输出特性

图 4-14　分压式调幅电路及输入-输出特性

石英晶体振荡器通过耦合电阻 R 向由传感器线圈 L 和固定电容 C 组成的并联谐振回路（谐振频率为 $f_0=\dfrac{1}{2\pi\sqrt{LC}}$）提供频率恒定的稳幅、高频振荡信号 $e(t)$，当 LC 回路的谐振频率与振荡器的振荡频率相同时，谐振回路的交流阻抗最大，其输出交流电压 $e_a(t)$ 的幅值也就最大。测量时，传感器线圈的阻抗随 $\delta(t)$ 的变化而变化，谐振频率也相应改变，LC 回路失谐，输出电压 $e_a(t)$ 大大降低。此时，$e_a(t)$ 信号的频率仍为振荡器的振荡频率，但幅值随 $\delta(t)$ 而变化，故相当于是一个被 $\delta(t)$ 调制的调幅波。该输出电压信号经过放大、检波、滤波等处理，最后在输出端得到电压 $e_o(t)$。由图 4-14（b）可以看出，调幅电路的输出电压 $e_o(t)$ 与位移 $\delta(t)$ 之间呈非线性关系，图中直线部分为可用的工作区域。

图 4-15（a）所示是涡流式传感器的调频测量电路，是将传感器线圈接成一个 LC 振荡器，以振荡器的振荡频率 f 作为输出量。当 δ 变小时，线圈电感 L 随之变小，使振荡器的振荡频率 f 变高，反之亦然。该频率再通过鉴频器（f/V 转换器）转换为输出电压信号 e_o。鉴频器特性如图 4-15（b）所示。

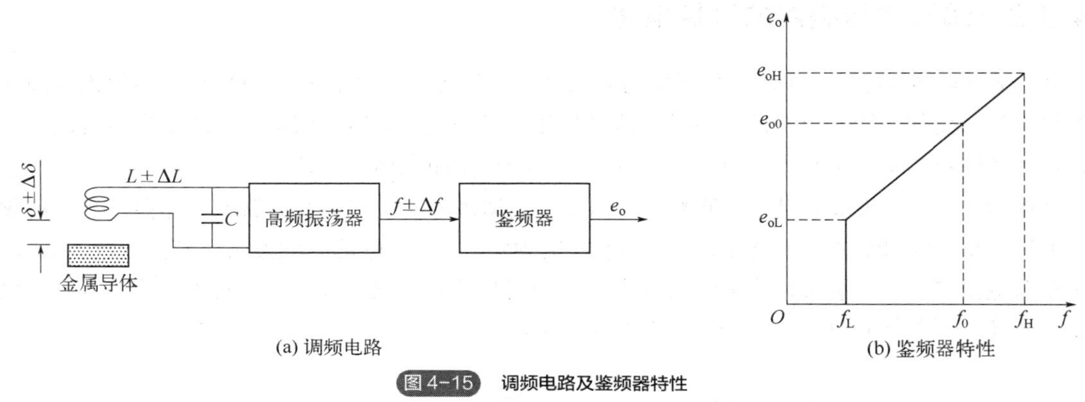

(a) 调频电路　(b) 鉴频器特性

图 4-15　调频电路及鉴频器特性

与调幅电路相比，调频电路受温度和电源电压等外界因素的影响较小。

4.4　感应同步器

感应同步器是利用两个平面绕组的互感量因相对位置的不同而发生改变，从而实现直线位移或角位移的测量。其特点为：

1）感应同步器的测量基础是电磁感应原理，当滑尺绕组以交流励磁时，定尺绕组中产生与励磁电压同频率的感应电动势。由于感应电动势仅与磁通量的变化率有关，几乎不受温度、污染、灰尘等环境因素的影响，因此抗干扰能力强，且便于维护。

2）感应同步器的输出信号是由滑尺和定尺之间的相对位移产生，不经过任何机械传动机构，因而测量精度和分辨率较高（可测出 0.01mm 的直线位移）。

3）感应同步器的滑尺和定尺之间为非接触式，因而工作可靠，使用寿命长。

4）感应同步器可根据需要将若干个定尺拼接在一起使用，总长可达 20m，且拼接后总的长度的精度可保持或略低于单个定尺的精度，故测量范围大。

4.4.1　感应同步器的结构与工作原理

感应同步器可分为直线型和圆盘型两类，分别用来检测直线位移和角位移。直线型感

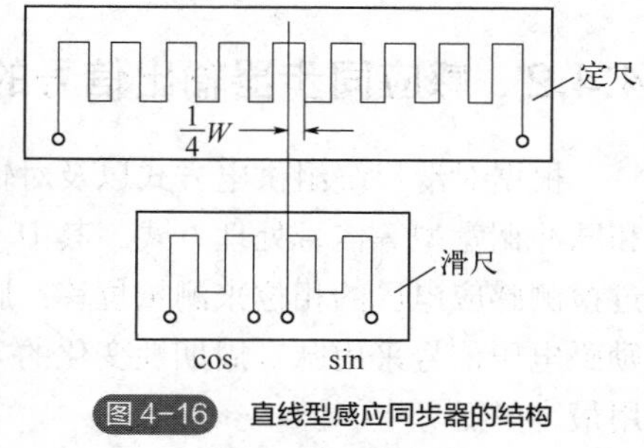

图 4-16 直线型感应同步器的结构

应同步器由定尺和滑尺组成，圆盘型感应同步器由定子和转子组成。图 4-16 示出了直线型感应同步器的结构，其制造工艺是先在基板（玻璃或金属）上涂一层绝缘黏合材料，将栅状铜箔粘牢，用制造印制电路板的腐蚀方法制成具有均匀节距的方齿形绕组。定尺的绕组是一组单相连续绕组，而滑尺上分布着两组空间相差 90°的分段绕组，即正弦绕组和余弦绕组，并将正弦绕组和余弦绕组各自串联起来。定尺和滑尺分别安装在机械设备（如机床）的固定和运动部件上，并相对平行安装，其间保持一定微小间隙。

在滑尺的正弦绕组中施加频率为 2～10kHz 的交变电流时，由于电磁感应的作用，定尺绕组产生同频率的感应电动势。感应电动势的大小与滑尺和定尺的相对位置有关。当两绕组同向对齐时，滑尺绕组磁通全部交链于定尺绕组，所以其感应电动势为正向最大。移动 1/4 节距（$\frac{1}{4}W$）后，两绕组磁通不交链，即交链磁通量为零；再移动 1/4 节距后，两绕组反向时，感应电动势负向最大。依此类推，每移动一个节距，感应电动势周期性地重复变化一次。如图 4-17（a）所示，其感应电动势 e_s 随位移（x）按余弦规律变化。

拓展阅读

同理，若在滑尺的余弦绕组中施加频率为 f 的交变电流，定尺绕组上也感应出频率为 f 的感应电动势。其感应电动势 e_c 随位移按正弦规律变化，如图 4-17（b）所示。

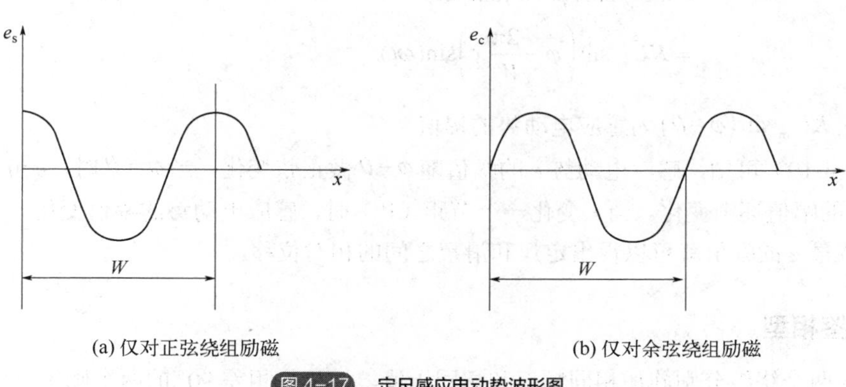

(a) 仅对正弦绕组励磁　　(b) 仅对余弦绕组励磁

图 4-17 定尺感应电动势波形图

设正弦绕组励磁电压为 U_s，余弦绕组励磁电压为 U_c，则正弦绕组单独励磁时定尺上的感应电动势为

$$e_s = KU_s\cos\theta \tag{4-16}$$

余弦绕组单独励磁时定尺上的感应电动势为

$$e_c = -KU_c\sin\theta \tag{4-17}$$

式中，K 为定尺与滑尺之间的电磁耦合系数；θ 为机械位移相位角，$\theta = 2\pi(\frac{x}{W})$（其中，$x$ 为滑尺移动距离；W 为绕组节距，标准式直线型感应同步器的节距为 2mm）。

4.4.2 感应同步器输出信号的处理方式

根据对滑尺绕组供电方式以及对输出电压检测方式的不同，感应同步器有鉴幅型、鉴相型和脉冲调宽型等信号处理方式。其中，鉴幅型通过检测感应电压的幅值来测量位移；鉴相型通过检测感应电压的相位来测量位移；脉冲调宽型亦属于鉴幅型输出信号处理方式，所不同的是励磁电压信号采用脉宽周期性变化的方波脉冲，而不是正弦波。目前，鉴幅型信号处理方式应用最为广泛。

（1）鉴幅型

在滑尺的两个励磁绕组上分别施加相同频率和相同相位，但幅值不等的两个交流电压，即

$$\begin{cases} U_s = U_m \sin\varphi \sin(\omega t) \\ U_c = U_m \cos\varphi \sin(\omega t) \end{cases} \tag{4-18}$$

式中，φ 为励磁电压初始相位；U_m 为滑尺励磁电压的最大幅值；ω 为滑尺励磁电压的角频率。

由于感应同步器的磁路系统可视为线性，可进行线性叠加，所以定尺上的总感应电动势 e 为两个绕组单独作用时所产生的感应电动势 e_s 和 e_c 之和，即

$$\begin{aligned} e &= e_s + e_c \\ &= KU_m \sin\varphi \sin(\omega t)\cos\theta - KU_m \cos\varphi \sin(\omega t)\sin\theta \\ &= KU_m \sin(\varphi - \theta)\sin(\omega t) \\ &= KU_m \sin\left(\varphi - \frac{2\pi}{W}x\right)\sin(\omega t) \end{aligned} \tag{4-19}$$

式中，$KU_m \sin(\varphi - \theta)$ 为感应电动势的幅值。

由式（4-19）可知，感应电动势 e 的幅值随 $\varphi - \theta$ 做正弦变化，当 $\varphi = \theta$ 时，$e=0$。随着滑尺的移动，e 的幅值逐渐变化。当 x 变化一个节距（W）时，感应电动势的幅值变化一个周期。因此，通过测量 e 的幅值就可以得出定尺和滑尺之间的相对位移。

（2）鉴相型

滑尺的两个绕组分别施加相同频率和相同幅值，但相位相差 90° 的两个励磁电压，即

$$\begin{cases} U_s = U_m \sin(\omega t) \\ U_c = U_m \cos(\omega t) \end{cases} \tag{4-20}$$

根据线性叠加原理，定尺绕组产生的感应电动势为

$$\begin{aligned} e &= e_s + e_c \\ &= KU_m \sin(\omega t)\cos\theta - KU_m \cos(\omega t)\sin\theta \\ &= KU_m \sin(\omega t - \theta) \\ &= KU_m \sin\left(\omega t - \frac{2\pi}{W}x\right) \end{aligned} \tag{4-21}$$

从式（4-21）可以看出，滑尺相对定尺的位移 x 与定尺感应电动势相位角 θ 的变化呈比例关系。因此，只要获得 e 的相位角，就可以测量出滑尺与定尺间的相对位移 x。

4.5　磁栅传感器

磁栅传感器是利用电磁特性来进行机械位移的检测，主要用于大型机床、精密机床、三坐标测量机及自动化设备中高精度位置或位移的检测。与其他类型的位移传感器相比，磁栅传感器具有结构简单、使用方便、测量范围大（可达 20m 且不需要接长）、磁信号可以重新录制等特点，但在使用过程中应加强屏蔽和防尘，且存在使用若干年后容易退磁的问题。另外，工作时磁尺和磁头相互接触，需要定期更换磁头，故使用寿命不及光栅。磁栅传感器按用途分为长磁栅与圆磁栅两种，分别用于直线位移测量和角位移测量。

4.5.1　磁栅传感器的结构与工作原理

磁栅传感器由磁尺、磁头和检测电路等部分组成。磁尺是采用录磁的方法，在一根基体表面涂有磁性膜的尺子上，记录下一定波长的磁化信号的基准刻度标尺。磁头将磁尺上的磁信号检测出来并转换成电信号。检测电路主要用来供给磁头励磁电压和将磁头检测到的信号转换为脉冲信号输出。由图 4-18 所示的磁尺磁化波形可以看出，磁感应强度在 N 和 N、S 和 S 重叠部位最大，在 N、S 之间呈正弦规律变化。

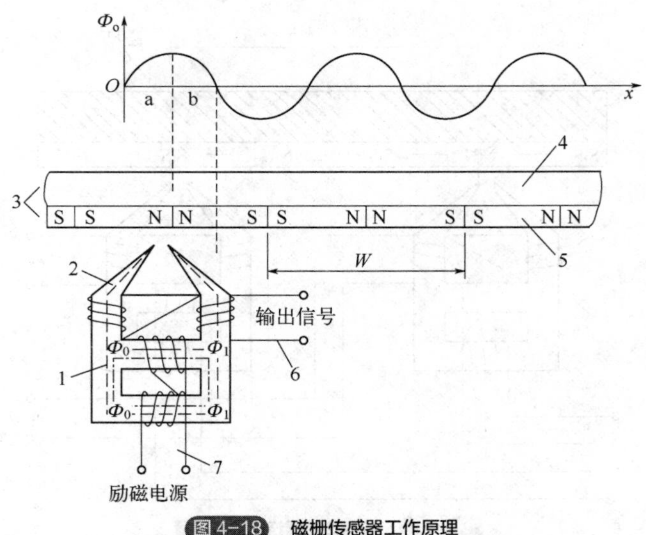

图 4-18　磁栅传感器工作原理

1—铁芯；2—磁头；3—磁尺；4—基体；5—磁性膜；6—拾磁绕组；7—励磁绕组

磁尺是在非导磁材料（如铜、不锈钢、玻璃或其他合金材料）的基体上，涂覆、化学沉积或电镀上一层 10～20μm 厚的硬磁性材料（如 Ni-Co-P 合金或 Fe-Co 合金），并在它的表面上录制相等节距且周期变化的磁信号。磁信号的节距一般为 0.05mm、0.1mm、0.2mm、1mm。为了防止磁头因频繁接触而造成对磁性膜的磨损，通常在磁性膜上涂覆一层厚度为 1～2μm 的耐磨塑料保护层。

磁头是进行磁-电转换的变换器，将反映空间位置的磁信号转换为电信号输送到检测电路中，主要有速度响应型（又称动态磁头）和磁通响应型（又称静态磁头）两类。普通录音机、磁带机的磁头是速度响应型磁头，其输出电压幅值与磁通变化率成正比，只有当磁头与磁带之间有一定相对速度时才能读取磁化信号，所以这种磁头只能用于动态测量，而不用于位置检测。为了在低速运动和静止时也能进行位置检测，必须采用磁通响应型磁头。

磁通响应型磁头是利用带可饱和铁芯的磁性调制器的原理制成的。在用软磁材料制成的铁芯上绕有两个绕组，一个为励磁绕组，另一个为拾磁绕组，这两个绕组均由两段绕向相反并绕在不同的铁芯臂上的绕组串联而成。将高频励磁电流通入励磁绕组时，在磁头上产生磁通 Φ_1，当磁头靠近磁尺时，磁尺上的磁信号产生的磁通 Φ_0 进入磁头铁芯，并被高频励磁电流所产生的磁通 Φ_1 所调制，于是在拾磁绕组中产生感应电动势

$$e = U_0 \sin\theta \sin(\omega t) \tag{4-22}$$

式中，U_0 为感应电动势幅值；θ 为机械位移相位角，$\theta = 2\pi x / W$（其中，x 为磁头相对磁尺的机械位移量，W 为磁栅节距）；ω 为励磁电压的角频率。

这种调制输出信号和磁头与磁尺的相对速度无关。为了辨别磁头在磁尺上的移动方向，通常采用间距为$(n\pm1/4)W$的两组磁头（n 为任意正整数），即 sin 磁头和 cos 磁头，如图 4-19 所示。为了确保距离的准确性，两组磁头通常做成一体。当两组磁头励磁线圈施加同相、同幅的励磁电流 i_1 和 i_2 时，其输出电动势分别为

$$\begin{cases} e_1 = U_0 \sin\theta \sin(\omega t) \\ e_2 = U_0 \cos\theta \sin(\omega t) \end{cases} \tag{4-23}$$

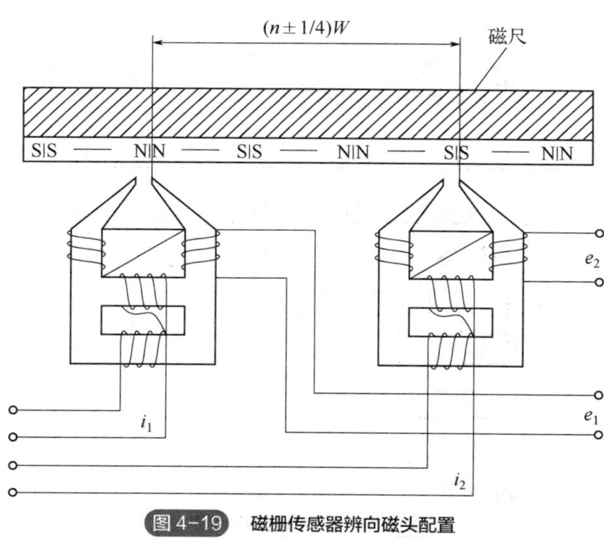

图 4-19　磁栅传感器辨向磁头配置

e_1 和 e_2 是相位相差 90° 的两列脉冲。因此，根据两个磁头输出信号的超前或滞后，便可确定磁尺的移动方向。

4.5.2　磁栅传感器输出信号的处理方式

磁栅传感器有鉴幅型和鉴相型两种信号处理方式。

（1）鉴幅型

如前所述，磁头有两组信号输出，将高频载波滤除后可得到相位差为π/2 的两组信号

$$\begin{cases} e_1 = U_0 \sin\theta = U_0 \sin(\dfrac{2\pi}{W}x) \\ e_2 = U_0 \cos\theta = U_0 \cos(\dfrac{2\pi}{W}x) \end{cases} \tag{4-24}$$

两组磁头相对于磁尺每移动一个节距，便输出一个正弦或余弦信号，经信号处理后可进行位置检测。这种方法的检测线路比较简单，但分辨率受到录磁节距（W）的限制，若要提高分辨率，就必须采用比较复杂的处理电路，故不常采用。

（2）鉴相型

采用相位检测的精度可以大大高于节距（W），并可以通过提高内插脉冲频率来提高系统的分辨率。将图 4-19 中一组磁头的励磁信号移相 90°，则得到输出电动势为

$$\begin{cases} e_1 = U_0 \sin\theta \cos(\omega t) \\ e_2 = U_0 \cos\theta \sin(\omega t) \end{cases} \tag{4-25}$$

将两个电压在求和电路中相加，则得到磁头总输出电动势为

$$\begin{aligned} e &= e_1 + e_2 \\ &= U_0 \sin(\theta + \omega t) = U_0 \sin\left(\frac{2\pi}{W}x + \omega t\right) \end{aligned} \tag{4-26}$$

由式（4-26）可知，总输出电动势 e 的幅值恒定，而相位角 θ 随磁头与磁尺的相对位置 x 的变化而变化。因此，读出输出信号的相位，就可以确定磁头的位移量及其方向。当 θ 为正值时，磁头位移的方向为正向，反之为反向。θ 的变化范围为 0～2π。每改变一个 W，θ 就变化一个周期。

4.6 电感式传感器在智能制造中的典型应用

4.6.1 位移测量

在精密加工中，位移传感器主要用于零部件的尺寸及表面形貌的测量、精密运动的位移测量等。高精度位移传感器主要有电感式位移传感器、电容式位移传感器和激光位移传感器等。其中，电感式位移传感器主要用于测量振动、位移等参数以及工件或机床的尺寸（如深度、高度、厚度、直径、锥度等），也可对被测工件的形状（如圆度、直线度、平面度、垂直度、轮廓度及台阶高度等）进行测量。目前，电感式位移传感器的技术已经相当成熟，其测量精度高，通用性好，分辨率可达亚纳米量级，测量范围可达数毫米量级，因此广泛应用于精密和超精密测量领域。

三坐标测量机因对复杂形状零部件尺寸及机加工件表面轮廓的高精度测量能力，在制造过

程中得到广泛应用。传感测头是三坐标测量机的核心部件，用于向三坐标测量机提供被测工件表面空间点位的原始信息，对三坐标测量机的测量精度、测量速度及应用灵活性有直接的影响，其技术水平是衡量三坐标测量机性能的重要标志。

图 4-20 所示为英国 Renishaw 公司的三坐标测量机用 SP80 型测头，这是一种内置 3 个电感式位移传感器的三向测头。在与工件表面接触时，它既能产生 x、y、z 三个方向的触发信号，也能对测头在三个方向的位移变化进行精确测量。

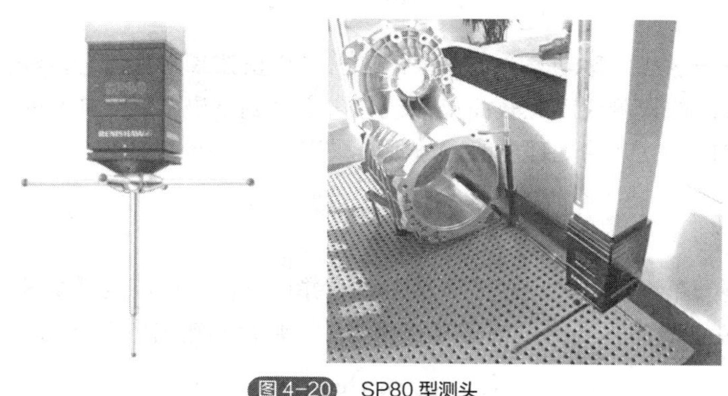

图 4-20　SP80 型测头

4.6.2　无损检测

无损检测是在不破坏、不损伤被检测对象的前提下检测其内部或表面缺陷，或测定试件的某些物理量、性能、组织状态等的检测技术。作为无损检测方法之一，涡流检测技术发展已较为成熟，并已形成国际和国内的涡流无损检测标准。

与其他无损检测方法相比，涡流检测尤其适合管型、棒型、线型等金属构件。检测时，涡流探头无须接触被测物，可检测形状、尺寸复杂的工件；不需要耦合剂，检测效率高，可实现在线或离线的快速高效检测。但涡流检测在检测过程中容易受到温度、检测位置、工件速度、边缘效应、工件形状、环境磁场和电场等因素的影响，这些因素使得涡流检测的灵敏度和空间分辨率不高，难以进行工件的微观尺度裂纹缺陷检测。在制造过程中，涡流检测主要用于产品零部件表层加工质量的监测和控制，如工件热处理、高速磨削、高速切削等加工温度变化剧烈场合的宏观尺度裂纹缺陷检测。

在高硬度材料磨削加工中，由于工件与砂轮的接触区会产生瞬间高温，大部分热量直接传导到工件表面，使得工件表层的金相组织、表层硬度极易发生改变，产生残余应力，导致工件表面产生磨削热损伤，这将给工件的使用性能带来严重影响。目前，磨削热损伤的检测主要采用涡流检测技术。涡流检测技术实际上是一种比较检测技术，即在工件的检测过程中，首先在试件上制出介于合格与不合格临界状态的热损伤，然后通过对比工件上的信号幅值和已知临界状态信号幅值的大小，来判断工件是否合格。

拓展阅读

4.6.3　数字位置测量

感应同步器和磁栅传感器都属于数字式位置传感器，这是因为其检测的位置量都是以数字形式来表示的。两者的使用范围相似，但磁栅传感器的精度略低于感应同步器。感应同步器和磁栅传感器可以构成数字显示装置（简称数显表），用于位置的测量和显示，也可以用在数控机床上与数控系统一起组成位置控制系统，或用作三坐标测量机的测量系统。

图 4-21 示出了感应同步器数显表的构成。定尺和滑尺分别安装在被测对象的固定和可动部件上。在给滑尺施加励磁电压后，定尺上将产生感应电动势。该感应电动势信号是很微弱的，需要通过前置放大器放大后再传给数显表。数显表将感应同步器输出的电信号转化为数字信号并显示出相应的机械位移量。为了使激励源与感应同步器滑尺绕组的低输入阻抗相匹配，还设置有匹配变压器。

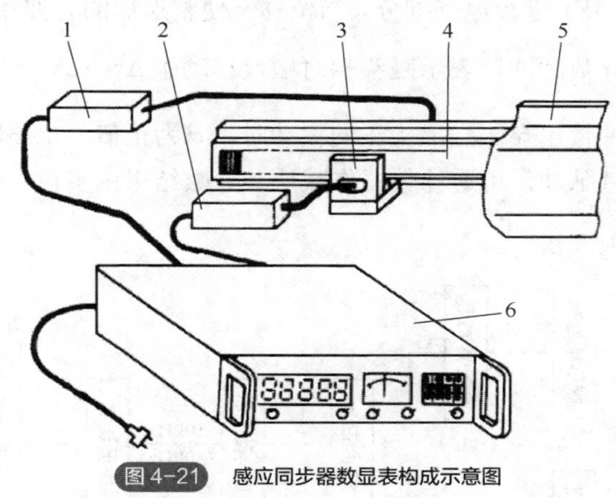

图 4-21 感应同步器数显表构成示意图

1—前置放大器；2—匹配变压器；3—滑尺；4—定尺；5—防护罩；6—数显表

在实际应用中，磁栅传感器可以通过磁头、磁尺与专用数显表相配合以构成磁栅数显表，用来检测机械位移量，其行程可达数十米。图 4-22 所示为磁栅数显表在机床上的应用，以数字显示的方式进行进给轴的坐标显示，可大大提高加工精度和加工效率。

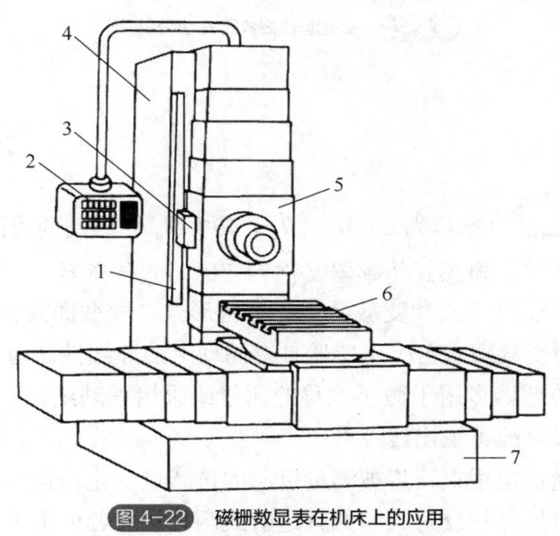

图 4-22 磁栅数显表在机床上的应用

1—磁尺；2—显示面板；3—磁头；4—立柱；5—主轴箱；6—工作台；7—床身

图 4-23 为鉴相型磁栅数显表的原理框图。其中，晶体振荡器输出的脉冲经分频器后变为 25kHz 的方波信号，再经过功率放大，同时送入串联在一起的 sin 磁头和 cos 磁头的励磁线圈，

对其进行励磁。两组磁头分别产生感应电动势 e_1 和 e_2，e_1 经 90° 移相后变为 e_1'。然后将两路输出信号送入求和电路，其输出信号为 $e = U_0 \sin(\theta + \omega t) = U_0 \sin\left(\frac{2\pi}{W}x + \omega t\right)$。由此可见，$e$ 的相位 θ 能够反映位移量的变化。带通滤波器的设置是为了去除求和电路输出信号中所包含的高次谐波及干扰等无用信号，而保留需要的角频率为 10kHz 或 50kHz 的正弦信号，再将其整形为方波。

当磁头相对磁尺移动一个节距（W）时，输出信号的相位变化 360°。为了检测出比 W 更小的位移量，可对节距（W）进行电气细分。当位移 x 使整形后的方波相位变化 $\Delta\theta$ 时，鉴相及内插细分电路输出一个计数脉冲，表示磁头相对磁尺移动了 Δx （$\Delta x = W\frac{\Delta\theta}{2\pi}$）。鉴相及内插细分电路有加、减两个脉冲输出端。当磁头正向移动时，θ 为正值，电路输出加脉冲，可逆计数器作加法；反之则输出减脉冲，可逆计数器作减法。计数结果由多位十进制数字显示器显示。

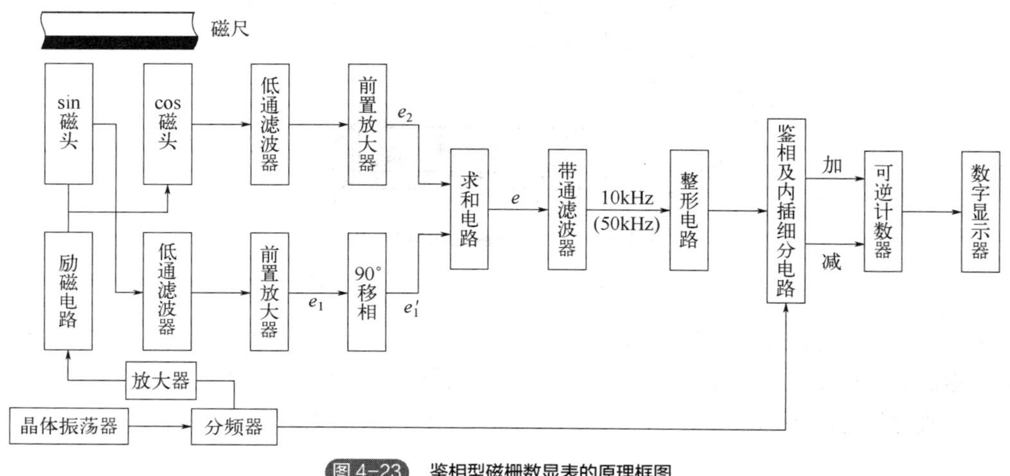

图 4-23 鉴相型磁栅数显表的原理框图

本章小结

- 匝数为 W 的线圈的自感量为 $L = W^2 / R_m$，其中 R_m 为磁路的磁阻。当 W 一定时，R_m 的变化使 L 随之变化。自感式传感器又称为变磁阻式传感器。
- 自感式传感器有变气隙式和变截面式等结构形式。变截面式自感传感器的输出与输入之间呈线性，而变气隙式自感传感器具有原理上的非线性。为了保证传感器的线性度，变气隙式自感传感器多用于微小位移的测量或采用差动结构，这样灵敏度可比单圈式提高一倍，并显著改善输出线性度。
- 自感式传感器通过电桥电路将被测量引起的自感量变化转换为电压或电流信号。
- 涡流式传感器包括高频反射式和低频透射式两种，前者可用于测量位移、厚度、振动、转速、温度、应力和硬度等物理量，也可用于材质判别、零件计数、金属材料表面无损探伤，后者主要用于厚度测量。
- 互感式传感器实质上是一个次级线圈差动连接的变压器，故又称为差动变压器式传感器。差动变压器式传感器采用相敏检波电路，该电路既可反映位移的大小和方向，又能补偿零点残余电压。

- 感应同步器是利用电磁感应原理实现大位移检测的精密传感器，有直线型和圆盘型两类，分别由定尺和滑尺、定子和转子组成。感应同步器有鉴幅型、鉴相型和脉冲调宽型等信号处理方式，其中最常用的是鉴幅型。
- 磁栅传感器是一种主要用于大型机床的新型位置检测传感器，其测量范围大且不用接长，但是在使用中需要定期更换磁头，也存在长期使用后退磁的问题。磁栅传感器有鉴幅型和鉴相型两种信号处理方式，鉴相型方法更为常用。

习题与思考题

4-1　为什么变气隙式自感传感器常做成差动结构?

4-2　自感式传感器的灵敏度与哪些因素有关？为提高灵敏度可采取哪些措施?

4-3　试比较差动式自感传感器与差动变压器式传感器的异同。

4-4　利用变气隙式自感传感器实现纸页厚度测量，要求输出电压与纸页厚度成线性关系。画出传感器原理框图，并说明其测量原理。

4-5　图 4-24 所示是差动变压器式沉筒液位计，利用沉筒浮力的变化检测液位的变化。试说明该传感器的变换原理。

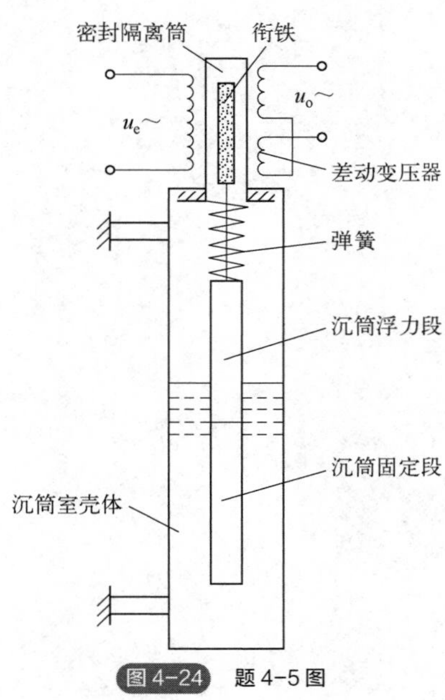

图 4-24　题 4-5 图

4-6　差动变压器式传感器的测量电路为何采用相敏检波电路？试说明相敏检波电路的工作过程。

4-7　欲实现液体压力测量，拟采用电感式传感器来实现这一测量目的，试画出原理示意图，并对该方案进行简要说明。

4-8　生活中常用的电磁炉利用的是涡流效应，试分析其工作原理及其优点。

4-9 拟采用高频反射式和低频透射式涡流传感器实现钢板厚度测量，试分别说明其测量原理。

4-10 欲对某塑料材质的被测物体进行位移检测，能否采用涡流式传感器？为什么？

4-11 如果要测量机床主轴的振动，可选择哪种传感器？说明其理由。

4-12 图 4-25 为利用涡流式传感器实现转速测量的原理示意图。在被测转轴 1 上开一个或数个槽或做成齿形，旁边安装一个涡流式传感器 2。试分析其测量原理，并列出转速公式。

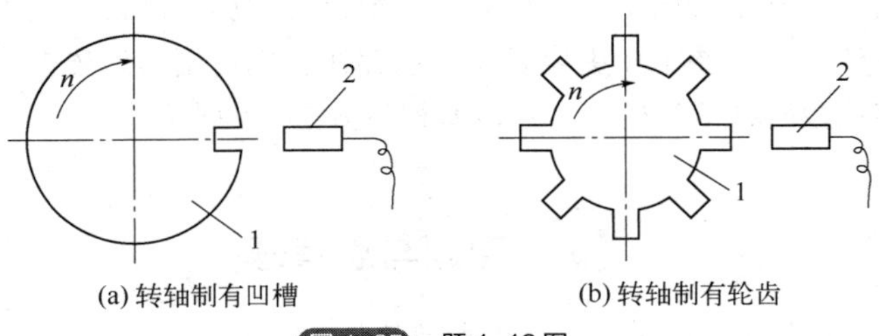

图 4-25 题 4-12 图

4-13 针对某一金属零件自动加工生产线，设计出进行成品零件自动计数的方法。

4-14 有一批涡轮机叶片需要检测是否有裂纹，请列举出测量方案，并说明其变换原理。

4-15 感应同步器的输出信号处理方式有哪几种？其原理与应用有何异同？

4-16 磁栅有哪些主要优点？主要应用在什么场合？

4-17 磁栅输出信号处理方式为何常用鉴相型而不是鉴幅型？

第5章

电容式传感器

思维导图

扫码获取本书资源

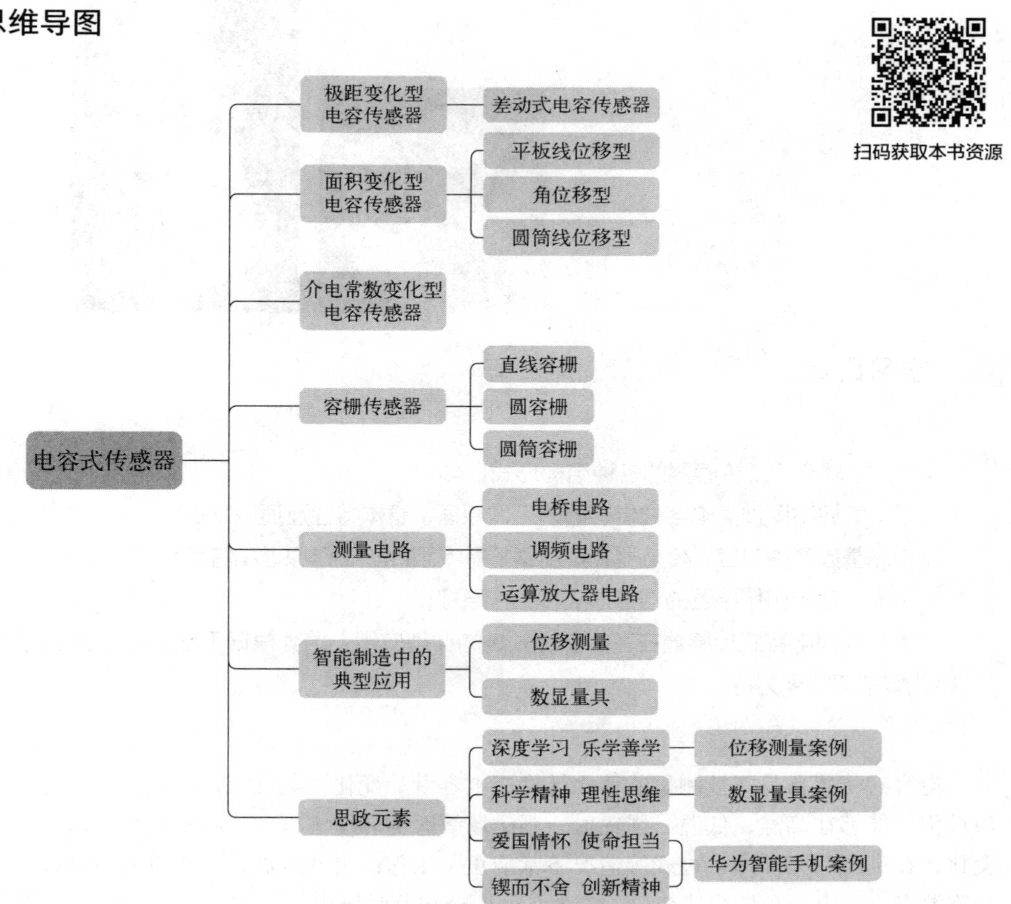

案例引入

指纹是人类手指末端指腹上由凹凸不平的皮肤所形成的纹路。由于指纹具有唯一性（人与人没有相同的指纹）和稳定性（终生基本不会发生变化）等特点，加之扫描速度快，使用起来非常方便，因此指纹识别已成为当下进行身份认证的一种较为可靠的方法。目前，指纹识别技术越来越广泛地应用到对身份鉴别有需求的场合，如楼宇门禁系统、单位考勤打卡机、智能锁、笔记本电脑、智能手机、汽车、银行支付以及护照、签证和身份证管理系统等。

在智能手机解锁方式中，侧边按键指纹解锁和后置指纹解锁多采用电容式指纹识别技术。电容式指纹识别技术是将数万个微型化的电容器所组成的电容阵列集成在一块芯片中，当用户用手指按压芯片表面时，皮肤构成电容阵列的一个极板，而电容阵列的背面是绝缘极板，由于指腹表面凹凸不平，凹点处（沟）和凸点处（脊）与芯片之间的距离不同，导致对应单元的电容量也不同，通过识别这些电容上的差异就可形成手指指纹的虚拟图像。

华为在 2014 年推出的旗舰机型——智能手机 Mate7，其最大亮点之一就是搭载了先进的按压式指纹识别传感器，使其成为全球首款搭载一触式按压指纹解锁技术的机型，给用户带来了革新的解锁拍照体验。

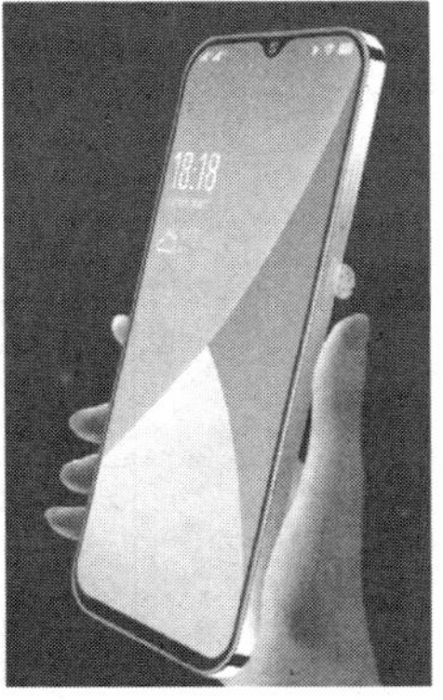

学习目标

1. 了解电容式传感器的各种结构形式；
2. 掌握不同种类电容式传感器的工作原理、基本特性及适用场合；
3. 掌握各种电容式传感器测量电路的基本组成、工作原理和特点；
4. 了解容栅传感器的结构形式和工作原理；
5. 掌握电容式传感器在智能制造领域的典型应用，培养根据工程实际问题合理选用电容式传感器的能力。

电容式传感器是将被测量的变化转换成电容量的变化。其优点是结构简单，易于制造；适应性强，能够在高温、低温、强辐射、强磁场等恶劣环境中工作，特别是可以承受很大的温度变化，在高压、大冲击、过载等情况下都能正常工作；灵敏度高，动态响应特性好，尤其适合动态测量，可用于测量快速变化的参数（如振动和瞬时压力等），因此被广泛应用。其主要缺点是线路杂散电容（如电缆电容、分布电容等）的影响显著。但是，通过采取缩短传感器与测量电路之间的电缆、将测量电路与传感器做成一体、采用“驱动电缆”技术等措施，可以减小甚至消除分布电容的影响。

拓展阅读

5.1　电容式传感器的基本原理

电容式传感器实质上是一个参数可变的电容器（图 5-1）。由物理学可知，在忽略边缘效应的情况下，平板电容器的电容量为

$$C=\frac{\varepsilon_0\varepsilon_r A}{\delta}=\frac{\varepsilon A}{\delta} \tag{5-1}$$

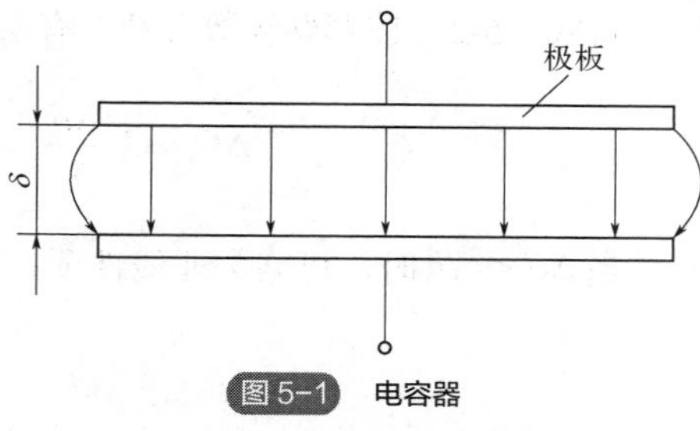

图 5-1　电容器

式中，ε_0 为真空的介电常数，F/m，$\varepsilon_0=8.85\times10^{-12}$ F/m；ε_r 为极板间介质的相对介电常数，对于空气介质约为 1；ε 为极板间介质的介电常数，F/m，$\varepsilon=\varepsilon_0\varepsilon_r$；$A$ 为两极板间有效覆盖面积，m^2；δ 为两极板间距离，m。

式（5-1）表明，当被测量 δ、A、ε 三个参数发生变化时，都会引起电容量 C 的变化。如果保持其中的两个参数不变，而仅改变另一个参数，就可以将该参数的变化转换为电容量的变化。因此，电容式传感器可分为极距变化型电容传感器、面积变化型电容传感器和介电常数变化型电容传感器三种类型。

5.2　电容式传感器的种类及其特性

5.2.1　极距变化型电容传感器

极距变化型电容传感器的结构原理如图 5-2（a）所示，图中 1 为动极板，2 为定极板，两极板相互覆盖面积及极板间介质不变。当动极板受被测参数的作用引起位移 $\Delta\delta$ 时，改变了两极板之间的距离，从而引起电容量的变化。

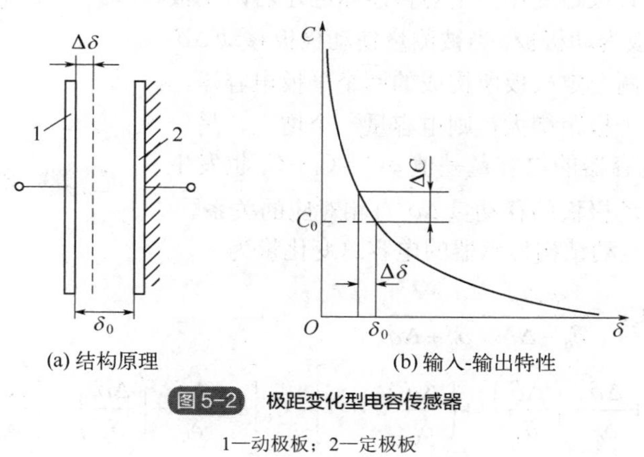

(a) 结构原理　(b) 输入-输出特性

图 5-2　极距变化型电容传感器

1—动极板；2—定极板

当电容器的 ε 和 A 为常数、初始极板间距为 δ_0 时，初始电容量为

$$C_0 = \frac{\varepsilon A}{\delta_0}$$

若电容器极板间的距离减小 $\Delta\delta$，则电容量将增大 ΔC，即

$$\Delta C = C - C_0 = \frac{\varepsilon A}{\delta_0 - \Delta\delta} - \frac{\varepsilon A}{\delta_0} = \frac{\varepsilon A}{\delta_0}\left(\frac{1}{1-\Delta\delta/\delta_0} - 1\right) = C_0\frac{\Delta\delta}{\delta_0}\times\frac{1}{1-\Delta\delta/\delta_0} \tag{5-2}$$

将式（5-2）按泰勒级数展开，有

$$\Delta C = C_0\frac{\Delta\delta}{\delta_0}\left[1+\frac{\Delta\delta}{\delta_0}+\left(\frac{\Delta\delta}{\delta_0}\right)^2+\left(\frac{\Delta\delta}{\delta_0}\right)^3+\cdots\right] \tag{5-3}$$

当 $\Delta\delta << \delta_0$ 时，可略去非线性项，则该式可改写为

$$\Delta C \approx C_0\frac{\Delta\delta}{\delta_0} \tag{5-4}$$

由式（5-4）可知，极距变化型电容传感器的输入（被测参数引起的极距变化 $\Delta\delta$）与输出（电容量变化 ΔC）之间是非线性关系，如图 5-2（b）所示。非线性误差为

$$\gamma = \left[\frac{\Delta\delta}{\delta_0}+\left(\frac{\Delta\delta}{\delta_0}\right)^2+\left(\frac{\Delta\delta}{\delta_0}\right)^3+\cdots\right]\times 100\% \approx \frac{\Delta\delta}{\delta_0}\times 100\% \tag{5-5}$$

于是，传感器的灵敏度为

$$S = \frac{\Delta C}{\Delta\delta} \approx \frac{C_0}{\delta_0} = \frac{\varepsilon A}{\delta_0^{\ 2}} \tag{5-6}$$

由于存在原理上的非线性，这种传感器在极距变动量较大时，非线性误差明显增大。为了限制非线性误差，通常是在较小的极距变化范围内工作，以使输入-输出特性保持近似的线性关系。一般取极距变化范围为 $\Delta\delta/\delta_0 \leqslant 0.1$。因此，极距变化型电容传感器只适用于微小位移和压力的测量。

在实际应用中，极距变化型电容传感器通常做成差动结构，以提高传感器的灵敏度，增大线性工作范围，克服外界条件（如电源电压、环境温度等）的变化对测量精度的影响。如图 5-3 所示，差动式极距变化型电容传感器的左右两个极板为定极板，中间极板为动极板。当被测量使动极板移动 $\Delta\delta$ 时，对于由动极板与两个定极板所构成的两个平板电容器，一个极距减小、另一个极距增大，则电容量一个增大、另一个减小，于是两个电容器的电容量差值 $\Delta C = C_1 - C_2$ 也发生相应变化，该差值与动极板的移动量 $\Delta\delta$ 有相对应的关系。

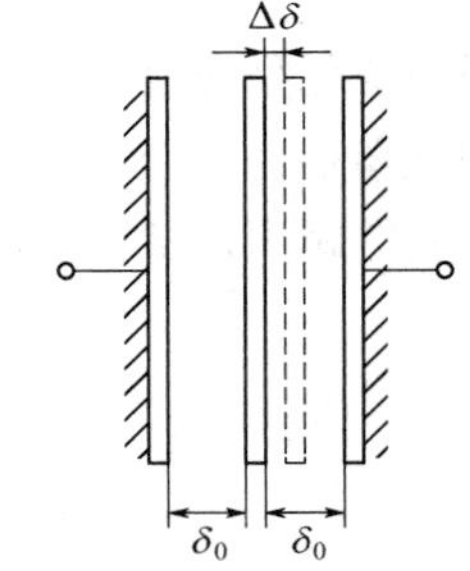

图 5-3 差动式极距变化型电容传感器

根据式（5-1），差动结构传感器的电容总变化量为

$$\begin{aligned}\Delta C &= C_1 - C_2 = \frac{\varepsilon A}{\delta_0 - \Delta\delta} - \frac{\varepsilon A}{\delta_0 + \Delta\delta} \\ &= C_0\left[1+\frac{\Delta\delta}{\delta_0}+\left(\frac{\Delta\delta}{\delta_0}\right)^2+\left(\frac{\Delta\delta}{\delta_0}\right)^3+\cdots\right] - C_0\left[1-\frac{\Delta\delta}{\delta_0}+\left(\frac{\Delta\delta}{\delta_0}\right)^2-\left(\frac{\Delta\delta}{\delta_0}\right)^3+\cdots\right]\end{aligned} \tag{5-7}$$

$$=2C_0\frac{\Delta\delta}{\delta_0}\left[1+\left(\frac{\Delta\delta}{\delta_0}\right)^2+\left(\frac{\Delta\delta}{\delta_0}\right)^4+\cdots\right]$$

因 $\Delta\delta$ 与 δ_0 相比很小，故仅保留一次项，则

$$\begin{aligned}\Delta C&\approx 2C_0\frac{\Delta\delta}{\delta_0}\\&=\frac{2\varepsilon A}{\delta_0^2}\Delta\delta\end{aligned}\tag{5-8}$$

由此可得差动结构电容传感器的灵敏度为

$$S=\frac{\Delta C}{\Delta\delta}\approx\frac{2\varepsilon A}{\delta_0^2}\tag{5-9}$$

非线性误差为

$$\gamma\approx\left(\frac{\Delta\delta}{\delta_0}\right)^2\times 100\%\tag{5-10}$$

可见，在初始位置处，差动式电容传感器的灵敏度是单电容的 2 倍，而且非线性误差大大减小，但并不能完全消除。

另外，极距变化型电容传感器做成差动结构，还能抑制环境温度的影响。在温度变化时，差动式电容传感器的介质介电常数发生变化，两电容的电容量变为 $C_1+\Delta C_{T_1}$、$C_2+\Delta C_{T_2}$。由于 $\Delta C_{T_1}=\Delta C_{T_2}=\Delta C$，所以传感器的输出为 $(C_1+\Delta C_{T_1})-(C_2+\Delta C_{T_2})=C_1-C_2$，可见温度的影响相互自动抵消。

5.2.2 面积变化型电容传感器

面积变化型电容传感器在工作时保持极板间距和介质不变，被测量的改变使其有效覆盖面积发生变化。图 5-4 所示为面积变化型电容传感器的几种类型。

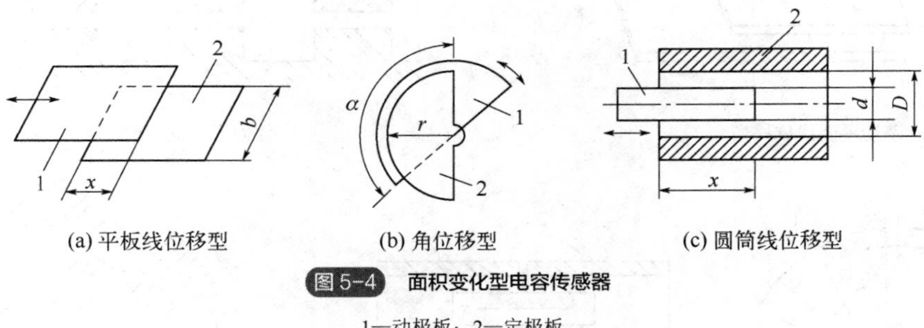

(a) 平板线位移型　(b) 角位移型　(c) 圆筒线位移型

图 5-4 面积变化型电容传感器

1—动极板；2—定极板

图 5-4（a）所示为平板线位移型电容传感器。当动极板沿 x 方向移动时，有效覆盖面积发生变化，电容量也随之改变。其电容量为

$$C=\frac{\varepsilon bx}{\delta}\tag{5-11}$$

式中，b 为极板宽度；x 为两极板覆盖长度。

灵敏度为

$$S=\frac{\mathrm{d}C}{\mathrm{d}x}=\frac{\varepsilon b}{\delta}=\text{常数} \tag{5-12}$$

图 5-4（b）所示为角位移型电容传感器。当动极板转动时，与定极板之间的有效覆盖面积发生变化，此时电容量为

$$C=\frac{\varepsilon\alpha r^2}{2\delta} \tag{5-13}$$

式中，α 为极板覆盖面积对应的中心角；r 为极板半径。

灵敏度为

$$S=\frac{\mathrm{d}C}{\mathrm{d}\alpha}=\frac{\varepsilon r^2}{2\delta}=\text{常数} \tag{5-14}$$

图 5-4（c）所示为圆筒线位移型电容传感器，动极板和定极板相互覆盖，其电容量为

$$C=\frac{2\pi\varepsilon x}{\ln(D/d)} \tag{5-15}$$

式中，D 为外极板的内径；d 为内极板的外径；x 为两极板的覆盖长度。

灵敏度为

$$S=\frac{\mathrm{d}C}{\mathrm{d}x}=\frac{2\pi\varepsilon}{\ln(D/d)}=\text{常数} \tag{5-16}$$

由此可见，面积变化型电容传感器的优点是灵敏度为常数，即输出与输入呈线性关系。但实际上，由于受电场的边缘效应等因素的影响，此类传感器仍存在一定的非线性误差。

图 5-5 所示为面积变化型电容传感器的其他几种形式。

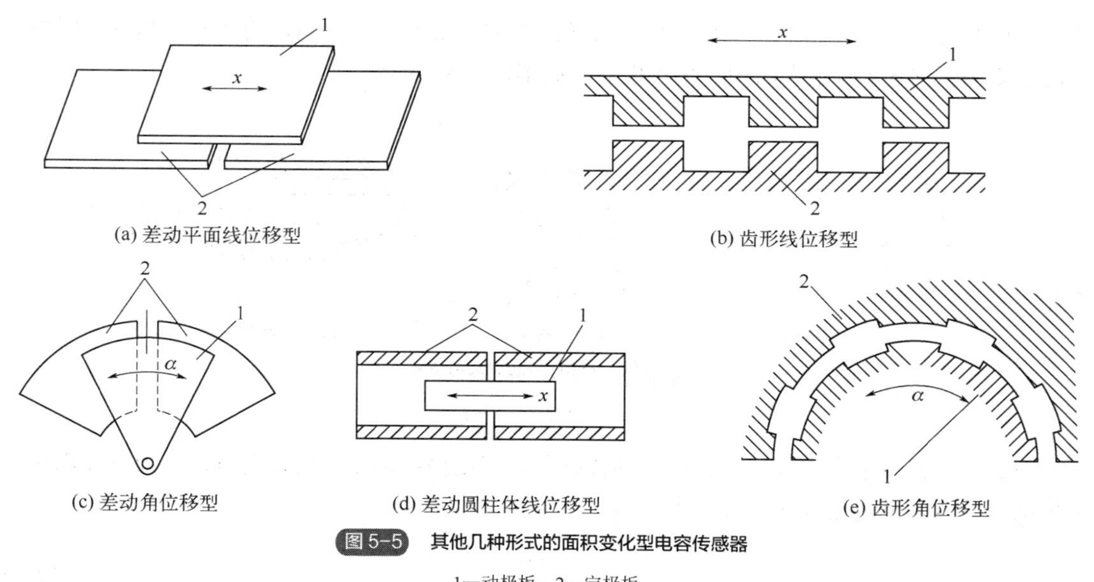

图 5-5 其他几种形式的面积变化型电容传感器

1—动极板；2—定极板

5.2.3 介电常数变化型电容传感器

拓展阅读

介电常数变化型电容传感器的工作原理是被测参数引起极板间介质相对介电常数的改变，从而引起电容量的变化。这种传感器大多用于测量介质的厚度、位移、液位，还可以根据极板间介质的介电常数随温度、湿度、容量变化来测量温度、湿度和容量等。

如图 5-6（a）所示，利用介电常数变化型电容器来测量纸张、绝缘薄膜等介质的厚度。两平行极板固定不动，当被测介质的厚度 δ_x 发生改变时，将引起电容量的变化。此时，传感器可看作是两个电容器 C_1 和 C_2 串联而成，故其总电容量为

$$\frac{1}{C}=\frac{1}{C_1}+\frac{1}{C_2}$$

又

$$C_1=\frac{\varepsilon_0 A}{\delta-\delta_x},\quad C_2=\frac{\varepsilon_0\varepsilon_{\mathrm{r}}A}{\delta_x},\ A=lb$$

则

$$C=\frac{1}{1/C_1+1/C_2}=\frac{1}{\dfrac{\delta-\delta_x}{\varepsilon_0 A}+\dfrac{\delta_x}{\varepsilon_0\varepsilon_{\mathrm{r}}A}}=\frac{lb}{\dfrac{\delta-\delta_x}{\varepsilon_0}+\dfrac{\delta_x}{\varepsilon_0\varepsilon_{\mathrm{r}}}} \tag{5-17}$$

式中，l、b 分别为极板的长度和宽度。

介电常数变化型电容传感器也可用作湿度传感器。此时，介质厚度保持不变（δ_{r}），当空气湿度变化时，介质将吸入潮气，其相对介电常数 ε_x 有所改变，也将使电容量发生较大变化。传感器的电容量为

$$C=\frac{lb}{\dfrac{\delta-\delta_{\mathrm{r}}}{\varepsilon_0}+\dfrac{\delta_{\mathrm{r}}}{\varepsilon_0\varepsilon_x}} \tag{5-18}$$

如图 5-6（b）所示，利用介电常数变化型电容传感器来测量介质位置。厚度为 δ_{r} 的被测介质以不同深度 a_x 伸入两固定极板间，电容量将发生变化。其电容量为

$$C=\frac{ba_x}{\dfrac{\delta-\delta_{\mathrm{r}}}{\varepsilon_0}+\dfrac{\delta_{\mathrm{r}}}{\varepsilon_0\varepsilon_{\mathrm{r}}}}+\frac{b\left(l-a_x\right)}{\dfrac{\delta}{\varepsilon_0}} \tag{5-19}$$

如图 5-6（c）所示，利用介电常数变化型电容传感器来测量液体的液位。被测液面高度 h_x 变化时，引起两个同心圆金属管状电极间不同介电常数介质（上面部分为空气，下面部分为液体）的高度变化，从而也将改变电容量。其电容量为

$$\begin{aligned}C=C_{\text{空气}}+C_{\text{液体}}&=\frac{2\pi\varepsilon_0\left(h-h_x\right)}{\ln\left(D/d\right)}+\frac{2\pi\varepsilon_0\varepsilon_{\mathrm{r}}h_x}{\ln\left(D/d\right)}\\&=\frac{2\pi\varepsilon_0 h}{\ln\left(D/d\right)}+\frac{2\pi\varepsilon_0(\varepsilon_{\mathrm{r}}-1)h_x}{\ln\left(D/d\right)}\end{aligned} \tag{5-20}$$

式中，h 为极板高度；ε_{r} 为被测液体的相对介电常数。

传感器的灵敏度为

$$S=\frac{\mathrm{d}C}{\mathrm{d}h_x}=\frac{2\pi\varepsilon_0\left(\varepsilon_{\mathrm{r}}-1\right)}{\ln\left(D/d\right)} \tag{5-21}$$

由此可见，灵敏度 S 为常数，故该形式的电容式传感器的输出电容量 C 与液面高度 h_x 呈线性关系。

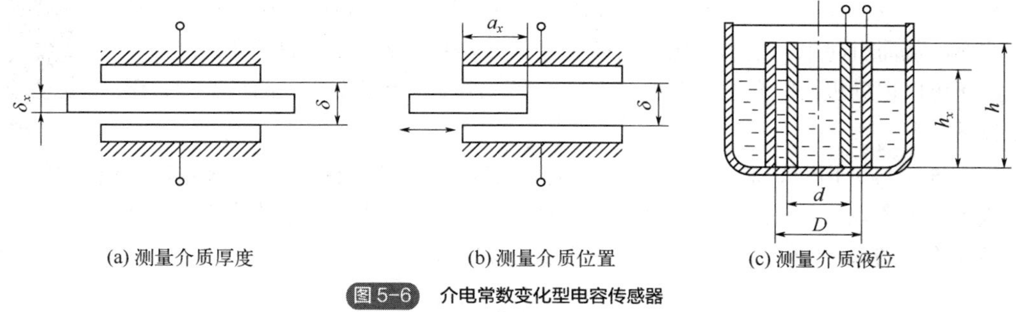

(a) 测量介质厚度　(b) 测量介质位置　(c) 测量介质液位

图 5-6　介电常数变化型电容传感器

5.3 电容式传感器的测量电路

电容式传感器在将被测量的变化转换成电容量的变化后，还需由后续转换电路将电容量的变化进一步转换为电压、电流或频率的变化。常用的测量电路主要有桥式电路、调频电路、运算放大器电路以及直流极化电路、谐振电路、脉冲宽度调制电路等。

5.3.1 桥式电路

桥式电路是将差动式电容传感器的两个电容作为交流电桥的两个桥臂，通过电桥将电容的变化转换成电桥输出电压的变化。电桥通常采用由电阻-电容或电感-电容组成的交流电桥。图 5-7 所示为电感-电容电桥，也称变压器式电桥，变压器的两个次级线圈的电感 L_1、L_2 与差动式电容传感器的两个电容 C_1、C_2 作为电桥的四个桥臂，由高频、稳幅的交流电源为电桥供电。当负载阻抗为无穷大时，电桥的输出电压为

$$e_o = \frac{e_s}{2} \times \frac{C_1 - C_2}{C_1 + C_2} \tag{5-22}$$

式中，e_s 为电桥激励电压；C_1、C_2 为差动式电容传感器的电容。

根据
$$C_1 = \frac{\varepsilon A}{\delta_0 - \Delta\delta}, \quad C_2 = \frac{\varepsilon A}{\delta_0 + \Delta\delta}$$

有
$$e_o = \frac{e_s}{2} \times \frac{\Delta\delta}{\delta_0} \tag{5-23}$$

可见，在电桥激励电压恒定的情况下，电桥输出电压 e_o 与电容式传感器的输入位移 $\Delta\delta$ 成正比。e_o 经放大、相敏检波和滤波后，可由指示仪表予以显示。

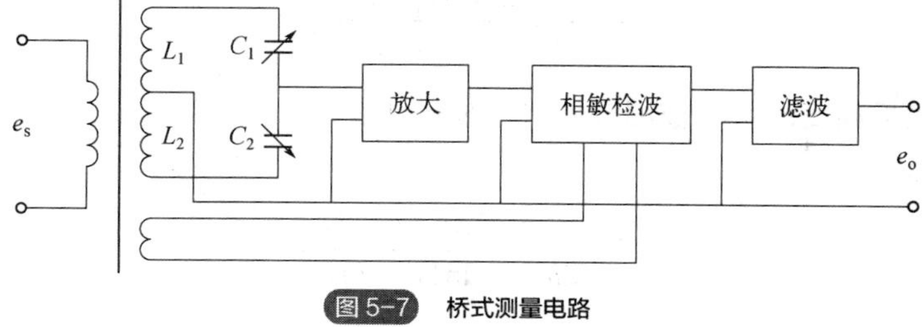

图 5-7　桥式测量电路

5.3.2 调频电路

如图 5-8 所示，调频电路是将电容式传感器接入调频振荡器的 LC 回路中，被测量的变化引起传感器电容量的变化，继而导致振荡器谐振频率的变化。振荡器谐振频率为

$$f = \frac{1}{2\pi\sqrt{LC}}$$

式中，L 为谐振回路的电感；C 为谐振回路的电容，包括传感器电容 C_x、谐振回路的微调电容 C_0 和传感器电缆分布电容 C_c，即 $C = C_x + C_0 + C_c$。

由此可见，振荡器谐振频率 f 受到电容式传感器电容的调制，从而实现 C/f 的变换，故该电路称为调频电路。谐振频率 f 的变化经限幅后送入鉴频器，将其转换成电压的变化，再由放大器放大后输出。

调频电路的灵敏度很高，可测 0.01μm 的位移变化量，抗干扰能力强（若加入混频器，则更强）。其缺点是受电缆电容及温度变化的影响较大，输出电压与被测量之间的非线性一般需要依靠电路加以校正，故电路较为复杂。

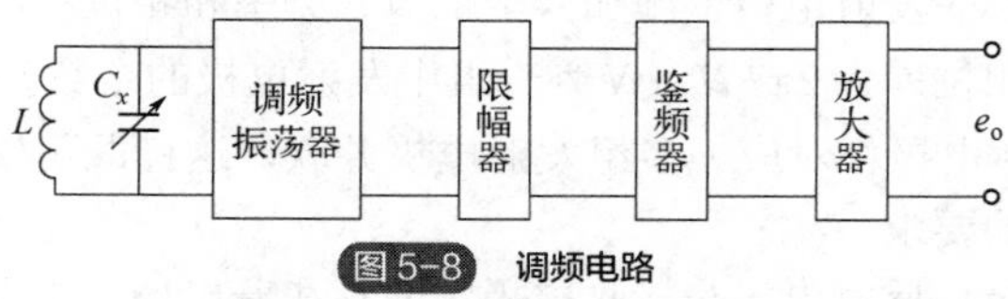

图 5-8 调频电路

5.3.3 运算放大器电路

如前所述，极距变化型电容传感器存在原理上的非线性。利用反相比例运算放大器，可使测量转换电路的输出电压与极距之间的关系变为线性关系，从而减小整个测试装置的非线性误差。图 5-9 所示为电容式传感器的运算放大器电路。图中 e_s 为高频稳幅交流电源；C_0 为标准参比电容，接在运算放大器的输入回路中；C_x 为传感器电容，接在运算放大器的反馈回路中。根据运算放大器的反相比例运算关系，有

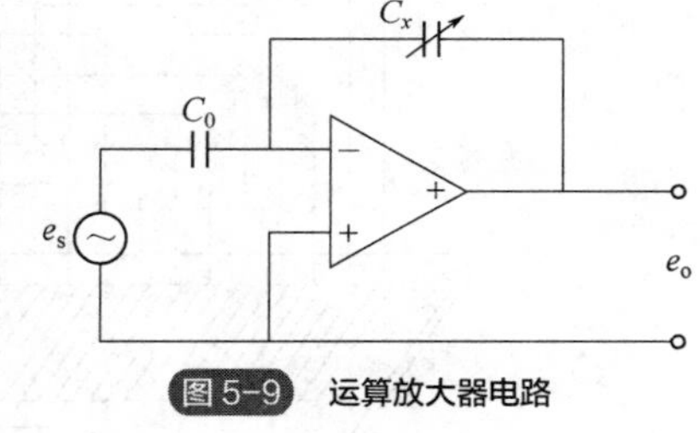

图 5-9 运算放大器电路

$$e_o = -\frac{C_0}{C_x}e_s = -\frac{C_0 e_s}{\varepsilon A}\delta \tag{5-24}$$

由式（5-24）可以看出，在其他参数不变的情况下，电路输出电压的幅值 e_o 与传感器的极距 δ 呈线性关系。该电路为一调幅电路，高频稳幅交流电源提供载波，由被测量引起的极距变化信号为调制信号，输出为调幅波。与其他测量电路相比，运算放大器电路的原理较为简单，灵敏度和精度最高，但一般需要通过驱动电缆技术来消除电缆电容的影响，故电路较为复杂且调整困难。

5.4 容栅传感器

容栅传感器是继光栅、磁栅、感应同步器之后出现的，在面积变化型电容传感器的基础上

发展而成的一种新型大位移数字式传感器。自 1972 年瑞士 TRIMOS 公司首次研制成功并应用在长度测量系统以来，容栅传感器以其体积小、重量轻、量程大、分辨率高、测量速度快、结构简单、功耗小、价格低等优点，广泛用于各种小型量具（如数显卡尺、数显千分尺、数显高度尺）以及坐标仪和机床等大行程高精度测量中。

根据结构形式不同，容栅传感器分为直线容栅、圆容栅和圆筒容栅（不作介绍）三类。其中，直线容栅和圆筒容栅用于直线位移的测量，圆容栅用于角位移的测量。

拓展阅读

5.4.1 直线容栅

直线容栅由固定容栅（定栅）和可动容栅（动栅）组成，两者保持很小的间隙δ。在定栅和动栅的相对面上分别印刷（或刻划）一系列相互绝缘、等间隔的金属栅状电极片。如图 5-10 所示，动栅上的电极包括多个发射电极和一个长条形接收电极；定栅上的电极包括多个反射电极和一个屏蔽电极（接地）。发射电极可以分为多组，一组中的各个电极连接在一起，组成一个激励相，在每组相同序号的发射电极上施加一个幅值、频率和相位相同的激励信号，相邻序号发射电极上激励信号的相位差为$2\pi/N$（N为一组中发射电极的个数）。一组发射电极（长度为W）与定栅上的一个反射电极相对应。多组发射电极并联，这样既可以提高测量精度，又可以降低对传感器制造精度的要求。

发射电极与反射电极、反射电极与接收电极之间存在着电场。由于反射电极的电容耦合和电荷传递作用，接收电极上的输出信号随发射电极与反射电极的位置变化而变化。

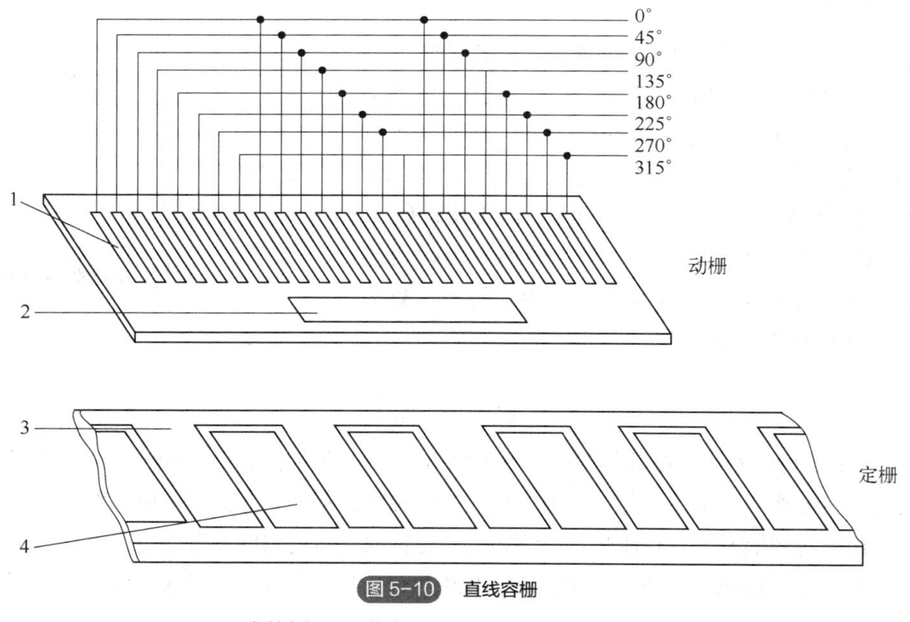

图 5-10 直线容栅

1—发射电极；2—接收电极；3—屏蔽电极；4—反射电极

5.4.2 圆容栅

如图 5-11 所示，圆容栅由固定容栅和旋转容栅组成。在固定容栅和旋转容栅的相对面上制有几何尺寸相同、彼此绝缘且均匀分布的辐射状扇形栅状电极片。旋转容栅上有多块独立的、互相隔离的金属导片，即反射电极，其余部分的金属连为一体并接地，即屏蔽电极。固定容栅的外圆均布着多条金属导片，均匀分成多组，每组连在一起，构成发射电极。各组发射电极由依次相移 $2\pi/N$（N 为一组中发射电极的个数）的方波进行激励。固定容栅的中间有两个金属圆环与发射电极相对应，一个金属环为接收电极，另一个接地，为屏蔽电极。

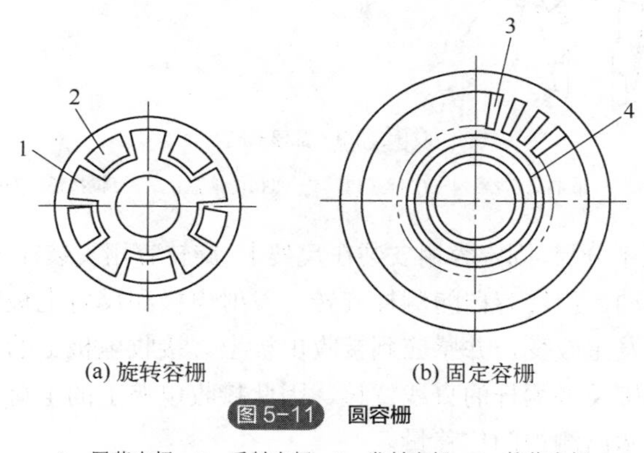

图 5-11 圆容栅

1—屏蔽电极；2—反射电极；3—发射电极；4—接收电极

5.5 电容式传感器在智能制造中的典型应用

5.5.1 位移测量

电容式位移传感器是一种高精度位移传感器，其测量原理是将被测位移量即极板间距变化转换为电容量的变化，具有分辨率高（可达亚纳米量级）、响应速度快（响应频率能达到数千赫兹）、非接触测量、精度高、稳定性好等特点，目前广泛应用于纳米级精密制造与测量等超精密位移测量领域，也是超精密加工机床中多自由度压电工作台、金刚石刀具快速伺服系统等精密或超精密驱动装置中应用最为普遍的位置反馈元件。

三坐标测量机是智能制造中一种重要的检测装置。在测量过程中，三坐标测量机各坐标的运动位移可利用光栅、感应同步器及容栅传感器测量得到。其中，容栅传感器的动尺可做得很轻巧，因此与光栅和感应同步器相比，容栅传感器具有较小的可动质量、较高的固有频率，使得测量系统具有良好的动态响应能力。另外，对于相同尺寸的测量，容栅传感器的价格低于光栅和感应同步器，具有良好的性价比。

5.5.2 数显量具

游标卡尺、千分尺等普通量具在读数时存在视差。随着性价比的不断提高，基于容栅传感器的数显量具（如数显卡尺、数显千分尺等）在生产中越来越多地得到应用。

图 5-12 所示为数显卡尺。固定容栅安装在尺身上，可动容栅连同测量转换器件安装在游标上。复位按钮（归零按钮）用来在任意位置清零，以消除累计误差。公/英制转换按钮用于实现公/英制转换功能。通过串行接口，数显卡尺可与计算机或打印机相连，对测量数据进行统计处理或打印。

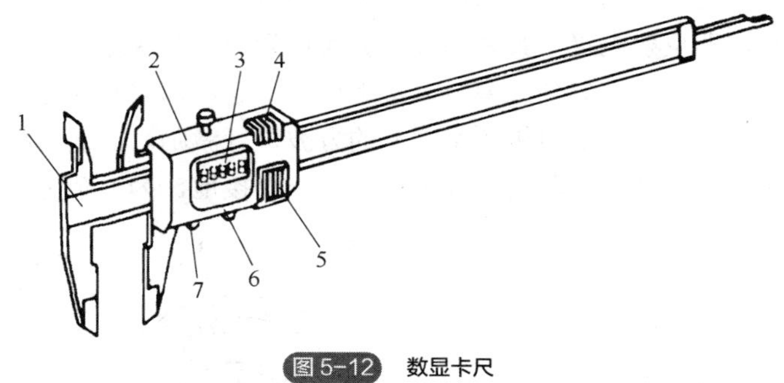

图 5-12 数显卡尺

1—尺身；2—游标；3—液晶显示器；4—串行接口；5—纽扣电池盒；6—复位按钮；7—公/英制转换按钮

图 5-13 所示为数显千分尺。固定容栅安装在尺架上，旋转容栅安装在测杆上并与之同轴转动。在使用时，固定容栅不动，旋转容栅随测杆旋转，发射电极和反射电极的相对面积发生变化，反射电极上的电荷随之发生改变，并感应到接收电极上。接收电极上的电荷量与角位移存在一定的比例关系，可以间接反映测杆的直线位移，因此接收电极上的电荷量经信号处理电路处理后，送入液晶显示器显示出测得的位移量。

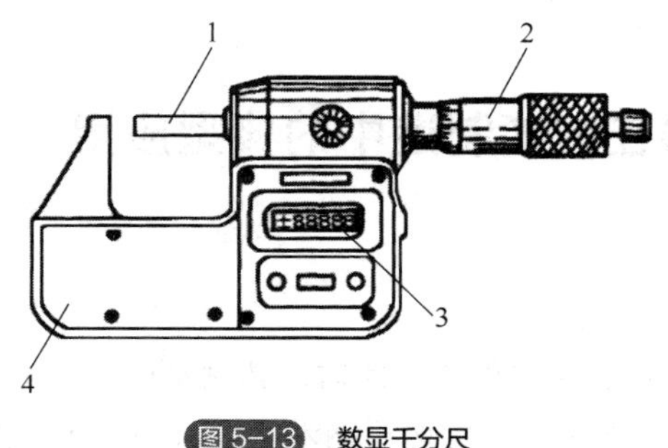

图 5-13 数显千分尺

1—测杆；2—微分筒（刻度筒）；3—液晶显示器；4—尺架

本章小结

- 平行平板电容器的电容量为 $C = \varepsilon_0 \varepsilon_r A / \delta$，其中，$\varepsilon_0$ 为真空介电常数；ε_r 为极板间介质的相对介电常数；A 为两极板间有效覆盖面积；δ 为两极板间距。
- 极距变化型电容传感器存在原理上的非线性。为了提高传感器的灵敏度，增大线性工作范围，该传感器在工作中通常做成差动式结构。
- 圆筒线位移型电容传感器的电容量为 $C = \dfrac{2\pi\varepsilon_0\varepsilon_r x}{\ln(D/d)}$，其中，$x$ 为两极板的覆盖长度，D 和 d 分别为外极板的内径和内极板的外径。
- 介电常数变化型电容传感器常用于测定材料厚度、材料湿度、物料高度或液体的液位等。
- 容栅传感器是一种新型大位移数字式传感器，属于变面积型、电极如栅状排列的电容式传感器，有直线容栅、圆容栅和圆筒容栅等结构形式。

习题与思考题

5-1　为什么变极距式电容传感器常做成差动结构?

5-2　某电容测微仪为变极距式电容传感器，其圆形极板半径 r=4mm，工作初始间隙 δ_0=0.3mm，空气介质。试求：

1）若将传感器接入灵敏度 S_1=100mV/pF 的测量电路和灵敏度为 S_2=5 格/mV 的读数仪表，该电容测微仪的总灵敏度为多少?

2）工作时，如果传感器极板与工件的间隙由初始间隙变化了 $\Delta\delta$ =2μm，则传感器的电容量变化为多少? 读数仪表的示值变化为多少格?

5-3　影响极距变化型电容传感器灵敏度的因素有哪些? 为提高其灵敏度可以采取哪些措施?

5-4　对于极距变化型和面积变化型电容传感器，试写出这两种传感器的灵敏度，并定性比较两者的优缺点。

5-5　为什么说极距变化型电容传感器有原理上的非线性? 采取什么措施可改善其非线性特性?

5-6　电容式接近开关在使用时应注意哪些问题?

5-7　图 5-14 为电容式转速传感器的原理示意图，齿轮的外沿面为电容器的动极板。试分析其测量原理，并列出转速公式。

5-8　图 5-15 为电容式差压（压力）变送器的结构原理图。该变送器以差压变极距式电容作为敏感元件，在两个凹形玻璃盘上镀有金属层作为定极板，它们之间所夹持的弹性平金属膜片作为差动式电容的动极板，被测压力 p_1、p_2 通过不锈钢波纹隔离膜以及热稳定性良好的灌充液（硅油）传导到动、定极板之间。试分析该变送器如何实现差压或压力测量。

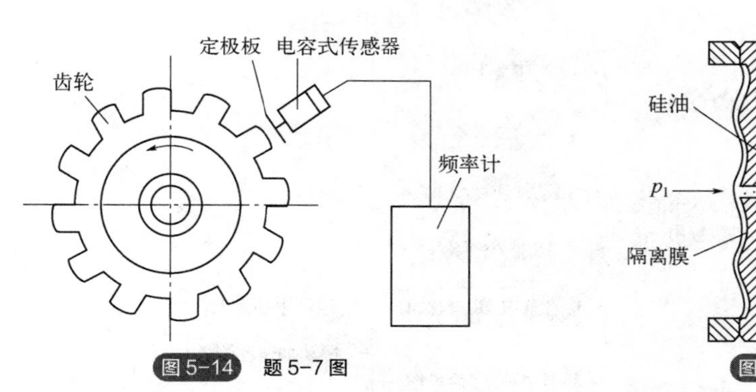

图 5-14　题 5-7 图

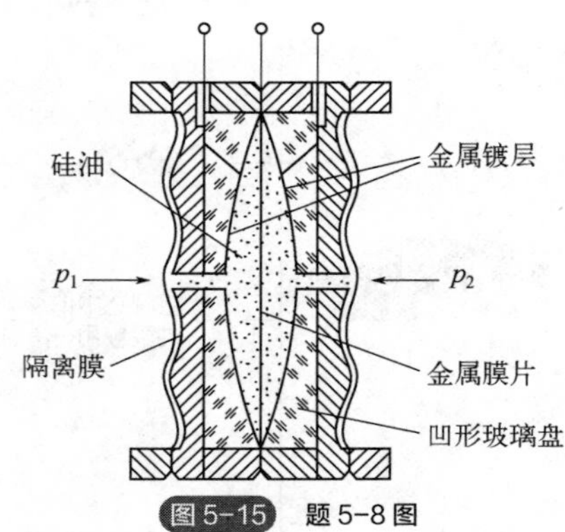

图 5-15　题 5-8 图

5-9　拟采用电容式传感器进行轧钢薄板厚度测量，画出原理简图并说明其测量原理。

5-10　利用电容式传感器实现旋转轴偏心量测量，画出组成原理简图，并说明其工作原理。

第6章

压电式传感器

思维导图

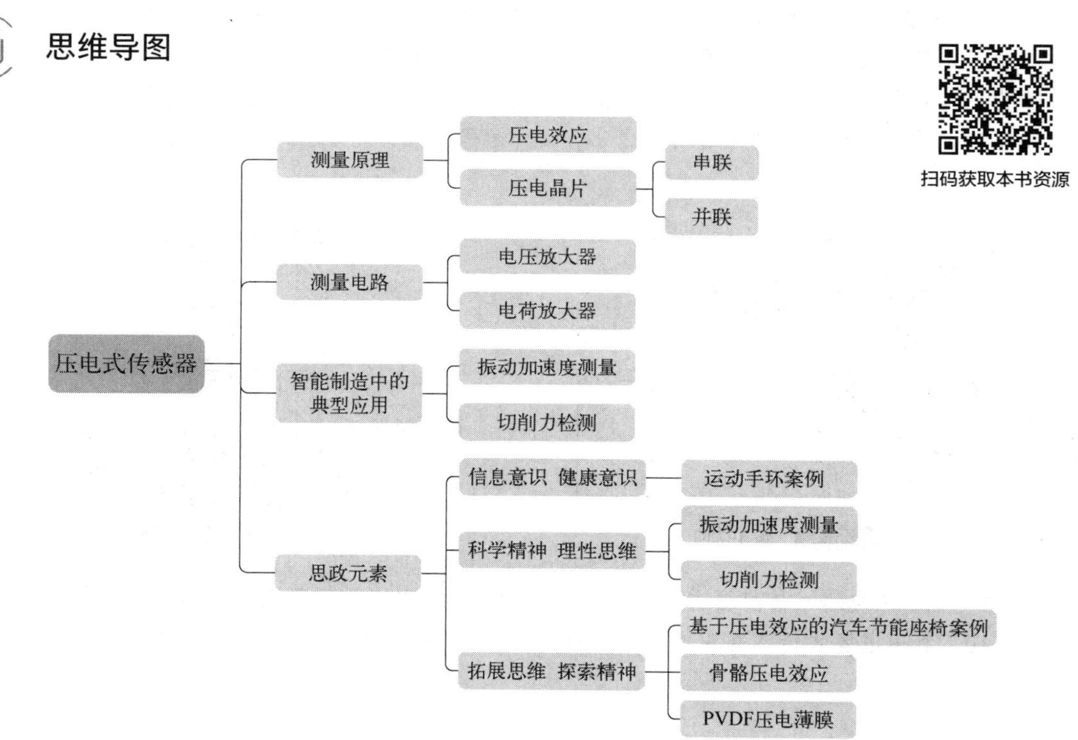

扫码获取本书资源

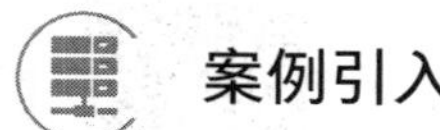

案例引入

随着国民经济的发展和人民生活水平的提高，人们越来越关注自身的健康状况，佩戴运动手环或利用智能手机中的 App 记录每天的行走步数成为很多人的日常生活习惯。那么，运动手环或智能手机是如何获取我们的行走步数的呢？

其实，运动手环和智能手机中配备了基于 MEMS 技术的压电式三轴加速度传感器（采用压电陶瓷材料），通过捕捉人在行走过程中 x、y、z 三个维度的加速度变化，再利用相关算法就可以判断出人的行进方向和频率，从而实现行走步数的计量。

学习目标

1. 熟悉压电效应和逆压电效应以及这两种效应的适用场合；
2. 了解压电材料及其种类；
3. 掌握压电式传感器的基本结构及其工作原理；
4. 掌握压电式传感器前置放大器的结构形式、特点及适用场合；
5. 掌握压电式传感器在智能制造领域的典型应用，培养根据工程实际问题合理选用压电式传感器的能力。

6.1　压电式传感器的工作原理

压电式传感器的工作原理是利用某些物质的压电效应，将力、加速度等被测量转换为电荷量或电压的变化。其优点是灵敏度高（测力时灵敏度可达 10^{-3}N）且稳定；线性度好，通常无滞后；工作频带宽（电荷放大器的下限截止频率可达 10^{-4}Hz，上限截止频率一般可达 10^{5}Hz），信噪比高；结构简单，工作可靠，便于安装；长期稳定性好；使用寿命长；体积小，重量轻；适合动态测量等。故其应用日益广泛。

6.1.1　压电效应

压电效应或正压电效应是指某些物质沿一定方向受到外力作用时，不仅几何尺寸发生变化，而且内部发生极化，在一定表面上产生电荷，形成电场，当外力去掉时，又重新恢复到原来的不带电状态。相反地，如果将这些物质置于与极化方向一致的电场中，其几何尺寸在一定方向上也发生变化，当外电场撤去后，这些几何变形也随之消失，这种现象称为逆压电效应，或电致伸缩效应。压电式传感器大多是利用

拓展阅读

压电效应制成的。

明显地呈现出压电效应的材料称为压电材料，应用于压电式传感器中的压电材料一般有以下三大类。

(1) 压电单晶体

常用的压电单晶体有石英（SiO_2）、酒石酸钾钠（$NaKC_4H_4O_6 \cdot 4H_2O$）、磷酸二氢铵（$NH_4H_2PO_4$）和铌酸锂（$LiNbO_3$）等。石英具有良好的压电特性，机械强度和温度稳定性好，但压电常数较小，加之资源少，价格昂贵，且大多存在一些缺陷，一般只用于校准用的标准传感器或高精度传感器中。

(2) 压电陶瓷

压电陶瓷是通过高温烧结的多晶体，制作工艺方便，耐湿，耐高温，压电常数大（比石英大数百倍），因此现在绝大多数压电元件使用压电陶瓷制造。常用的压电陶瓷有钛酸钡（$BaTiO_3$）和锆钛酸铅（PZT）等。

(3) 压电半导体和高分子压电薄膜

压电半导体兼具压电效应和半导体两种性能，因此既能利用它的压电特性制作传感器，又能利用其半导体特性制作电子电路，极易发展为集传感器和电路于一体的新型传感器。

高分子压电薄膜的压电特性虽然并不好，但是它易于大量生产，且具有面积大、柔软不易破碎等优点，可以大量连续拉制，可以制成较大的面积或较长的尺寸，可用于微压测量和机器人触觉等。最典型的高分子压电材料是聚偏二氟乙烯（PVDF）。

以下将以石英为例介绍压电效应。如图 6-1（a）所示，石英晶体的形状为六角形晶柱，两端为两个对称的六角棱锥，中间的六棱柱是它的基本组织。石英晶体上有三条特征轴线：z 轴（光轴）通过六角棱锥的两个锥顶，光线沿此方向入射时不产生双折射现象，沿此方向加力也不产生压电电荷；x 轴（电轴）与 z 轴垂直且通过六角棱线，此方向就是产生压电电荷的方向；y 轴（机械轴）与 x-z 平面垂直且符合右手螺旋法则，沿此方向受力时变形最小，机械强度最大。

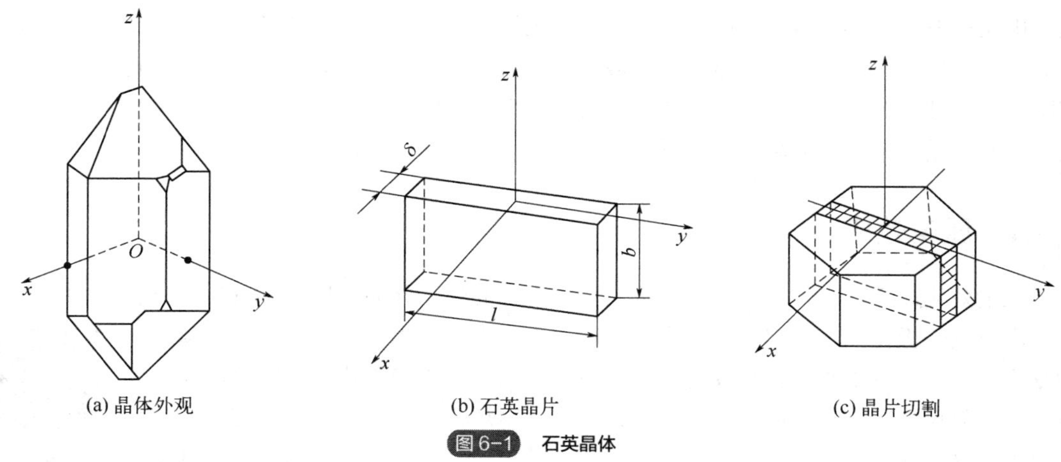

图 6-1 石英晶体

压电式传感器所用的压电晶片［图 6-1（b）］一般是在晶体上沿平行于 *y-z* 平面的方向切下的一小块晶片［图 6-1（c）］。如图 6-2 所示，压电效应有以下三种情况：沿 *x* 轴方向加力产生纵向压电效应，在 *y-z* 平面上产生电荷，拉、压时所产生的电荷极性相反［图 6-2（a）］；沿 *y* 轴方向加力产生横向压电效应，在 *y-z* 平面上产生电荷，但极性与沿 *x* 轴方向加力时相反［图 6-2（b）］；沿 *y-z* 平面或 *x-z* 平面施加剪力时产生切向压电效应，亦在 *y-z* 平面或 *x-z* 平面上产生电荷［图 6-2（c）］，图中未画出沿 *x-z* 平面施加剪力的情况。

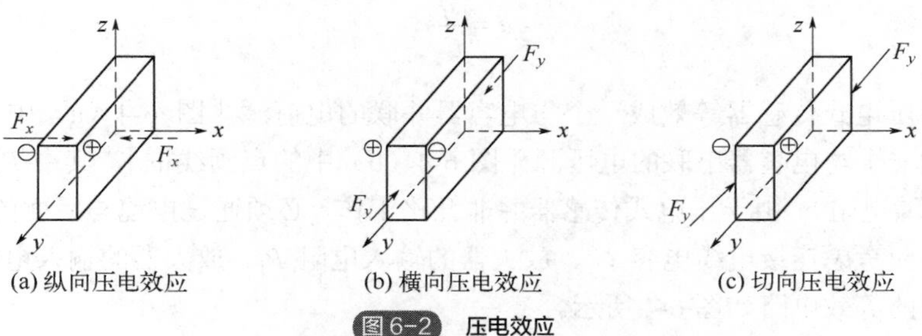

图 6-2　压电效应

尽管压电材料沿纵向、横向、切向受力时都会在 *y-z* 平面上产生电荷，但它们的电荷灵敏度（单位力所产生的电荷）不同，其中纵向压电效应的电荷灵敏度最高，故一般的压电式传感器均使晶片沿此方向感受被测力。而对于逆压电效应，晶片将沿 *x* 轴方向产生机械变形。

6.1.2　压电式传感器的基本结构与等效电路

压电式传感器的基本结构是在压电晶片的两个工作面（*y-z* 平面）上镀金属膜，构成如图 6-3 所示的两个电极。当压电晶片受到外力作用时，两个极板上积聚了数量相等、极性相反的电荷，形成电场，因此压电式传感器可以看作是一个电荷发生器。由于压电晶片两电极间的压电陶瓷或石英晶体为绝缘体，故又相当于一个以压电材料为介质的电容器。

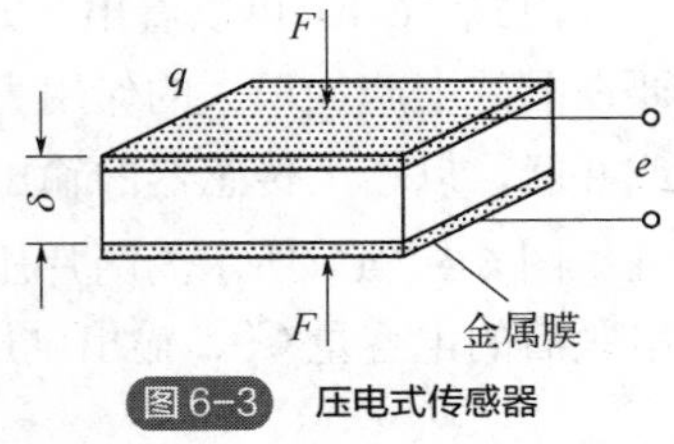

图 6-3　压电式传感器

假设 F 为施加于晶片上的外力（单位为 N）、A 为压电晶片工作面的面积（单位为 m^2）、δ 为压电晶片的厚度（单位为 m），则传感器的电荷量 q 和电容量 C_a 分别为

$$q = d_c F \tag{6-1}$$

$$C_a = \frac{\varepsilon_0 \varepsilon_r A}{\delta} \tag{6-2}$$

式中，d_c 为压电常数，单位为 C/N，该常数与压电材料和切片方向有关，如对于石英晶体，$d_c = 2.31 \times 10^{-12}$ C/N，对于锆钛酸铅，$d_c = (230 \sim 600) \times 10^{-12}$ C/N；ε_r 为压电材料的相对介电常数，对于石英晶体，$\varepsilon_r = 4.5$，对于钛酸钡，$\varepsilon_r = 1200$。

由式（6-1）可见，只要测得电荷量 q 值，就可测得 F 值。在理想的情况下，如果施加于压电晶片上的外力不变，则极板上积聚的电荷量保持不变。但是实际上，两极板上的电荷是逐渐减小的。其原因有二：一个原因可能是压电晶体内部的泄漏；另一个原因可能是转换电路的释放，由于后续转换电路的阻抗有限，导致电路放电，使得传感器极板上的电荷越放越少，从而造成测量误差。于是，在利用压电式传感器进行静态量值或准静态量值（频率很低的参数）测量时，必须采取一定措施，如采用高阻抗负载（$\geqslant 10^9\Omega$），使电荷由压电元件经测量转换电路的漏失减小到足够小的程度。而在测量动态交变量时，由于电荷可以不断得到补充，能够供给测量电路一定的电流，故压电式传感器适合用作动态测量。

根据电荷量、电容量与电压之间的关系，压电式传感器的开路电压为

$$e=\frac{q}{C_a} \tag{6-3}$$

因此，可以将压电式传感器等效成一个与电容器并联的电荷源［图 6-4（a）中的点画线框］，也可以等效为一个与电容器串联的电压源［图 6-4（b）中的点画线框］，其中 R_a 为压电晶片的固有电阻（泄漏电阻）。由于压电式传感器并非开路工作，必须通过电缆与后面的测量转换电路相连，所以还应考虑连接电缆电容 C_c、放大器的输入电阻 R_i、放大器的输入电容 C_i 的影响。压电式传感器的等效电路如图 6-4 所示。

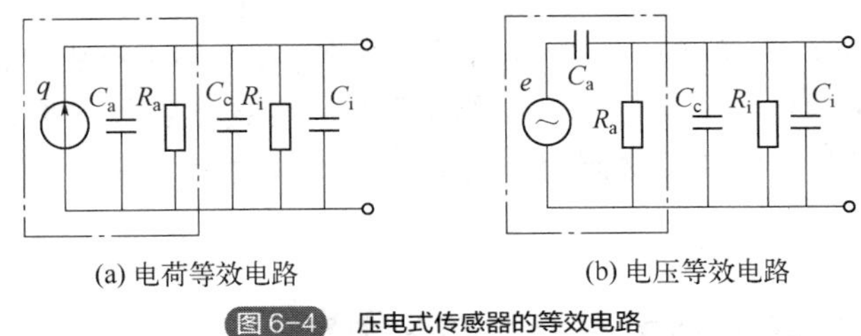

图 6-4 压电式传感器的等效电路

由式（6-1）可以看出，如果传感器中只有单片压电晶片，为了能够产生足够的电荷，就需要在晶片上施加很大的作用力。因此在实际使用中，往往将两片或两片以上的压电晶片相串联或并联，以增大传感器的输出。

图 6-5（a）所示为两片压电晶片串联，正电荷集中在晶片上极板、负电荷集中在下极板。串联后的电容量 C_a'、输出电压 e' 和输出电荷量 q' 分别为

$$\begin{cases} C_a'=C_a/2 \\ e'=2e \\ q'=q \end{cases} \tag{6-4}$$

可见，串联时传感器的电容量减小、输出电压增大、输出电荷量不变，时间常数小，故适用于高频、瞬变信号的测量及以电压为输出信号的场合。

图 6-5（b）所示为两压电晶片并联，正电荷集中在并联晶片两侧极板上、负电荷集中在中间极板上。并联后的电容量、输出电压和输出电荷量分别为

$$\begin{cases} C_a'=2C_a \\ e'=e \\ q'=2q \end{cases} \tag{6-5}$$

可见，并联时传感器的电容量和输出电荷量增大、输出电压不变，时间常数大，因此适用于测量缓变信号及以电荷量为输出信号的场合。

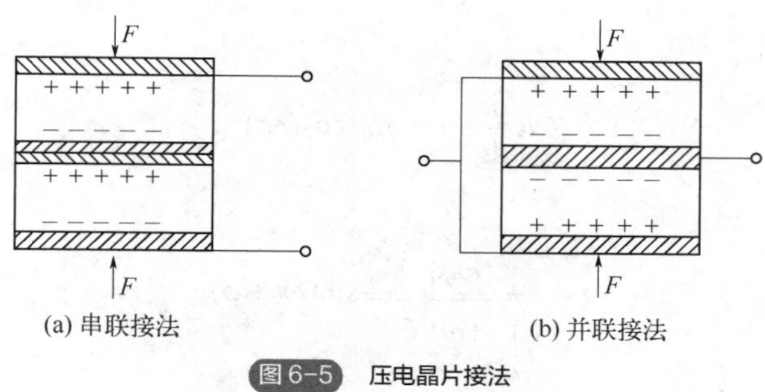

图 6-5　压电晶片接法

6.2　压电式传感器的测量电路

由于压电式传感器的输出信号是很微弱的电荷，而且传感器自身有很大的内阻，故输出能量甚微，必须经过二次仪表进行阻抗变换和信号放大才能显示和记录。为此，通常将传感器信号先输送给具有高输入阻抗的前置放大器，经过阻抗变换后，再利用普通的放大、检波电路将信号输出给指示仪表或记录器。

前置放大器主要起阻抗变换和信号放大的作用，具体来说就是将传感器的高阻抗输出变换为低阻抗输出，从而满足后续二次仪表电路的阻抗匹配要求，以及放大传感器输出的微弱电信号。

前置放大器有电压放大器和电荷放大器两种形式。其中，电压放大器采用电阻反馈，其输出电压与输入电压（即传感器的输出）成正比；电荷放大器则采用电容反馈，其输出电压与输入电荷成正比。

6.2.1　电压放大器

电压放大器的等效电路如图 6-6 所示。如果考虑负载的影响，则根据电荷平衡建立方程式为

$$q = Ce_{\mathrm{i}} + \int i\mathrm{d}t \tag{6-6}$$

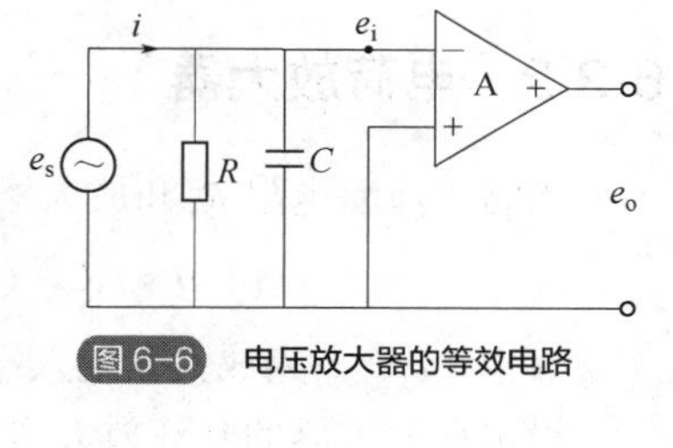

图 6-6　电压放大器的等效电路

式中，q 为压电晶片所产生的电荷量；C 为等效电路总电容，$C = C_{\mathrm{a}} + C_{\mathrm{c}} + C_{\mathrm{i}}$；$e_{\mathrm{i}}$ 为电容上建立的电压；i 为泄漏电流。

而

$$e_{\mathrm{i}} = Ri \tag{6-7}$$

式中，R 为传感器的泄漏电阻 R_{a} 和放大器输入阻抗 R_{i} 的等效电阻，$R = R_{\mathrm{a}} // R_{\mathrm{i}} = \dfrac{R_{\mathrm{a}} R_{\mathrm{i}}}{R_{\mathrm{a}} + R_{\mathrm{i}}}$。

当作用在单压电晶片上的作用力为一动态交变力 $F = F_0 \sin(\omega t)$ 时，根据式（6-1）可得传感器上的电荷响应为

$$q(t) = d_{\mathrm{c}} F_0 \sin(\omega t) = q_0 \sin(\omega t) \tag{6-8}$$

式中，ω 为压电晶片上外作用力的角频率。

将式（6-7）、式（6-8）代入式（6-6），于是有

$$CRi + \int i\mathrm{d}t = q_0 \sin(\omega t) \tag{6-9}$$

对该式进行微分后，得

$$CR\frac{\mathrm{d}i}{\mathrm{d}t}+i=q_0\omega\cos(\omega t) \tag{6-10}$$

该式的稳态解为

$$i=\frac{\omega q_0}{\sqrt{1+(\omega RC)^2}}\sin(\omega t+\varphi) \tag{6-11}$$

式中，$\varphi=\arctan\frac{1}{\omega RC}$。

将式（6-11）代入式（6-7），可得传感器上的电压响应为

$$e_{\mathrm{i}}=\frac{q_0}{C}\times\frac{1}{\sqrt{1+(\frac{1}{\omega RC})^2}}\sin(\omega t+\varphi) \tag{6-12}$$

设电压放大器是一个增益为 K_e 的线性放大器，则放大器输出为

$$e_{\mathrm{o}}=-K_{\mathrm{e}}e_{\mathrm{i}}=-\frac{K_{\mathrm{e}}q_0}{C}\times\frac{1}{\sqrt{1+(\frac{1}{\omega RC})^2}}\sin(\omega t+\varphi) \tag{6-13}$$

电压放大器的优点是电路简单，价格便宜，工作稳定可靠。但是从式（6-13）可以看出，其输出电压 e_o 与等效电路的总电容 C 密切相关，而电容 C 中包括了 C_a、C_c 和 C_i。与 C_c 相比，C_a 和 C_i 都较小，因而连接电缆分布电容对测量精度和灵敏度的影响很大，电缆的长度和形态的变化都会使 C_c 发生改变，导致传感器的输出电压和灵敏度也随之变化，故限制了其应用，因此测量时不允许改变电缆长度，否则需要重新校正其输出电压的灵敏度。通过采用长度较短的电缆以及利用驱动电缆技术，便可有效地解决这一问题。

6.2.2 电荷放大器

当略去泄漏电阻 R_a 和放大器输入电阻 R_i 时，电荷放大器的等效电路如图 6-7 所示，则

$$q\approx e_{\mathrm{i}}C+(e_{\mathrm{i}}-e_{\mathrm{o}})C_{\mathrm{f}}=e_{\mathrm{i}}(C_{\mathrm{a}}+C_{\mathrm{c}}+C_{\mathrm{i}})+(e_{\mathrm{i}}-e_{\mathrm{o}})C_{\mathrm{f}} \tag{6-14}$$

式中，e_i、e_o 为放大器输入端电压、输出端电压；C_f 为放大器的反馈电容。

设电荷放大器的开环放大增益为 K_q，则有

$$e_{\mathrm{o}}=-K_{\mathrm{q}}e_{\mathrm{i}} \tag{6-15}$$

根据式（6-14）和式（6-15）可得

$$e_{\mathrm{o}}=-\frac{K_{\mathrm{q}}}{(C+C_{\mathrm{f}})+K_{\mathrm{q}}C_{\mathrm{f}}}q \tag{6-16}$$

当 K_q 足够大时，有 $K_{\mathrm{q}}C_{\mathrm{f}}>>C+C_{\mathrm{f}}$，则该式可简化为

$$e_{\mathrm{o}}\approx-\frac{q}{C_{\mathrm{f}}} \tag{6-17}$$

式（6-17）表明，电荷放大器的输出电压仅与输入电荷量（即压电式传感器的输出电荷量）

和反馈电容有关，而与电缆分布电容 C_c 无关。如果保持 C_f 数值不变，则输出电压与电荷量成正比，基本不受电缆分布电容的影响，因此电缆长度对灵敏度的影响不大，更换电缆或使用较长电缆时灵敏度也无明显变化，无须重新校正，因此适用于需要更换不同长度的连接电缆或远距离场景中的测量，故更为常用。但与电压放大器相比，其电路构造较复杂，调整困难，且价格较高。

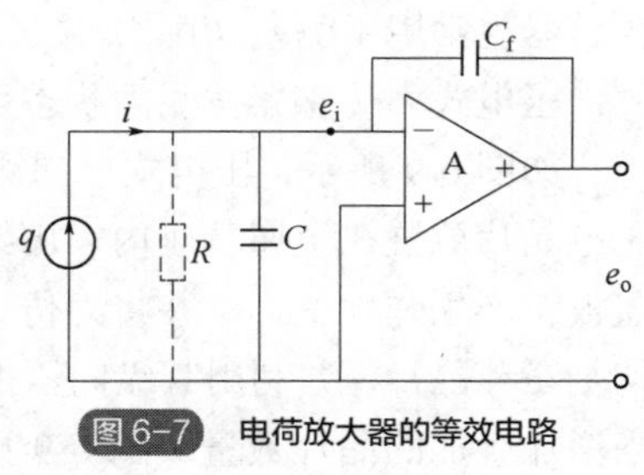

图 6-7　电荷放大器的等效电路

6.3 压电式传感器在智能制造中的典型应用

近几年来，随着后续配套仪器（如电荷放大器）的技术性能的提高，压电式传感器的应用日益广泛。压电式传感器可用于测量力、压力、振动加速度，也可用于超声波发射和超声波接收装置中。使用较为广泛的是压电式加速度传感器。

6.3.1 振动加速度测量

在机械加工中，机床、刀具和工件等会随着刀具切削工件而产生振动，切削振动将影响正常切削过程，产生噪声，恶化工件表面质量，并缩短刀具和机床的使用寿命。在利用刀具进行车、铣、钻等切削的过程中，对各方向振动信号进行采集，建立振动信号特征和刀具磨损量的回归模型，可以实现刀具在使用过程中的磨损状态监测。

在振动信号监测中，可以利用不同的传感器实现振动位移、振动速度和振动加速度的测量。由于位移、速度和加速度之间存在着简单的微积分关系，所以许多振动仪器都带有简单的微积分网络，可根据需要对振动的位移、速度和加速度进行切换。

压电式加速度传感器是以压电材料为转换元件、输出与加速度成正比的电荷或电压的装置，具有结构简单、工作可靠、精度高、稳定性好、体积小、重量轻等优点，在振动冲击测试、信号分析、故障诊断等领域得到广泛应用。

图 6-8 所示为压电式加速度传感器的结构，其压电变换部分为两个压电晶片，位于基座和质量块之间且并联。由于压电晶片只对压力产生响应，故利用弹簧对压电晶片进行预加载，使晶片上始终有预加载荷的作用。传感器与被测对象紧固在一起。当基座随被测对象一起运动时，质量块相对于基座产生位移，由此产生惯性力（$F=ma$）作用于压电晶片上，使其产生与加速度成正比的电荷，并由引出电极输出。

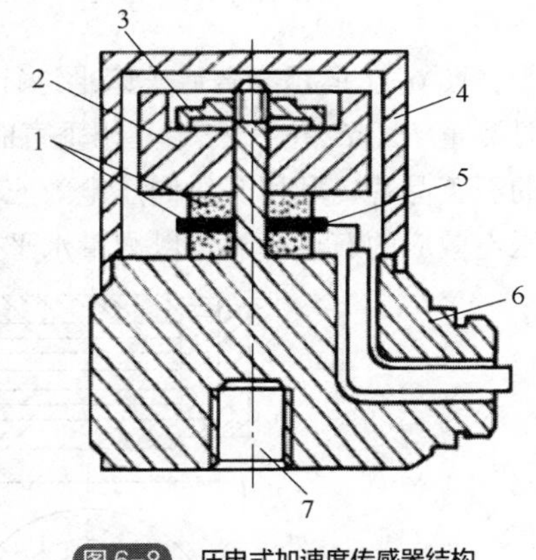

图 6-8　压电式加速度传感器结构

1—压电晶片；2—质量块；3—弹簧；4—壳体；5—引出电极；6—基座；7—固定螺孔

6.3.2 切削力测量

在切削状态监测领域，切削力是应用最广泛的监测信号。除了电阻应变式传感器，压电式传感器也常用于测量切削力。

压电式力传感器按测力状态可分为单向、双向和三向传感器，它们在结构上基本相同。

如图 6-9 所示，压电式单向测力传感器主要由金属基座、盖板、压电晶片、绝缘套等组成。压电晶片放置在金属基座内，由绝缘套来绝缘和定位。盖板作为传力元件，当有外力作用时，盖板将产生弹性变形，并将力传递到压电晶片上。在压力式单向测力传感器中，通常选用 0°X 切割石英晶片，并利用其纵向压电效应，实现力-电转换。为了提高传感器的输出灵敏度，可适当增加叠加的晶片数量。图 6-9 中两片晶片为并联连接，电荷灵敏度提高一倍。两片晶片的正电荷侧分别与盖板和金属基座相连，中间的片状电极用来收集电荷（与所受到的动态力成正比），并通过电极引出插头将电荷输出。

压电式单向测力传感器主要用于测量变化频率不太高的动态力，如金属加工切削力的测量。如图 6-10 所示，压电式单向测力传感器安装在车刀前端的下方。在切削过程中，车刀在切削力的作用下上下剧烈振动，切削力传递给传感器，而传感器将切削力转换为电信号输出，再由记录仪器记录下电信号的变化，从而测出切削力的变化。

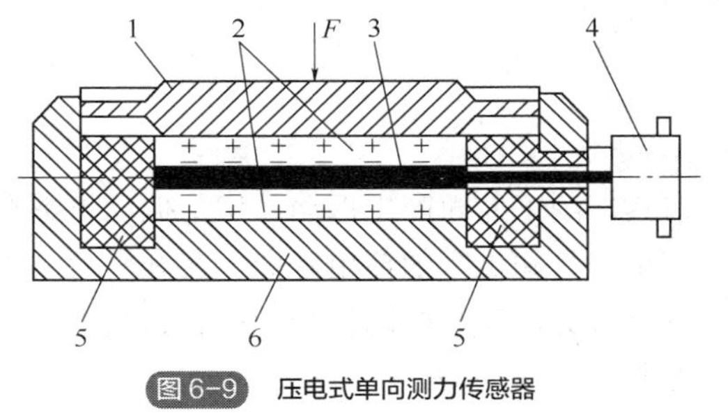

图 6-9　压电式单向测力传感器

1—盖板；2—压电晶片；3—电极；
4—电极引出插头；5—绝缘套；6—金属基座

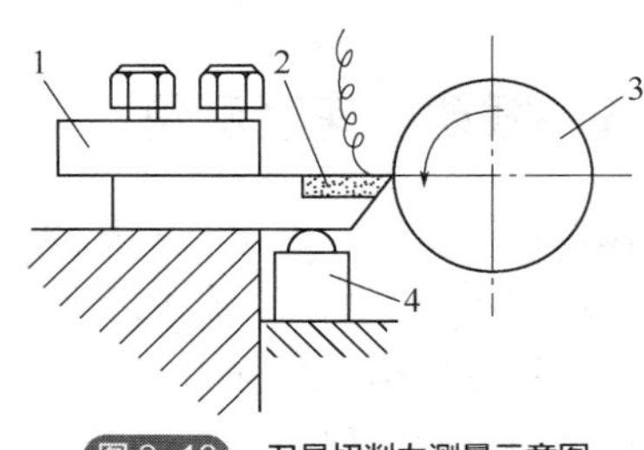

图 6-10　刀具切削力测量示意图

1—刀架；2—车刀；3—工件；4—压电式单向测力传感器

图 6-11 所示为普通车床上进行切削力检测时应用较为普遍的压电式三向测力传感器，可同时测量 F_x、F_y 和 F_z 三个互相垂直的力分量。该传感器共有三组晶片，其中一组选择 0°X 切割的石英晶片，利用其纵向压电效应来测量垂直方向（z 向）的力；另外两组则是选用具有切向压电效应的石英晶片，以测量水平方向（x 向和 y 向）的力。

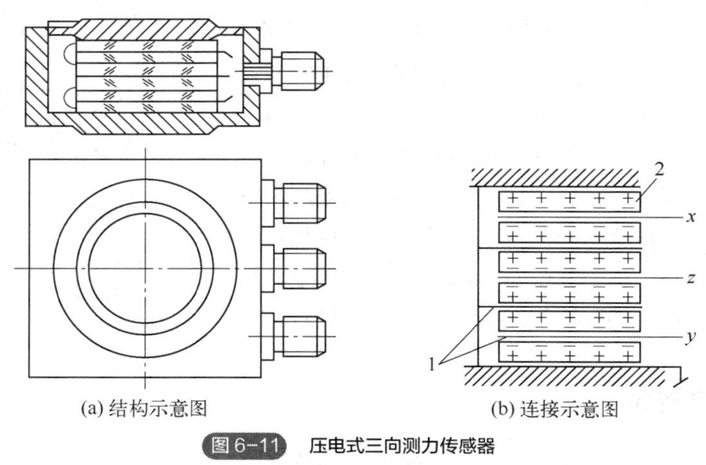

图 6-11　压电式三向测力传感器

1—电极；2—石英晶片

本章小结

- 压电式传感器的转换原理是利用某些物质的压电效应，实现机械能向电能的转换，力 F 作用在压电元件上所产生的电荷量为 $q=d_c F$，d_c 为压电常数。
- 压电式传感器中的压电元件是力敏感元件，可用来动态测量最终能变换为力的一些非电物理量，如压力、加速度等，但不能用于静态参数的测量。
- 压电式传感器的基本结构既相当于一个电荷发生器，又相当于一个以压电材料为介质的电容器。
- 压电式传感器的测量电路为前置放大器，有电压放大器和电荷放大器两种形式，电荷放大器更为常用。

习题与思考题

6-1　将机械振动波转换为电信号和蜂鸣器发出“嘀...嘀...”声的压电片发声原理分别利用的是压电材料的什么效应？

6-2　当石英晶体受压时，是在与光轴垂直的 z 面、与电轴垂直的 x 面、与机械轴垂直的 y 面还是在所有的面（x、y、z）上产生电荷？

6-3　在实验室作检验标准用的压电仪表、用于压电式加速度传感器中测量振动以及制成薄膜并粘贴在一个微小探头上用于测量人体脉搏等，分别采用的是哪种压电材料？

6-4　压电元件有串联和并联两种接法。对于动态力传感器，为了增大输出电荷量，压电元件多采用哪种接法？另外，在电子打火机和煤气灶点火装置中，为使输出电压达到上万伏以产生电火花，压电元件多采用哪种接法？

6-5　压电式传感器能否用来测量静态和缓变的信号？为什么？

6-6　试画出压电式传感器的各种等效电路，并解释其中各参数的含义。

6-7　压电式传感器的测量电路有哪两种？常用的是哪一种？为什么？

6-8　拟进行动态压力测量，所采用的压电式传感器的灵敏度为 90nC/MPa，其输出信号接入灵敏度为 5mV/nC 的电荷放大器，最后利用灵敏度为 10mm/V 的笔式记录仪记录信号。

① 画出系统框图；

② 计算系统的总灵敏度；

③ 当被测压力的变化为 3MPa 时，记录笔在记录纸上的偏移量是多少？

6-9　在汽车碰撞检测中，可利用压电式传感器来感受车体的加速度。试分析在汽车行驶过程中，如何根据压电式加速度传感器的信号来使安全气囊及时打开？

6-10　图 6-12 所示为振动式黏度计的原理示意图。导磁材料制成的悬臂梁与铁芯组成激振器，压电元件连同质量块粘贴在悬臂梁上，固定在悬臂梁下端的振动板插入被测黏性液体中。试分析该黏度计的工作原理。

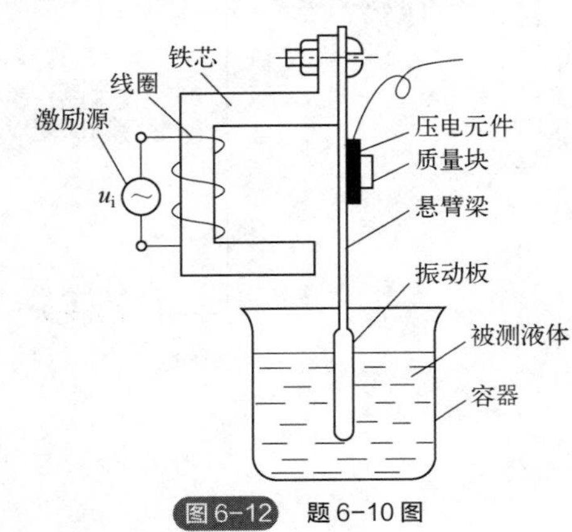

图 6-12　题 6-10 图

第7章

磁电式传感器

思维导图

扫码获取本书资源

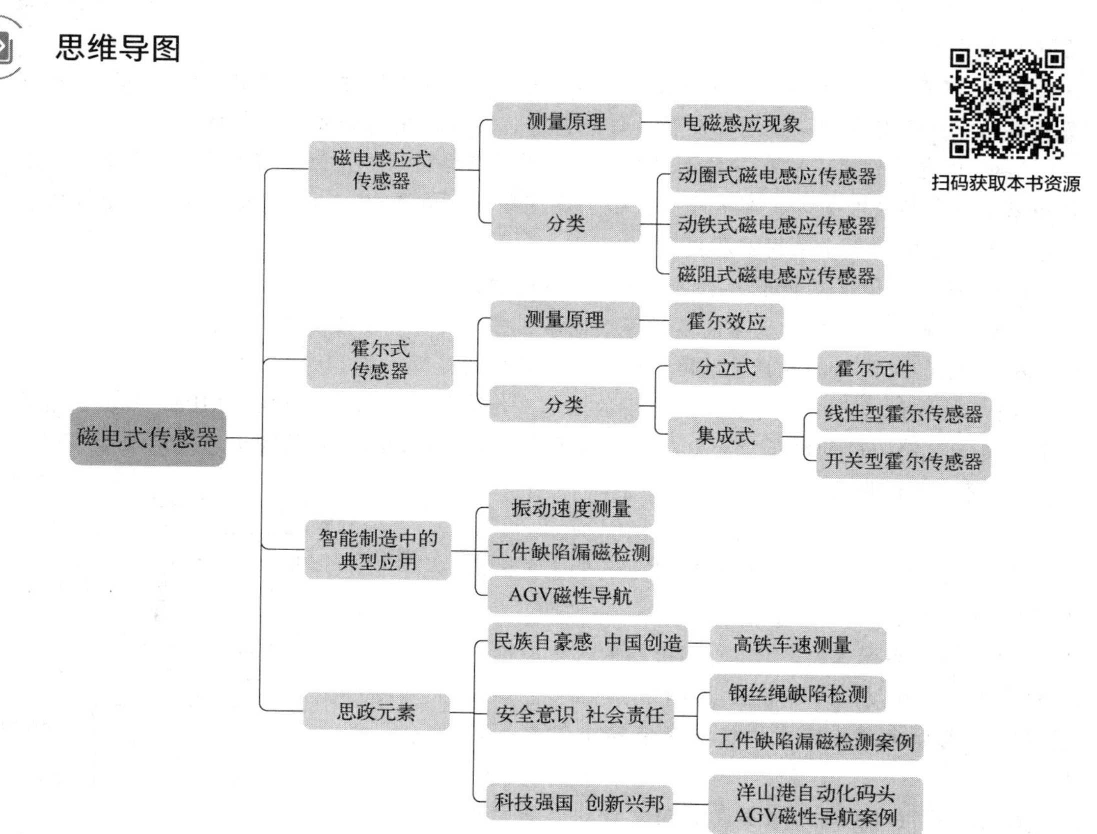

案例引入

在现代社会中，很多人都使用笔记本电脑，以满足工作、学习或娱乐的需要。在正常使用笔记本电脑的过程中，如果将电脑合上，屏幕就会自动熄灭，整台电脑处于休眠状态。这个功能的实现依靠的是霍尔式传感器。

霍尔式传感器的组成主要包括磁铁和霍尔元件，磁铁安装在电脑的上盖中，霍尔元件则安装在电脑机身的相应部位。当打开电脑时，磁铁远离霍尔元件，电脑正常工作。当合上电脑时，磁铁逐渐靠近霍尔元件，导致霍尔元件周围的磁场不断发生变化。当二者接近至一定距离时，霍尔元件产生一个开关信号，并通过外围电路控制屏幕熄灭和系统休眠，从而降低笔记本电脑的功耗，延长电脑的待机时间。

学习目标

1. 熟悉霍尔效应；
2. 了解磁电感应式传感器的种类及其工作原理；
3. 掌握霍尔元件的基本结构及其工作原理，了解霍尔元件的特性参数；
4. 掌握磁电式传感器在智能制造领域的典型应用，培养根据工程实际问题合理选用磁电式传感器的能力。

磁电式传感器是利用电磁感应效应或霍尔效应等电磁现象，将被测物理量转换为感应电动势或霍尔电动势输出，实现振动、转速、偏心量和扭矩等参数的测量。根据电磁转换机理的不同，可分为磁电感应式传感和霍尔式传感器等。

7.1 磁电感应式传感器

7.1.1 磁电感应式传感器的工作原理

根据法拉第电磁感应定律，匝数为 W 的线圈在磁场中做切割磁感线的运动，或线圈所在磁场的磁通 Φ 发生变化时，线圈中产生的感应电动势 e 的大小取决于匝数 W 和穿过线圈的磁通变化率 $\mathrm{d}\Phi/\mathrm{d}t$，即

$$e=-W\frac{\mathrm{d}\Phi}{\mathrm{d}t} \tag{7-1}$$

其中，磁通变化率 $\mathrm{d}\Phi/\mathrm{d}t$ 与磁场强度、线圈运动速度及磁路磁阻有关，改变其中一个因素，都将改变线圈中的感应电动势。

按工作原理不同，磁电感应式传感器可分为动圈式磁电感应传感器、动铁式磁电感应传感

器和磁阻式磁电感应传感器三种类型。

7.1.2 动圈式磁电感应传感器

动圈式磁电感应传感器按被测参数可分为线速度型和角速度型两种。如图 7-1 所示，在永久磁铁产生的直流磁场中放置一个可动线圈，当线圈在磁场中做直线运动或旋转运动时，因切割磁感线而产生的感应电动势分别为

$$e = WBlv\sin\theta \tag{7-2}$$

$$e = kWBA\omega \tag{7-3}$$

式中，B 为线圈所在磁场的磁感应强度，T；l 为单匝线圈的有效长度，m；v、ω 为线圈与磁场的相对线速度和角速度；θ 为线圈运动方向与磁场方向的夹角；A 为单匝线圈的有效面积，m^2；k 为传感器结构系数，$k<1$。

由此可见，当传感器的结构确定后，B、l、W、A、k 均为常数，感应电动势 e 与线圈相对磁场的运动速度（v 或 ω）成正比，所以动圈式磁电感应传感器的基本形式是速度传感器，能直接测量被测物体的线速度或角速度。如果在其测量电路中接入积分电路或微分电路，则还可用来测量位移或加速度。但由上述工作原理可知，此类传感器只适用于动态测量。

7.1.3 动铁式磁电感应传感器

动铁式磁电感应传感器的工作原理与动圈式完全相同，所不同的是运动部件不再是线圈，而是磁铁。

图 7-2 所示为动铁式速度传感器。使用时，传感器的壳体固定在被测物体上。支承在弹簧上的永久磁铁因惯性相对于传感器的壳体（即线圈）运动，其惯性速度与被测物体的速度相同。固定不动的线圈在运动的磁场中切割磁感线而产生感应电动势，感应电动势的大小与二者之间的相对速度成正比。

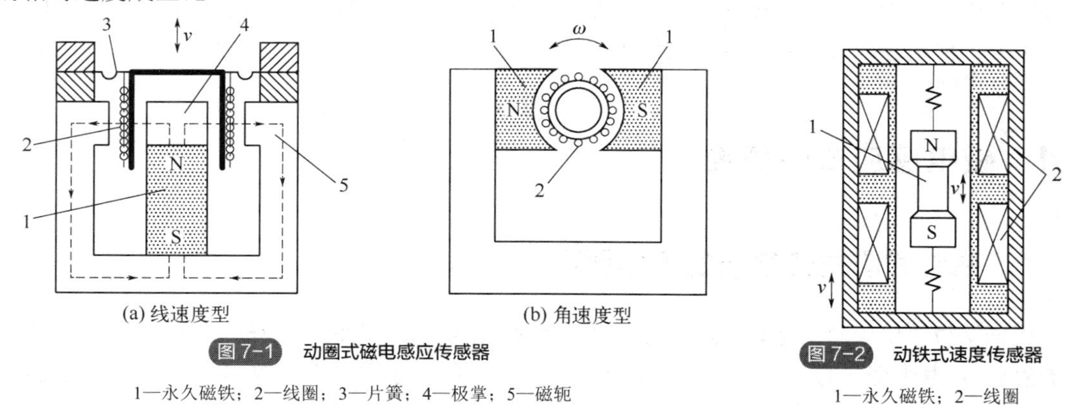

图 7-1 动圈式磁电感应传感器

1—永久磁铁；2—线圈；3—片簧；4—极掌；5—磁轭

图 7-2 动铁式速度传感器

1—永久磁铁；2—线圈

7.1.4 磁阻式磁电感应传感器

磁阻式磁电感应传感器由永久磁铁及缠绕其上的线圈组成，线圈与永久磁铁均不动，由运动着的、与被测参数有一定联系的物体（导磁材料）改变磁路的磁阻，使通过线圈的磁通量发生变化，从而在线圈中产生感应电动势。图 7-3 示出了磁阻式磁电感应传感器的常见应用。

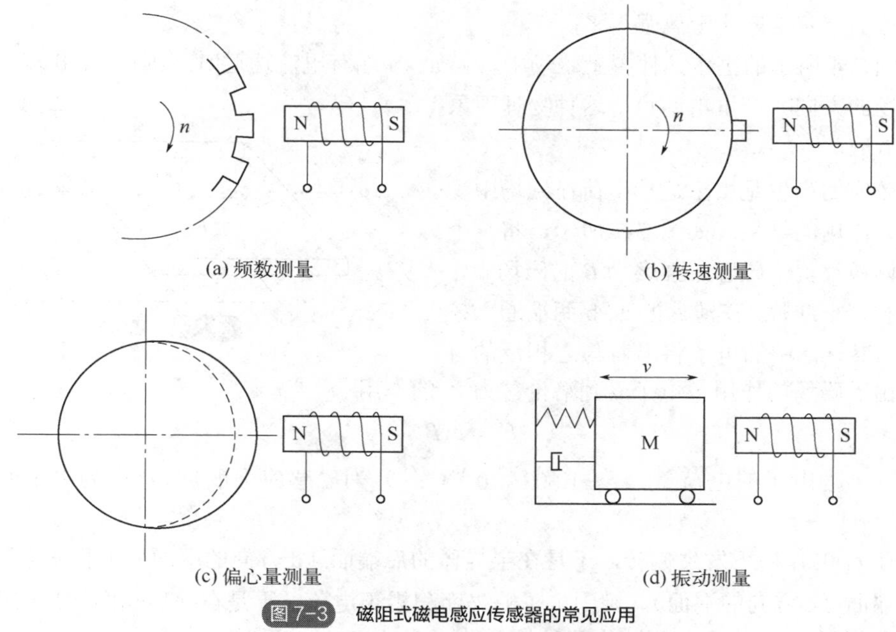

图 7-3　磁阻式磁电感应传感器的常见应用

7.2　霍尔式传感器

霍尔式传感器是基于某些半导体材料所具有的霍尔效应来实现磁电转换，将被测参数转换成电动势输出或产生开关信号。霍尔式传感器结构简单，体积小，噪声小，灵敏度高，频率范围宽（从直流到微波），动态范围大（输出电动势变化范围可达 1000∶1），非接触式测量，寿命长，成本低，已从分立元件发展到集成电路阶段，在工业自动化、检测技术、信息处理等领域得到广泛应用。

拓展阅读

7.2.1　霍尔式传感器的工作原理

（1）霍尔元件

如前所述，霍尔式传感器的测量基础是霍尔效应。基于霍尔效应工作的半导体器件称为霍尔元件，多采用 N 型半导体材料［如锗（Ge）、硅（Si）、锑化铟（InSb）、砷化铟（InAs）、砷化镓（GaAs）等］，由霍尔片、引线和壳体等组成。霍尔元件是一块半导体单晶薄片，在其长度方向两端面上焊有 a、b 引线，称为控制电流端引线（通常为红色）；在其另两侧端面的中间对称地焊有 c、d 引线，称为霍尔输出端引线（通常为绿色），如图 7-4 所示。霍尔元件用非导磁金属、陶瓷或环氧树脂封装。

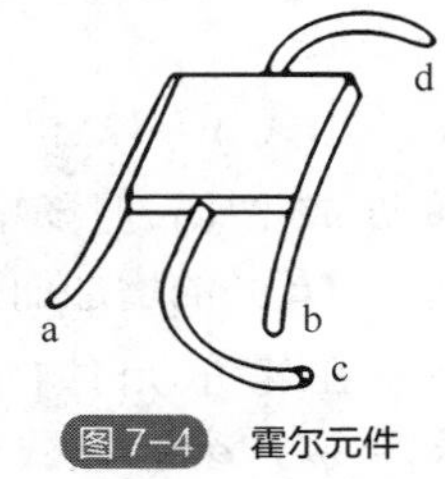

图 7-4　霍尔元件

（2）霍尔效应

霍尔效应是在 1879 年由美国物理学家霍尔发现的金属或半导体材料所具有的一种磁电效

应，半导体的霍尔效应比金属强得多。

将如图 7-4 所示的霍尔元件置于磁场中，当 a、b 端有电流通过时，则在 c、d 端（垂直于电流和磁场的方向）产生电动势，这种物理现象称为霍尔效应。

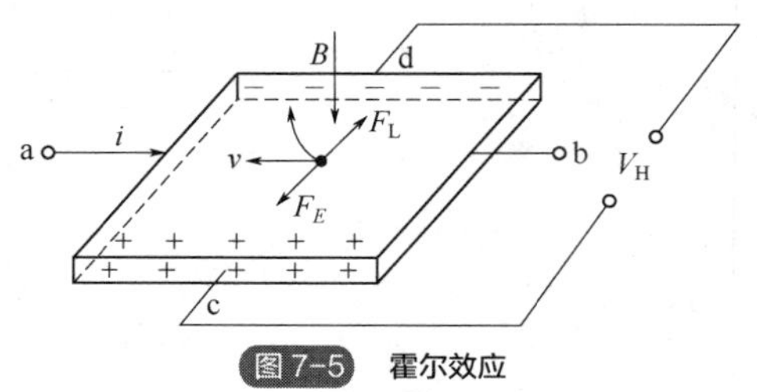

图 7-5 霍尔效应

霍尔效应的产生是由于运动电荷在磁场中受到洛伦兹力作用的结果。如图 7-5 所示，将一个 N 型半导体薄片置于磁感应强度为 B 的磁场中，磁场方向垂直于薄片。在薄片的 a、b 两端通入控制电流 i，半导体中的电子将沿着与之相反的方向运动。由于磁场的作用，电子受到洛伦兹力 F_L 的作用

$$F_L = evB \tag{7-4}$$

式中，e 为电子的电荷量，$e = 1.602 \times 10^{-19}$ C；B 为磁感应强度，T；v 为电子的运动速度，m/s。

电子在 F_L 的作用下发生偏转，于是在半导体的后端面（d 方向的端面）上积累电子。与其相对的前端面（c 方向的端面），则因电子缺失而积累正电荷，于是在前后端面间形成电场 E。电场 E 产生电场力 F_E，用来阻止电子继续偏转。F_E 与 E 的关系为

$$F_E = eE$$

当 $F_E = F_L$ 时，电子积累达到动态平衡，则有

$$E = vB$$

此时，在半导体 c、d 两端面之间建立起电场（霍尔电场），其电动势称为霍尔电动势 V_H，其大小为

$$V_H = Eb = vBb \tag{7-5}$$

式中，b 为霍尔元件的宽度。

电子的运动速度 v 与电子浓度 n 和电流密度 S 有关，即 $v = S/(ne)$，而电流密度为霍尔元件单位横截面积上流过的控制电流，即 $S = i/(b\delta)$（δ 为霍尔元件的厚度），于是有

$$b = \frac{i}{nev\delta} \tag{7-6}$$

将式（7-6）代入式（7-5），可得

$$V_H = \frac{1}{ne\delta} iB \tag{7-7}$$

由式（7-7）和式（7-5）可以看出，霍尔电动势 V_H 与控制电流 i 和磁感应强度 B 成正比，且随电子浓度 n 的增加而减小，随电子运动速度 v（或电子迁移率 $\mu = v/E$）的增加而增大。

拓展阅读

在霍尔元件的尺寸和材料确定的前提下，n、e、δ 均为常数，可令 $k_H = 1/(ne\delta)$，则式（7-7）可简化为

$$V_H = k_H iB \tag{7-8}$$

式中，k_H 为霍尔元件的灵敏度，取决于半导体的材质、形状、尺寸和温度等。

式（7-8）是在磁感应强度 B 垂直于霍尔元件的条件下推导出来的。如果磁感应强度 B 与霍尔元件不垂直，而是与其法线成一定角度 α，则实际作用于霍尔元件上的有效磁感应强度是

其法线方向的分量（$B\cos\alpha$），此时的霍尔电动势为

$$V_{\mathrm{H}} = k_{\mathrm{H}} iB\cos\alpha = k_{\mathrm{H}} iB\sin\beta \tag{7-9}$$

式中，α 为磁感应强度方向与法线方向之间的夹角；β 为控制电流方向与磁感应强度方向之间的夹角。

其中，B、i、α（或 β）均可变。如果角位移、线位移、加速度、转速、压力等物理量能够以某种方式使其中任何一个量或两个量发生改变，则均可转换为霍尔电动势的变化。

7.2.2　霍尔式传感器的集成化

目前，随着微电子技术的发展，霍尔式传感器大多已集成化。集成霍尔式传感器是利用硅集成电路工艺将霍尔元件和测量线路集成在一起的一种传感器。与普通霍尔式传感器相比，集成霍尔式传感器具有体积小、灵敏度高、重量轻、温漂小、功耗低、对电源稳定性要求低、可靠性高等优点。

集成霍尔式传感器输出的是经过处理的信号。按照输出信号的形式，集成霍尔式传感器可分为线性型和开关型两类。

（1）线性型霍尔式传感器

线性型霍尔式传感器（图 7-6）是将霍尔元件、稳压源、线性差动放大器、温度补偿电路等集成在一个芯片上，其输出信号为与磁感应强度成正比的电压信号。线性型霍尔式传感器有单端输出和双端输出（差动输出）两种形式。

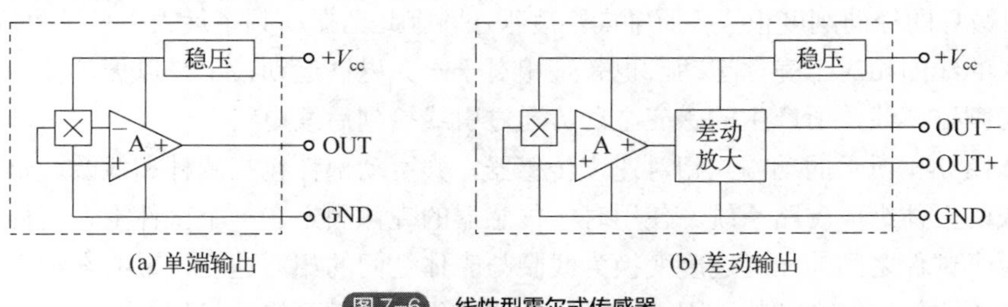

(a) 单端输出　　(b) 差动输出

图 7-6　线性型霍尔式传感器

（2）开关型霍尔式传感器

开关型霍尔式传感器是将霍尔元件、稳压源、放大器、施密特触发器（整形电路）、OC 门（集电极开路输出门）集成在一个芯片上（图 7-7）。当外加磁感应强度超过规定的工作点时，OC 门由高阻状态转变为导通状态，输出为低电平；当外加磁感应强度低于释放点时，OC 门重新变为高阻状态，输出为高电平。

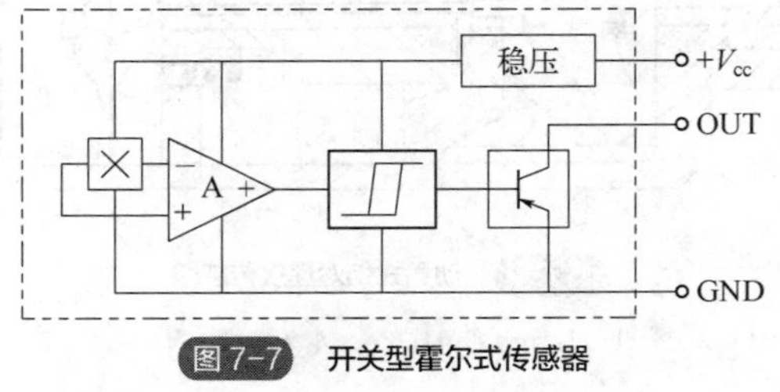

图 7-7　开关型霍尔式传感器

7.3 磁电式传感器在智能制造中的典型应用

7.3.1 振动速度测量

在振动参数测量中，通常利用磁电式传感器测量被测对象的振动速度。图 7-8 为一种动圈式绝对速度传感器的结构示意图。永久磁铁通过铝质支架与壳体固定在一起。壳体由导磁材料制成，除了和磁铁共同构成磁路系统外，还起到屏蔽作用。磁路系统中有两个环形空气隙，用铜或铝制成的阻尼环置于左磁隙中，右磁隙中放置的是线圈。阻尼环和线圈分别利用弹簧片 1、8 支承在壳体上，并通过心轴连在一起，组成惯性系统的质量块。

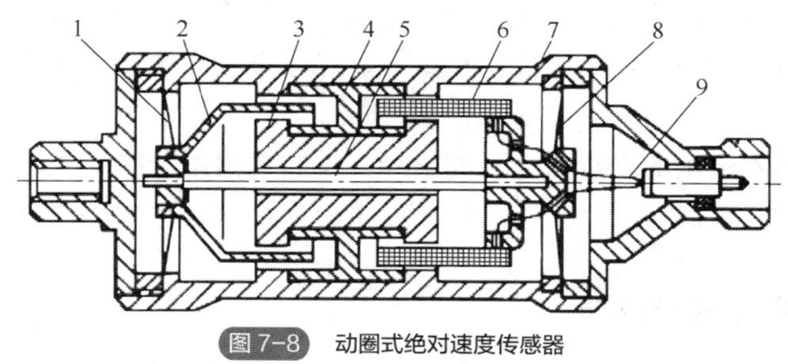

图 7-8 动圈式绝对速度传感器

1，8—弹簧片；2—阻尼环；3—永久磁铁；4—铝质支架；5—心轴；6—线圈；7—壳体；9—引线

使用时，将传感器固定在被测振动体上，壳体及与之固定成一体的磁铁也一起随被测振动体振动。弹簧片的径向刚度很大，而轴向刚度很小，因此当振动频率远大于传感器固有频率时，作为质量块的线圈相对于壳体运动，也就是相对于永久磁铁运动，于是以振动体的速度在磁场中运动，切割磁感线，所产生的感应电动势通过引线接到后续电路。

对于如图 7-9 所示的动圈式相对速度传感器，其可动部件包括测杆和线圈。永久磁铁和导磁材料制成的壳体组成磁路系统。使用时，传感器的壳体固定在一个试件上，测杆压在另一个试件上，两个试件之间的相对速度变换为线圈与壳体之间的相对速度，最终在线圈中感应出与相对速度成正比的感应电动势。因此，该传感器适用于测量两构件间的相对运动，如铣床上工件与铣刀间的相对振动。在测量过程中，测杆必须始终与被测试件相接触，这就要求左右两侧的弹簧片具有较大的刚度。

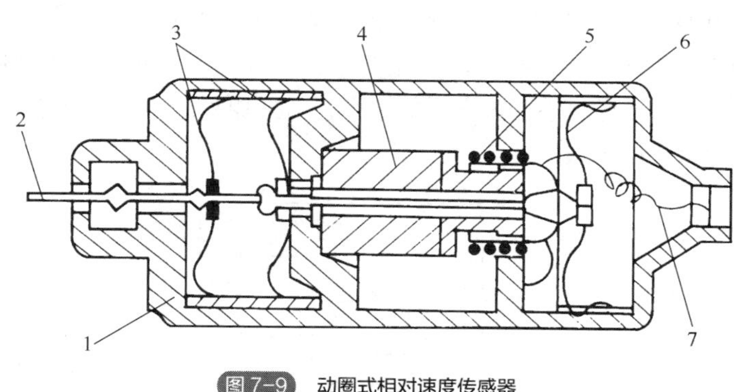

图 7-9 动圈式相对速度传感器

1—壳体；2—测杆；3，6—弹簧片；4—永久磁铁；5—线圈；7—引出线

7.3.2 转速测量

拓展阅读

图 7-10 是磁阻式转速传感器的结构原理示意图。在待测转速的轴上安装一个由导磁材料制成的测量齿轮，然后在与轮齿相对、距离为最小空气隙的位置上将传感器固定。当被测转轴带动齿轮转动时，铁芯和测量齿轮之间的空气隙交替改变，于是每转过一个齿，磁路磁阻便变化一次，使磁通量同样周期性地改变，在线圈中感应出交变的电动势。电动势的变化频率 f 等于齿轮齿数 Z 与转轴转速 n 的乘积，于是转速为 $n = 60f / Z$ 。

图 7-11 为霍尔式转速传感器的结构原理示意图。在被测轴上安装一个齿轮盘，并将霍尔元件和磁路系统靠近齿轮盘布置。每当一个轮齿转过霍尔元件时，霍尔元件便产生霍尔电动势。于是在圆盘连续转动的过程中，轮齿与霍尔元件之间的气隙周期性地改变，霍尔元件输出的微小脉冲信号经隔直、放大、整形后，便形成一连串的矩形脉冲。利用频率计测量脉冲频率，通过公式 $n = 60f / Z$ 便可求得被测转轴的转速，其中的 Z 为齿轮盘的齿数。

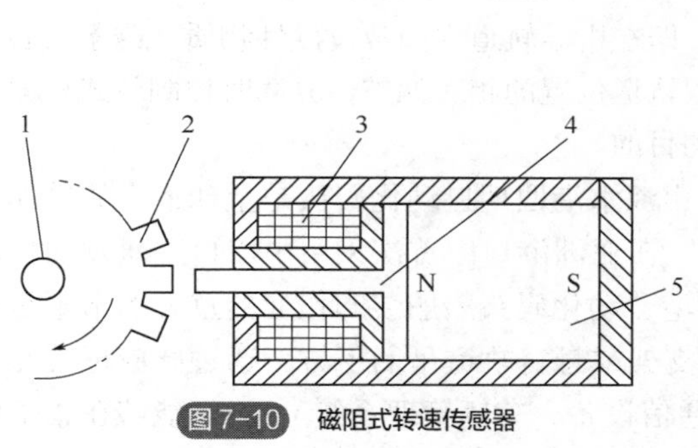

图 7-10 磁阻式转速传感器

1—被测转轴；2—测量齿轮；3—线圈；4—铁芯；5—永久磁铁

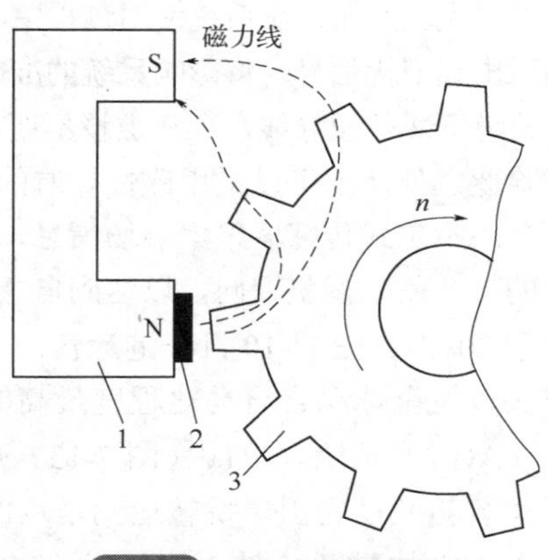

图 7-11 霍尔式转速传感器

1—永久磁铁；2—霍尔元件；3—齿轮盘

7.3.3 工件缺陷漏磁检测

拓展阅读

除了涡流检测，漏磁检测也是常用的无损检测方法，主要用于铁磁性材料的缺陷检测。如图 7-12 所示，利用磁化装置（如磁铁）磁化待测工件。如果工件内部无缺陷且无结构突变时，磁力线被束缚在工件中，基本上没有磁力线从工件表面逸出；当工件内部或表面存在缺陷时，将导致磁场畸变，使得磁力线发生弯曲，并从缺陷位置漏出工件表面而进入空气中，形成漏磁场。利用霍尔元件对漏磁场进行定量检测，通过信号分析就能得到缺陷的有关信息。

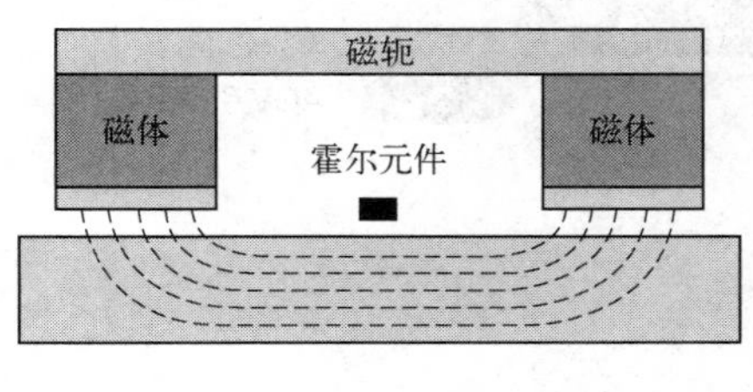

(a) 无缺陷时的磁力线

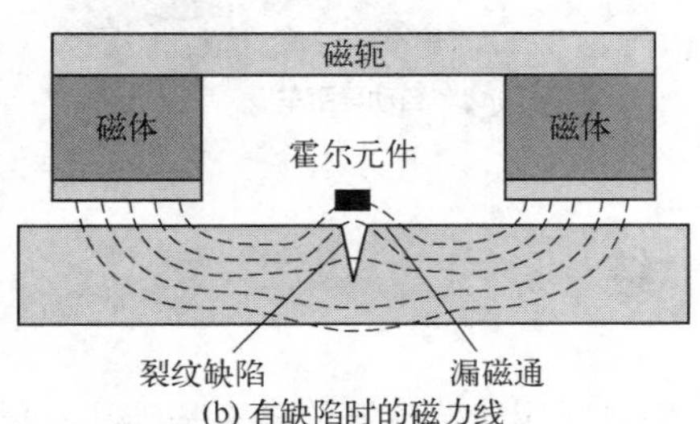

(b) 有缺陷时的磁力线

图 7-12 漏磁检测原理

7.3.4 AGV 磁性导航

作为一种智能控制设备，AGV（自动导引车）广泛应用于生产物流中的物料运输环节，如生产线的自动上下料、产品运输和仓储等。在控制系统的指引下，AGV 通过特定的路径将毛坯件、次加工件、成品及残次品等物料按预定要求运送到指定区域。在工作过程中，车载机械手抓取物料到车载托盘上，视觉系统根据托盘上的物料数量判断是否停止抓取，待物料装载完成，视觉系统发送指令到控制器，控制器再发送命令控制小车沿预设轨道行驶，到达上料站由机械手抓取物料完成上料作业，上料完成后再抓取残次物料到车载托盘，由小车运送到废料区进行下料处理。在智能仓储方面，AGV 装有视觉判断设备，能够识别产品数量，当产品数量达到预定要求时，AGV 沿巡航轨道自动运行，当到达存储区域后，根据存放空间是否满足存放条件进行智能化存储。

传统的导航方法为光电导航和电磁导航。利用光电效应原理导航的系统一般使用黑白分明的材料作为轨道材料，以达到尽可能减少环境干扰的目的，这是因为在光电效应中，黑与白的灰度值相差最大。然而，在系统使用过程中，由于轨道材料表面反光使轨道变得模糊不清，或光线被遮挡而出现干扰信号，将影响系统的准确性和稳定性，因此对轨道环境的要求较高。电磁导航需要在轨道下面敷设导线，存在敷设不便、出现故障后不易检查导线断点等问题。

除此之外，还可以采用磁性导航的方案，即在引导轨道中间敷设磁性物质（磁条或磁钉），通过多路霍尔式传感器采集磁场信息，以获取轨道位置的相对偏差，并同时控制轮式机器人左右轮的转速差来调整方向，以达到自主循迹的目的。

于 2017 年 12 月 10 日开港运营的上海洋山深水港四期自动化码头是全球最大的单体自动化码头以及全球综合自动化程度最高的码头，在亚洲港口中首次采用中国自主研发的自动导引车（AGV）系统。AGV（图 7-13）是洋山港自动化码头船舶装卸作业的重要的水平运输载体，集装箱通过它由岸桥转运到堆场的海侧支架或悬臂轨道吊的下方。通过感应埋设在面层上的 61483 枚磁钉（图 7-14），并结合无线通信设备、车辆管理系统，AGV 能够在繁忙的码头作业现场自如平稳、安全可靠地自主行驶，并通过精确定位到达指定的停车位置。

图 7-13 自动导引车

图 7-14 AGV 引导磁钉

本章小结

- 磁电感应式传感器的转换基础是法拉第电磁感应定律，即匝数为 W 的线圈所在磁场的

磁通 Φ 发生变化时，线圈中产生感应电动势 $e=-W\dfrac{\mathrm{d}\Phi}{\mathrm{d}t}$。

- 对于动圈式磁电感应传感器，线圈为可动部件；对于动铁式磁电感应传感器，可动部件为磁铁；对于磁阻式磁电感应传感器，线圈和磁铁均不动，被测对象运动。
- 霍尔式传感器的转换基础是某些半导体材料的霍尔效应，也属于磁敏传感器。结构简单、体积小、成本低、非接触式测量是其显著的优点。

习题与思考题

7-1　利用图 7-10 所示的磁阻式转速传感器实现转速测量，传感器输出信号经放大整形后波形如图 7-15 所示。假设齿轮齿数 Z=12，求被测转轴的转速。

7-2　霍尔元件为什么可用于测量交变磁场？

7-3　何谓霍尔效应？其物理本质是什么？霍尔元件可用来测量哪些物理量？试举例说明。

7-4　按输出信号的形式，霍尔传感器分为线性型和开关型两类。举例说明这两类传感器在应用方面的不同。

7-5　图 7-16 是基于霍尔效应的卡形电流计的结构示意图，试分析其工作原理。

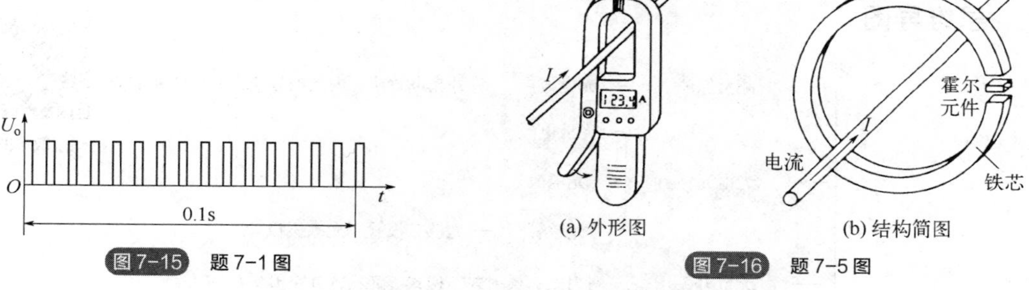

图 7-15　题 7-1 图

图 7-16　题 7-5 图

7-6　日常生活中常见的 ATM 机中应用了霍尔式传感器，请问其作用是什么？

7-7　拟利用霍尔式接近开关为机床工作台往复循环控制提供极限位置信号，试画出工作台和丝杠螺母副的结构简图，标出磁路和霍尔元件的布置情况，并说明其工作过程。

7-8　试利用磁电式传感器对某金属零件加工生产线的成品零件进行自动计数，画出原理简图并对其测量原理做简要的说明。

第 8 章

光电式传感器

思维导图

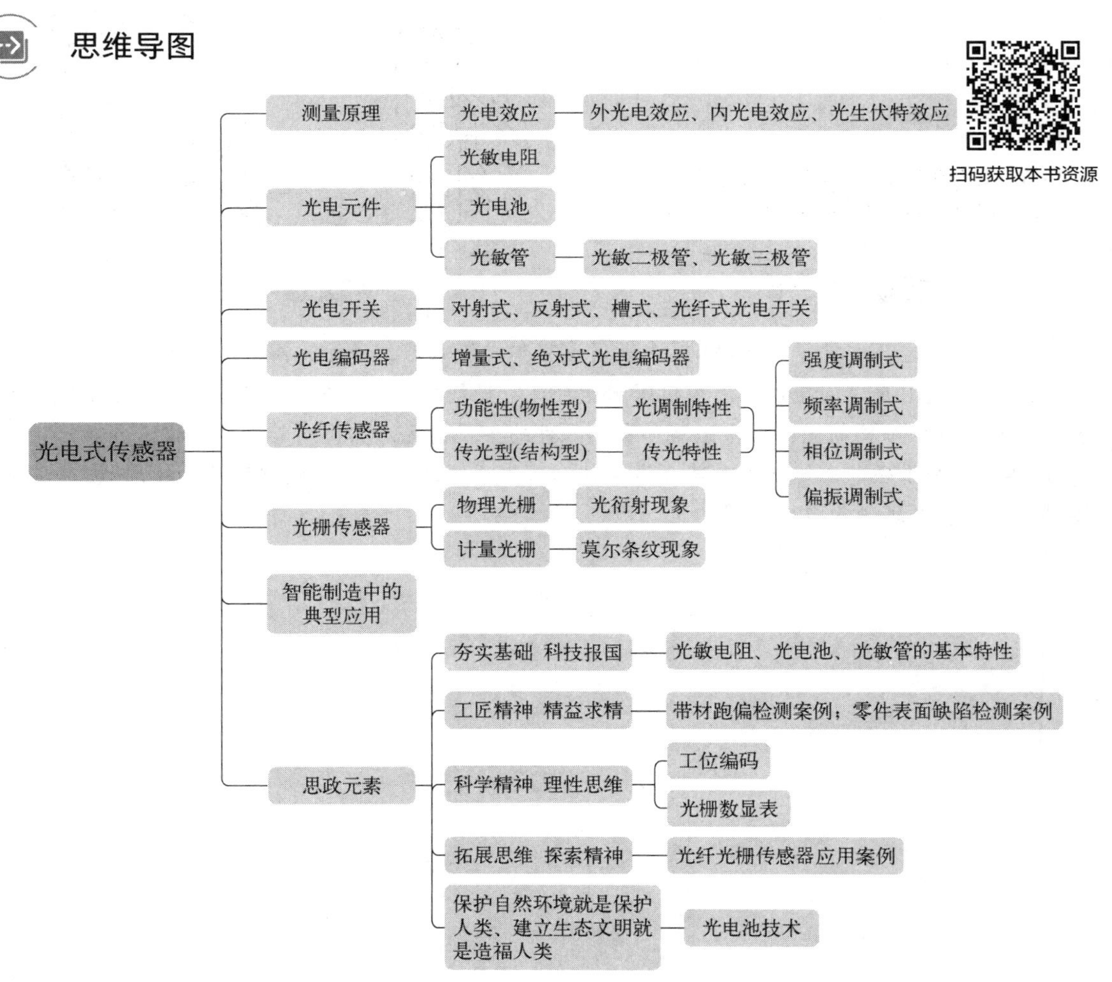

案例引入

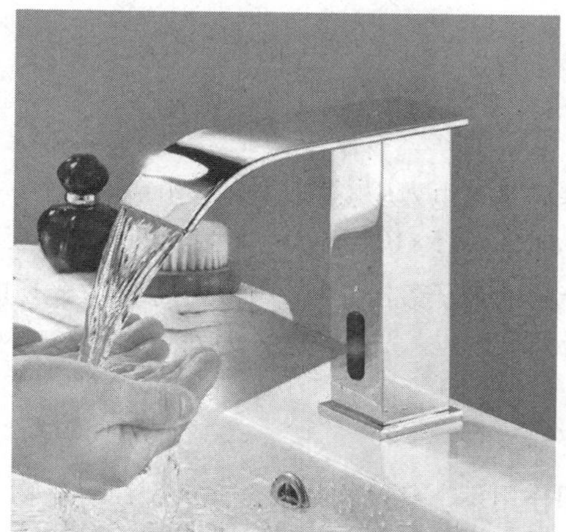

在车站、机场等公共场所，以及高档商场、酒店、宾馆、写字楼，不难见到感应水龙头的身影，它们没有传统水龙头的手柄，那么它们是如何出水和关水的呢？

感应水龙头利用的是红外线反射原理。当手放在水龙头的红外线感应范围内时，手遮住了红外线发射管发出的红外线，接收管接收不到光信号，便产生一个高电平信号，并送给脉冲电磁阀，于是电磁阀的阀芯打开，水龙头便流出水。在洗完手后，手离开红外线感应区，发射管发出的红外线被接收管接收，此时产生一个低电平信号，电磁阀阀芯在内部弹簧的作用下复位，从而控制水龙头关水。在使用这种感应水龙头时，无须与之接触，这样就可以避免洗手后的二次污染，而且洗手结束后水自动停止，有很好的节水效果。

学习目标

1. 熟悉外光电效应、内光电效应和光生伏特效应；
2. 掌握常用光电元件及其工作原理；
3. 了解常用光电元件的特性及参数；
4. 掌握光电开关的种类及检测对象；
5. 掌握增量式光电编码器和绝对式光电编码器的工作原理及各自特点；
6. 了解光纤的结构及传光原理，掌握光纤的全反射条件；
7. 掌握光纤传感器的种类及其特点；
8. 熟悉莫尔条纹现象；
9. 掌握光栅的组成和工作原理；
10. 掌握光电式传感器在智能制造领域的典型应用，培养根据工程实际问题合理选用光电式传感器的能力。

光电式传感器的工作原理是基于光电效应，将光信号转换为电信号输出，用来检测能够转换为光信号变化的非电量，如零件直径、表面粗糙度、应变、位移、速度、加速度，以及物体的形状、工作状态识别等。其具有精度高、反应快、非接触测量、结构简单、可测量参数的种类多、形式灵活多样等优点，在自动检测和自动控制领域得到广泛应用。

拓展阅读

8.1 光电效应

光电式传感器的测量基础是光电效应。光是由光子组成的，每一个光子具有的能量为$h\nu$（h为普朗克常数，其值等于$6.62607015 \times 10^{-34}\,\mathrm{J \cdot s}$；$\nu$为光的频率）。当用光照射某物体时，物体会受到一连串的具有一定能量的光子轰击，物体中的电子吸收光子的能量，从而使物体产生相应的电效应，这种现象称为光电效应。光电效应分为外光电效应、内光电效应和光生伏特效应。

（1）外光电效应

外光电效应是指在光照作用下，某些物体（金属或金属氧化物）表层的电子从物体表面逸出、向外发射的现象，亦称为光电发射效应。在这一过程中，光子所携带的电磁能转化为光电子的动能。基于外光电效应的光电元件有光电管和光电倍增管等。

（2）内光电效应

在光照作用下，物体（通常为半导体材料）的导电性能增强而电阻率下降的现象称为内光电效应，又称为光导效应。内光电效应与外光电效应不同，外光电效应产生于物体表层，在光辐射作用下，物体内部的自由电子逸出到物体外部；而内光电效应则是物体内部的原子吸收光能量，获得能量的电子摆脱原子束缚成为物体内部的自由电子，从而使物体的导电性能发生改变。基于内光电效应的光电元件有光敏电阻、光敏二极管、光敏三极管及光敏晶闸管等。

（3）光生伏特效应

光生伏特效应指的是某些半导体材料在光线的照射下产生一定方向的电动势的现象。基于光生伏特效应的光电元件为光电池。

8.2 光电元件

8.2.1 光敏电阻

拓展阅读

光敏电阻是一种纯电阻元件，其工作原理是半导体材料的内光电效应。在受到光的照射时，半导体内激发出电子-空穴对参与导电，使其电阻率下降而导电性能增强。光照愈强，则阻值越小。当入射光消失后，由光子激发产生的电子-空穴对将重新复合，阻值恢复为原来的值。于是，光敏电阻将光量（光照强度）转换为电量（电阻）的变化。

如图 8-1 所示，在一块半导体光敏材料薄片两端加上电极后，贴在陶瓷、硬质玻璃、云母等绝缘基底上，两端安装电极引线，最后将其封装在顶部开有透明窗口的金属或塑料管壳内，于是便构成了光敏电阻。

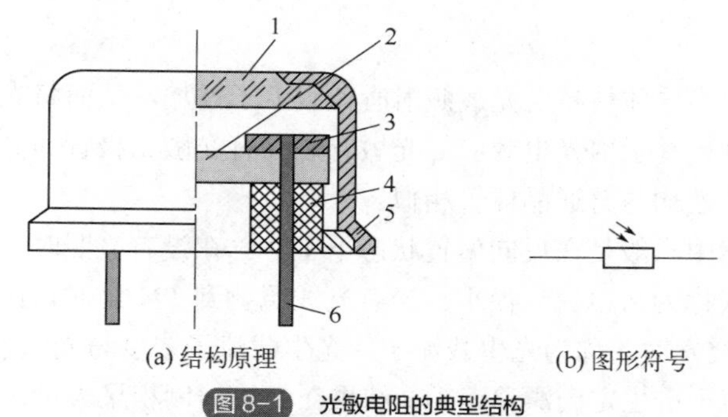

(a) 结构原理　　(b) 图形符号

图 8-1　光敏电阻的典型结构

1—玻璃；2—光敏半导体材料；3—电极；4—绝缘基底；5—外壳；6—电极引线

光敏电阻几乎都是用半导体材料制成的，最常见的是锗和硅等本征半导体。但并非一切纯半导体都能显示出光电特性。对于不具备这一特性的物质，可以加入如硫化镉（CdS）、硒化镉（CdSe）、硫化铅（PbS）、硫化铊（Tl_2S）、硫化铋（BiS）、硒化铅（PbSe）等杂质半导体，使之产生光电效应。其中，硫化镉是制作光敏电阻最为常见的材料。

光敏电阻灵敏度高，体积小，重量轻，光谱响应范围宽（从紫外线域到红外线域），机械强度高，耐冲击和振动，寿命长。其最大缺点是受温度的影响较大，这在使用时应特别注意。在实际应用中，光敏电阻不宜作为线性测量元件，一般用作开关元件。

8.2.2 光电池

拓展阅读

光电池的转换原理是光生伏特效应，能够将入射光能量直接转换为光生电动势，故属于有源器件。

光电池通常以可见光作为光源，它的种类很多，有硅、硒、锗、砷化镓（GaAs）、磷化铟（InP）、碲化镉（CdTe）、硫化镉（CdS）光电池等，其中使用最广泛的是硅光电池。硅光电池也称为太阳能电池，直接将太阳能转变为电能，其优点是性能稳定、转换效率高、频率特性好、使用寿命长、耐高温和辐射、轻便简单、不会产生气体或热污染等，尤其适用于无法铺设电缆的场合，如宇宙飞行器中。太阳能电池也可作为航标灯、灯塔、无人气象站、高速公路警示牌等野外无人值守设备的电源。作为车载动力源，太阳能电池正广泛应用于新能源汽车中。在日常生活中，太阳能电子产品随处可见，如太阳能热水器、太阳能充电器、太阳能电子秤、太阳能计算器、太阳能路灯、太阳能草坪灯等。

拓展阅读

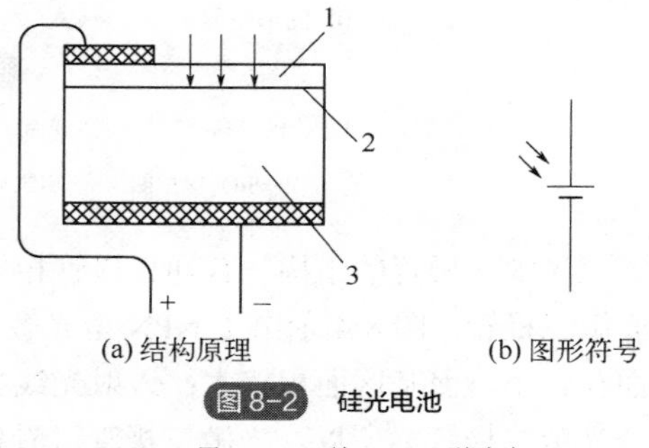

(a) 结构原理　　(b) 图形符号

图 8-2　硅光电池

1—P 层；2—PN 结；3—N 型硅片

如图 8-2 所示，硅光电池是在一块 N 型硅片上用扩散的方法掺入一些 P 型杂质而形成一个面积较大的 PN 结。P 层很薄，使光能够穿透到 PN 结上。当光照射到 PN 结时，结区附近产生光生电子-空穴对，在 PN 结电场作用下，N 区的空穴被拉向 P 区，P 区的电子被拉向 N 区，使 P 区带正电荷，N 区带负电荷，从而在 PN 结两端形成电位差。如果接入外电路，则可产生电流。

8.2.3 光敏管

拓展阅读

光敏管是一种利用半导体材料受光线照射时使载流子增加，从而将光能转换成电流的光电转换元件，基于内光电效应。光敏管主要有光敏二极管和光敏三极管两种，它们的工作特性均与普通晶体管相似。

光敏二极管在电路中一般是在反向偏置状态下工作。在没有光照时，光敏二极管处于反向截止状态，反向电流（称为暗电流）很小。当有光线照射到 PN 结时，由于吸收了光子能量而在其附近激发出电子-空穴对，称为光生载流子，光生载流子浓度与光照强度成正比。在 PN 结电场作用下，光生载流子产生定向漂移运动，结果在 P 区一侧积聚大量过剩的空穴，在 N 区一侧积聚大量过剩的电子，使 P 区带正电、N 区带负电，从而形成较大的反向漂移电流，即光电流，因此光敏二极管变为反向导通状态。随着光照的增强，光电流增大，从而实现光信号-电信号的转换。

如图 8-3 所示，光敏二极管的管壳上开一窗口，装嵌着玻璃聚光镜，以便光线射入。其 PN 结面积做得较大，以增加受光面积；结深一般做得较浅，以提高光电转换效率。

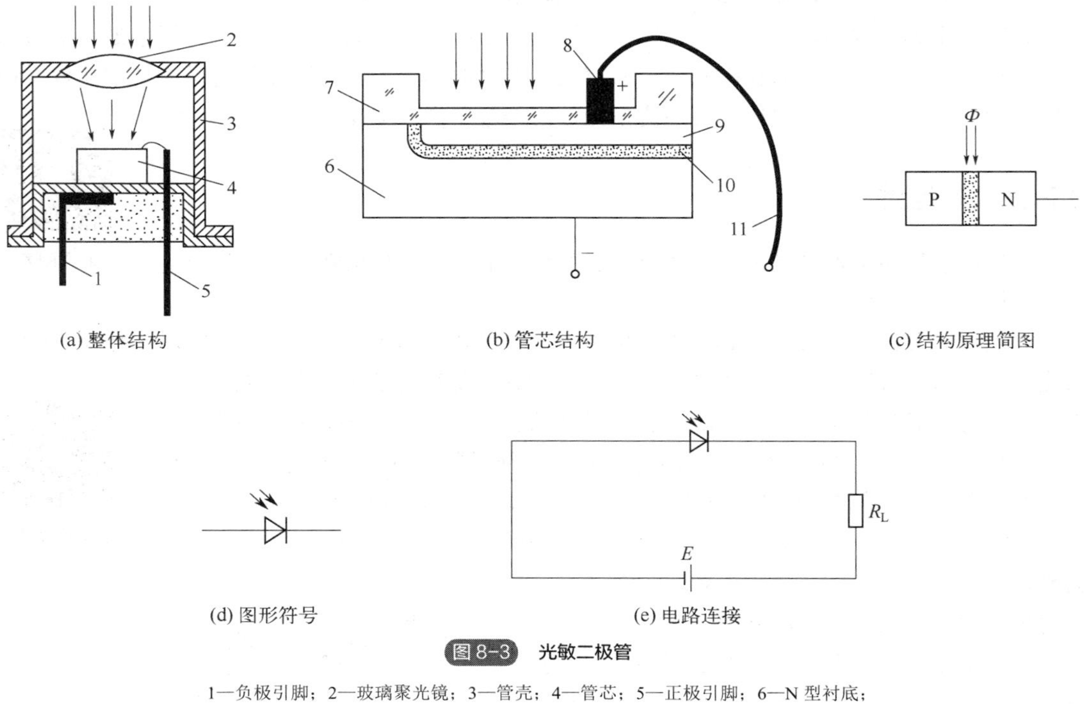

(a) 整体结构　(b) 管芯结构　(c) 结构原理简图

(d) 图形符号　(e) 电路连接

图 8-3 光敏二极管

1—负极引脚；2—玻璃聚光镜；3—管壳；4—管芯；5—正极引脚；6—N 型衬底；7—SiO_2 保护圈；8—引出电极；9—P 型扩散层；10—PN 结；11—引出线

光敏三极管的结构与普通三极管相似，也分为 PNP 型和 NPN 型两种，常见的是 NPN 型硅光敏三极管。图 8-4 示出了 NPN 型光敏三极管的结构和符号。由此可见，光敏三极管的发射区面积较小，而基区面积较大；入射光线主要穿过基区照射到集电结上，此时，集电结相当于一个光敏二极管。所以，光敏三极管可看作是光敏二极管和三极管放大器一体化的结构［图 8-4（c）］。光敏二极管产生的反向电流，经三极管放大后成为集电极电流，并被放大 β 倍。这就意味着光敏三极管不但可以将光信号转换为电信号，而且具有电流放大的作用。因此，光敏三极管的光电转换效率及灵敏度比光敏二极管都要高得多，其应用范围也更广泛。

由于光敏三极管的基极电流由集电结的光电流供给，因此基极不再引线，元件外形只有集电极和发射极两根引线。仅从外观上，光敏三极管和光敏二极管很难区分。

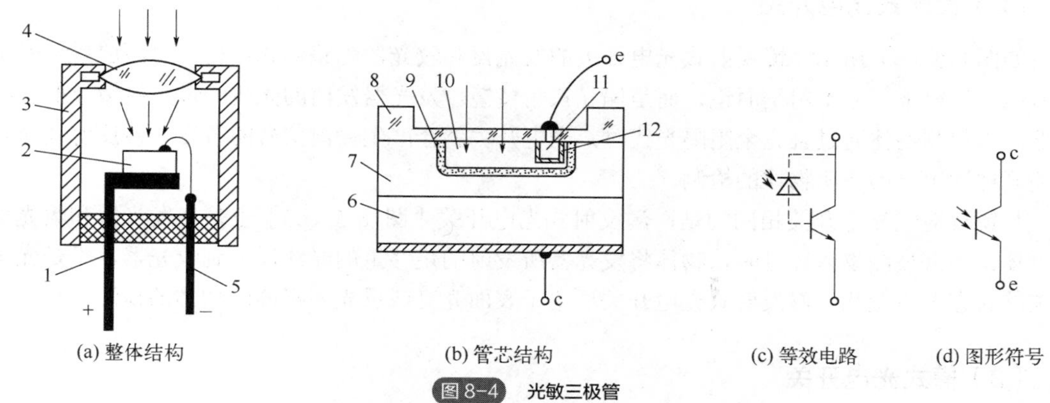

图 8-4　光敏三极管

1—集电极引脚；2—管芯；3—管壳；4—玻璃聚光镜；5—发射极引脚；6—N^+衬底；7—N 型集电区；8—SiO_2 保护圈；9—集电结；10—P 型基区；11—N 型发射区；12—发射结

8.3　光电开关

8.3.1　光电开关的组成与特点

光电开关是光电式接近开关的简称，由发光器、收光器及检测电路等组成。在光电开关系统中，通常用红外发光二极管作为发光器，收光器则采用光敏管或光电池。光电开关通过检测被测体是否阻挡光路或引起光束反射，来达到判断物体有无的目的。检测对象可以是所有能反射或遮挡光线的物体，而不局限于金属。

光电开关测量精度高，抗电磁干扰能力强，响应速度快，检测距离远，体积小，寿命长。其应用场合包括生产流水线上进行产品计数；装配线上检测装配件到位与否以及装配质量是否符合要求；电子元件生产线上检测电子元件引脚长度是否符合标准；在工业生产中进行机器动作记录，如记录运动臂的运动次数，以及进行物位检测与控制、产品宽度判别、速度检测、设备安全防护等。

8.3.2　光电开关的种类

按结构形式的不同，光电开关分为对射式光电开关、反射式光电开关、槽式光电开关和光纤式光电开关等类型，其中反射式光电开关又包括镜反射式光电开关和漫反射式光电开关两种。

（1）对射式光电开关

对射式光电开关［图 8-5（a）］也称为遮断式光电开关，发光器和收光器相互分离，且光轴严格对准。发光器发出的光线直接进入收光器。当被测物体在两者中间通过时，阻断光线，使收光器无法接收到光信号，于是光电开关产生了负脉冲信号。对射式光电开关适用于检测不透明物体。

（2）反射式光电开关

如图 8-5（b）所示，镜反射式光电开关的发光器和收光器为整体式结构，对面放置一专用反射镜。反射镜一般不用平面镜，而是偏光三角棱镜。发光器发出的光线经过反射镜反射至收光器。当被测物体通过且完全阻隔光线时，光电开关就会产生输出信号的改变。镜反射式光电开关同样适用于不透明物体的检测。

与镜反射式光电开关相同的是，漫反射式光电开关［图 8-5（c）］也是集发光器和收光器于一体。当有被测物体经过时，物体将发光器所发射的足够量的光线反射到收光器，于是光电开关的状态发生变化。漫反射式光电开关适用于表面光亮或反光率极高的物体的检测。

（3）槽式光电开关

槽式光电开关［图 8-5（d）］通常采用标准的 U 形结构，发光器和收光器分别位于 U 形槽的两边，形成一光轴。当被测物体经过 U 形槽且阻断光轴时，光电开关便会产生开关量信号。槽式光电开关比较适合检测高速运动的物体。

（4）光纤式光电开关

光纤式光电开关采用光纤来引导光线，可以对距离较远的被测对象进行检测。其通常分为对射式和漫反射式。

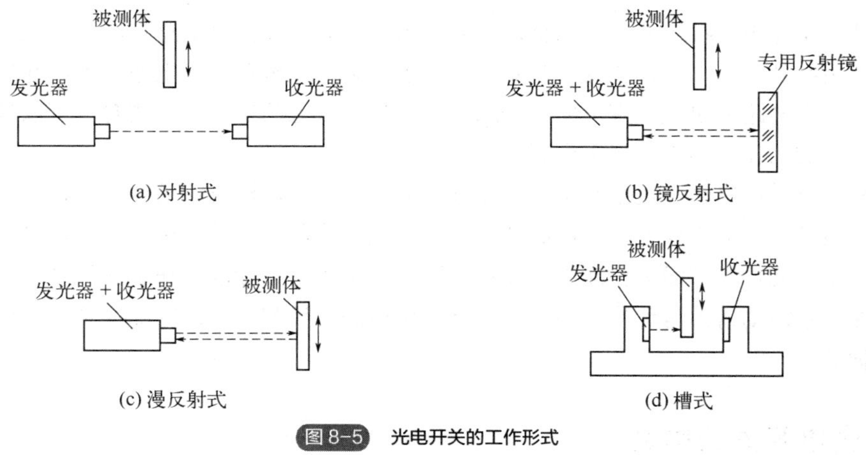

图 8-5　光电开关的工作形式

8.4　光电编码器

光电编码器是一种利用光电转换原理将输出轴上的机械几何位移量转换成增量脉冲或二进制编码的传感器，具有体积小、精度高、工作可靠、接口数字化等优点，广泛应用于数控机床、回转台、伺服传动系统、机器人、雷达等需要检测角位移的装置和设备中。

根据信号输出形式不同，光电编码器分为两种基本类型，即增量式光电编码器和绝对式光电编码器。增量式光电编码器对应每个单位角位移输出一个电脉冲，通过对脉冲计数即可实现角位移测量；绝对式光电编码器则直接输出码盘上的二进制编码，从而检测出被测轴的绝对位置。

8.4.1　增量式光电编码器

如图 8-6 所示，增量式光电编码器主要由光源（发光二极管）、光栅板、光电码盘、光敏元件等组成。光电码盘的材料有玻璃和金属。玻璃码盘的表面镀有一层不透光的金属薄膜，在其边缘沿圆周方向制有等间距的辐射状透光狭缝，相邻狭缝之间的距离称为节距。光电码盘也可用不锈钢薄板制成，然后在圆周边缘切割出均布的透光缝。因此，光电码盘被等分为透光和不透光区域，来自光源的光线通过透光缝照射到光敏元件上。光栅板上也有两个狭缝，它们之间的距离是光电码盘上透光缝节距的（m+1/4）倍（m 为正整数）。

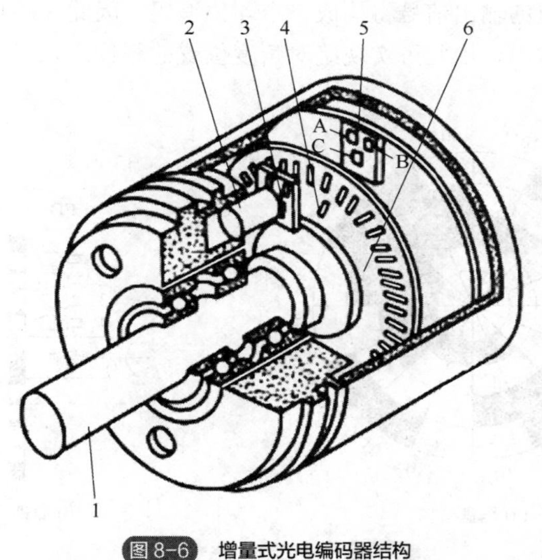

图 8-6　增量式光电编码器结构

1—被测转轴；2—发光二极管；3—光栅板；4—零位标志；5—光敏元件；6—光电码盘

当光电码盘随着被测转轴一起旋转时，由光源发出的光线通过光栅板和光电码盘产生明暗相间的变化，A、B 光敏元件将这种光信号的变化转换成电信号，经过后续电路放大整形后输出一系列的方波脉冲。A、B 两组脉冲信号相位差为 90°。当光电码盘正转时，A 信号超前于 B 信号 90°；当光电码盘反转时，B 信号超前于 A 信号 90°。由此可辨别光电码盘的旋转方向。

此外，在光电码盘的里圈还有一个透光狭缝，使光电码盘每旋转一周只在固定位置上输出一个脉冲，作为光电码盘的零位标志或基准位置。

光电编码器的测量精度取决于它所能分辨的最小角度 α ，称分辨力。增量式光电编码器的角度分辨力与光电码盘圆周上透光狭缝的数目 N 有关，即

$$\alpha = \frac{360°}{N} \tag{8-1}$$

很显然，光电码盘圆周上透光狭缝越多，则光电编码器的角度分辨力就越高，精度也就越

高，但是价格也越昂贵，因此在实际使用中应根据需要合理选择。

8.4.2 绝对式光电编码器

绝对式光电编码器的码盘通常是一块光学玻璃，上面刻的不是均布的狭缝，而是按一定的编码规则排列的一系列透光和不透光的图案。图 8-7（a）所示的编码器采用二进制编码。码盘上白色的区域为透光区，用“1”表示；黑色的区域为不透光区，用“0”表示。这些透光和不透光区域均布在一些同心圆上，每个圆称为一个码道。绝对式光电编码器由内向外有多个码道，每一个码道表示二进制的一位。为了保证低位码的精度，将内侧码道作为编码的高位，外侧码道作为编码的低位。于是，由内向外构成一个二进制编码。

图 8-7（b）示出了码盘与光源、光敏元件之间的布置关系。光敏元件和光源（LED）位于码盘两侧且径向排列，每一个码道对应一个光敏元件。当码盘转动到某一位置时，每个码道上的透光/不透光图案使与该码道相对应的光敏元件产生或明或暗的变化，从而输出相应的高电平或低电平信号，所有码道的输出信号将构成一个 4 位编码。因此，码盘处于任何角度时都会有与该位置相对应的编码输出，由此可实现绝对角度位置的测量。

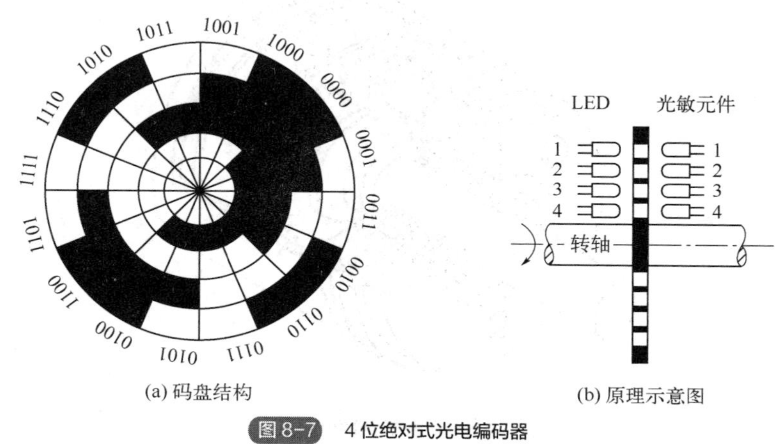

(a) 码盘结构　　(b) 原理示意图

图 8-7 4 位绝对式光电编码器

对于一个 n 位的编码器，其码盘必须有 n 条码道。绝对式光电编码器的分辨力为

$$\alpha = \frac{360°}{2^n} \tag{8-2}$$

很显然，码道数越多，则编码器的分辨力越高，测量结果也就越精确。因此，为了获得更高的分辨力和测量精度，就必须加大码盘的尺寸以容纳更多的码道。为了不增加码盘尺寸，可以用传动机构将多个编码器组合起来，以组成多级检测装置。然而，这种做法不但会导致编码器结构复杂，成本增加，而且传动机构的误差在一定程度上也限制了测量精度的提高。

编码器的编码设计一般采用自然二进制码和循环二进制码（格雷码）。目前的光电编码器大多采用格雷码，这是因为格雷码在两个相邻码之间变化时只需改变一个码位，故不易产生错码。图 8-7（a）所示的就是一个 4 位循环码盘。表 8-1 是 4 位编码器的自然二进制码和格雷码的对照表。

表 8-1 4 位编码器的编码对照表

位置	角度/(°)	自然二进制码	格雷码
1	0	0000	0000
2	22.5	0001	0001
3	45.0	0010	0011
4	67.5	0011	0010
5	90.0	0100	0110
6	112.5	0101	0111
7	135.0	0110	0101
8	157.5	0111	0100
9	180.0	1000	1100
10	202.5	1001	1101
11	225.0	1010	1111
12	247.5	1011	1110
13	270.0	1100	1010
14	292.5	1101	1011
15	315.0	1110	1001
16	337.5	1111	1000

8.5 光纤传感器

自 20 世纪 70 年代问世以来，光纤传感器得到了迅猛的发展。光纤传感器以光学量转换为基础，以光为传输的载体，利用光导纤维输送光信号，具有体积小、重量轻、传输信息量大、抗干扰能力强、柔韧性好、灵敏度高以及耐高温、耐高压、耐腐蚀和可以实现非接触动态测量等优点，广泛应用于工业生产、医疗卫生、国防工程等领域，实现电流、电压、磁场、位移、温度、压力、速度、加速度、液面、流量等参量的测量。

8.5.1 光纤结构与传光原理

光导纤维简称为光纤，是光纤传感器的核心。光纤为圆柱形结构，由内至外分别为纤芯、包层、涂覆层和保护层。纤芯是传输光线的导光纤维细丝，材料为 SiO_2（掺杂极微量其他材料，以提高折射率）或塑料［聚苯乙烯、聚甲基丙烯酸甲酯（有机玻璃）］。包层材料一般使用纯 SiO_2，其折射率 n_2 略低于纤芯材料的折射率 n_1。包层外的涂覆层为硅树脂等材料，以增强光纤的机械强度。光纤的最外面为起保护作用的保护层，一般使用尼龙、塑料或橡胶制成。保护层的折射率（n_3）远大于包层，这样可以保证进入光纤的光被集中在纤芯内传输，而不会受到外来电磁波的干扰。

在光纤中，传输信息的载体是光。如图 8-8 所示，光线以某一角度照射到光纤端面，入射光线与光纤轴芯线之间的夹角 θ_a 为光纤端面入射角。光线进入光纤后又照射到纤芯和包层之间的界面上，形成包层界面入射角θ_i。

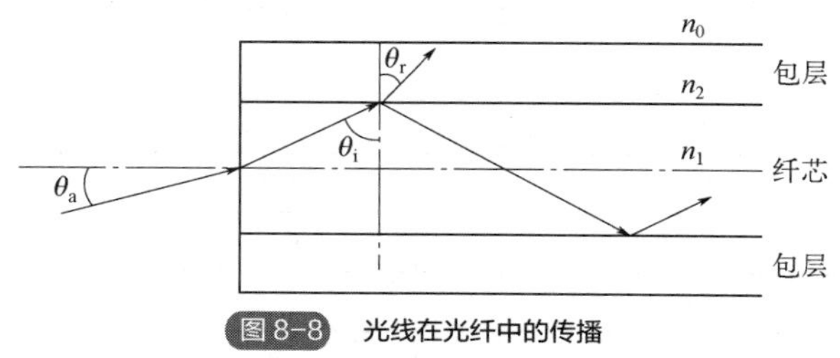

图 8-8　光线在光纤中的传播

由物理学可知，由于$n_1 > n_2$，当光线由纤芯（光密介质）射入包层（光疏介质）时，一部分光线被反射回纤芯中，另一部分折射进包层中，折射角为θ_r。根据斯涅尔定律$n_1 \sin\theta_i = n_2 \sin\theta_r$，折射角$\theta_r >$入射角$\theta_i$。增大$\theta_i$，$\theta_r$也随之增大。当$\theta_i$增大到某个值时，$\theta_r = 90°$。此时的入射角称为全反射临界角，记作$\theta_{ic}$，$\theta_{ic}$与折射率的关系为

$$\sin\theta_{ic} = \frac{n_2}{n_1} \tag{8-3}$$

当$\theta_i > \theta_{ic}$时，将出现全反射，此时光线不会再进入包层介质，而在界面上全部反射回纤芯介质中。于是，光线在纤芯和包层的界面上不断产生全反射，以锯齿形的路线在纤芯中向前传播，最后在光纤末端以和入射角相等的角度射出光纤，全程不会有任何光线逸出。

很显然，θ_a越小，θ_i就越大。若光线自折射率为n_0的介质中射入光纤，当$\theta_i = \theta_{ic}$时，θ_a记作θ_{ac}，与折射率的关系为

$$\sin\theta_{ac} = \frac{1}{n_0}\sqrt{n_1^2 - n_2^2} \tag{8-4}$$

通常将$n_0 \sin\theta_{ac}$定义为光纤的数值孔径（numerical aperture，NA），用NA表示。光纤的数值孔径表明了光纤收集光的能力，其值仅由光纤纤芯与包层的折射率决定，而与其几何尺寸无关。当光线自大气（$n_0 = 1$）中入射到光纤中时，$\theta_{ac} = \arcsin NA$，称为端面入射临界角。当$\theta_a < \theta_{ac}$时，光线进入光纤后将在纤芯-包层界面处产生全反射。反之，入射光线将被折射到包层内而无法沿着光纤不断地向前传播。因此，NA数值越大，θ_{ac}就越大，表明在越大的入射角范围内（$2\theta_{ac}$），射入光纤的光线均可在纤芯-包层界面上实现全反射。对于用作传感器的光纤，一般采用$0.2 \leqslant NA < 0.4$。

8.5.2 光纤传感器的工作原理与分类

光纤传感器是以光学量转换为基础，将被测量的变化转换为光波强度、频率、相位和偏振态四个参数之一的变化。光纤传感器由光源、发射光纤、接收光纤、光调制器、光敏元件及光解调器等组成，其工作原理是利用外界被测信号对光纤中所传输光波的特征参量进行调制，然后对调制后的光波信号进行检测、解调，从而获得外界变量。当温度、压力、电场、磁场、折射率等被测信号发生变化时，将使光纤中传输光波的物理特征参量（如强度、频率、相位和偏振态等）产生改变，光波随被测量的变化而变化的这个过程称为对光波进行调制。而解调是指光纤将经过调制后的光波传输到光电探测器进行检测，将外界信号从光波中提取出来再进行处理的过程。因此，按照调制方式，光纤传感器分为强度调制、频率调制、相位调制和偏振态调制四种。其中，强度调制传感器结构简单，容易实现，成本低，故经常使用；相位调制和偏振态调制传感

器的灵敏度都较高，但相位调制传感器需要使用特殊光纤和高精度检测系统，因此成本较高。

根据光纤的作用，光纤传感器又可分为功能型（物性型）和传光型（结构型）两种。这两种光纤传感器都可以再分为强度调制、频率调制、相位调制和偏振态调制等形式。

功能型光纤传感器是通过光纤将被测量的变化转换成调制的光信号，其工作原理是基于光纤的光调制效应，即光纤在外界环境（应变、温度、压力、电场、磁场、放射性、化学作用等）改变时，其传光特性（相位和光强）也发生变化。因此，测出通过光纤的光的相位和光强的变化，即可获知被测物理量的变化。这类传感器不仅具有传输光波的作用，还具有敏感元件的作用，由它对光波实行调制。传光型光纤传感器的光纤仅作为光的传播媒介，对光波的调制需要依靠其他元件来完成。

传光型光纤传感器单纯利用光纤的传光特性，利用光强变化进行检测，受环境影响较小，且较容易使用，故应用较多。而功能型光纤传感器对多种参量具有敏感性，因此利用磁、电、热、力等对光纤传输特性的影响可做成测量上述参量的传感器，但是在测量某一参量时，其他参量因受环境影响所产生的变化就会成为干扰，引起被测参量的误差，因此使用时必须考虑环境干扰的问题。另外，功能型光纤传感器的工作原理往往比较复杂，测量灵敏度较高，常用于解决一些特别棘手的测量难题，如放射线和图像测量等。

图 8-9 所示是功能型光纤压力传感器。图 8-9（a）表示光纤承受均衡压力的情况，此时由于光弹性效应引起光纤折射率、光纤形状及光纤尺寸的变化，从而引起传播光的相位变化和偏振波面的旋转。图 8-9（b）表示光纤承受点压力的情况，此时光纤产生局部变形，引起光纤折射率的不连续变化，从而影响传播光的散射损耗，使传播光的振幅发生改变。

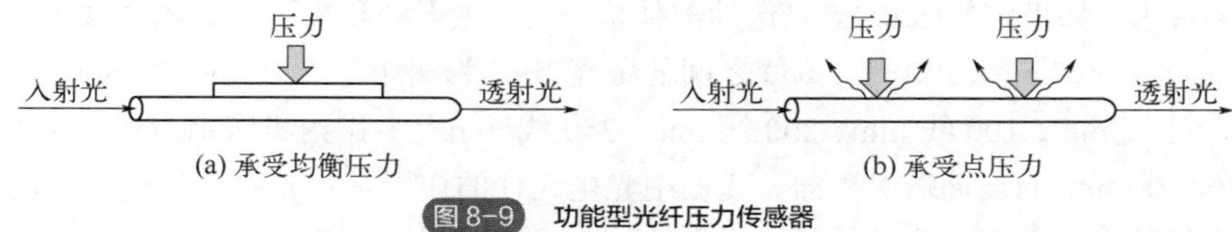

图 8-9　功能型光纤压力传感器

图 8-10 示出强度调制式传光型光纤液位计的三种类型。图 8-10（a）将光纤本体的顶部加工成棱镜状，图 8-10（b）将光纤包层剥去一部分，且将裸露部分弯曲成 U 字形，图 8-10（c）将由蓝宝石制成的微型棱镜安装在光纤的顶部。在空气中，由发射光纤传来的光全部反射进接收光纤。当棱镜浸入液体时，由于液体折射率与空气不同，破坏了全反射条件，部分光波透射进液体，从而使进入接收光纤的光强发生较大变化，由此获得液位信息。

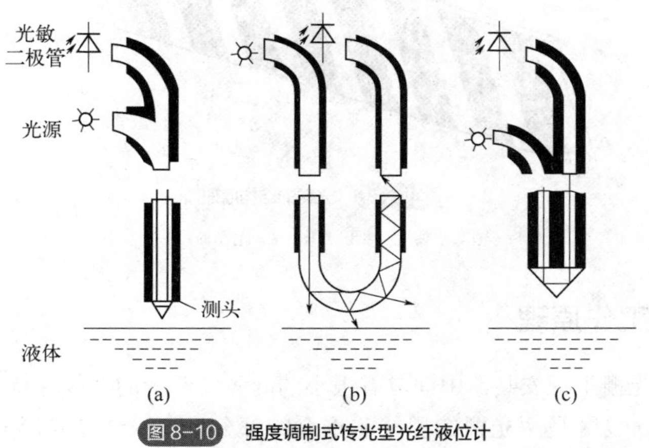

图 8-10　强度调制式传光型光纤液位计

8.6 光栅传感器

光栅的种类有很多，按其工作原理的不同，可分为物理光栅和计量光栅。物理光栅是利用光的衍射现象，主要用于光谱分析和光波波长测定。在检测中所使用的计量光栅是利用莫尔条纹现象将机械位移模拟量转变为数字脉冲。以下所涉及的光栅均为计量光栅。

光栅传感器因测量精度高、响应速度快、测量范围大、非接触测量、抗干扰能力强、易于实现数字测量和自动控制等优点而备受重视，并作为位置检测元件广泛用于数控机床和三坐标测量机的高精度位置检测系统，以及用于长度、速度、振动和爬行的测量等方面。

8.6.1 光栅的种类与构造

光栅是在透明的玻璃板上均匀地刻出许多明暗相间的条纹，或在金属镜面上均匀地刻出许多间隔相等且密集分布的条纹。根据制造方法和光学原理不同，光栅分为透射光栅和反射光栅。透射光栅是以透光的玻璃为载体，利用光的透射现象进行检测；反射光栅是以不透光的金属（一般为不锈钢）为载体，利用光的反射现象进行检测。根据外形不同，光栅又可分为长光栅（又称为直线光栅或光栅尺）和圆光栅，分别用于直线位移和角位移的测量。

光栅的结构原理如图 8-11 所示。它主要由光源、光电元件和光栅副［包括主光栅（标尺光栅）和指示光栅］等组成。通常，主光栅固定在运动部件上（如机床的工作台），而指示光栅安装在固定部件上（如机床的床身）。当运动部件移动时，主光栅和指示光栅随之做相对移动。主光栅和指示光栅的刻线密度相同。刻线之间的距离 W 称为栅距，一般为 4 线/mm、10 线/mm、25 线/mm、50 线/mm、100 线/mm、200 线/mm、250 线/mm 等，国内机床上一般采用栅距为 100 线/mm、200 线/mm 的玻璃透射光栅。光栅中光电元件的作用是将光强信号转变为电信号，以供计算机进行处理。单个光电元件只能用于计数，而不能辨别方向。因此，为了确定光栅的运动方向，至少应使用两个光电元件（一般为 4 个）。

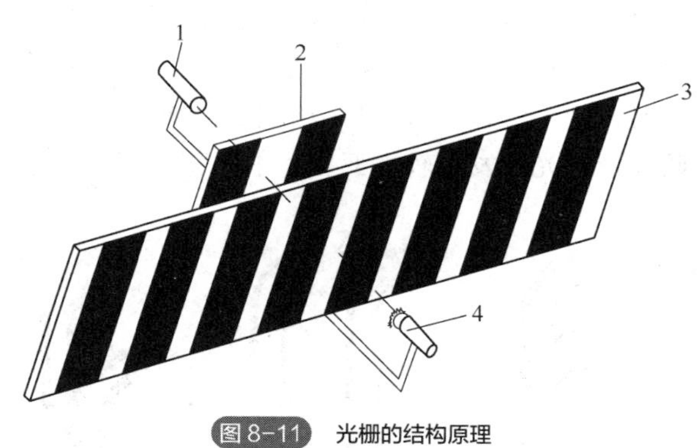

图 8-11 光栅的结构原理

1—光电元件；2—指示光栅；3—主光栅；4—光源

8.6.2 光栅的工作原理

主光栅和指示光栅平行安装，中间具有很小的间隙，两者的栅线保持一个较小的角度 θ。如图 8-12 所示，*b*-*b* 线区是两光栅的栅线非重合的部分，光线透过并形成由一系列四棱形图案组成的亮带。图中的 d-d 线区则是由于光栅的遮光效应形成的暗带。于是，光栅上就会出现若干条明暗相间的条纹，即莫尔条纹。当主光栅相对指示光栅左右移动时，莫尔条纹相应地上下移动。利用光电元件感受莫尔条纹的明暗变化，便可检测出主光栅的位移大小和移动方向。

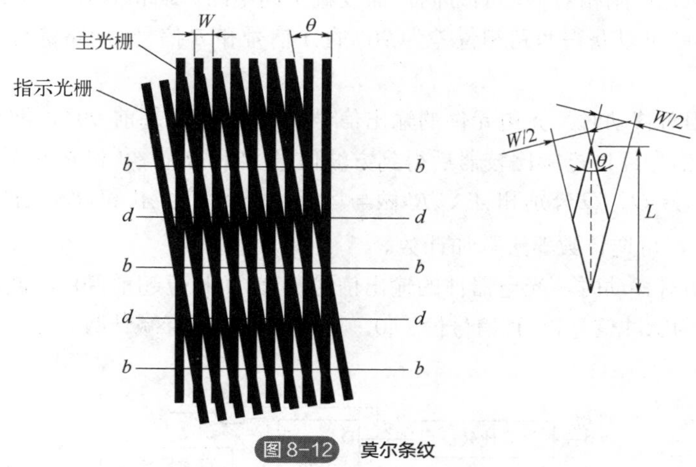

图8-12　莫尔条纹

光栅中莫尔条纹具有如下特征。

（1）莫尔条纹的位移与光栅的移动成比例

当两光栅沿着与栅线垂直的方向做相对移动时，莫尔条纹将沿着近于栅线的方向上下移动。光栅每移动过一个栅距 W，莫尔条纹就移动过一个条纹间距 L。光栅反向移动，莫尔条纹亦反向移动。因此，根据莫尔条纹的移动方向，就可以确定主光栅的移动方向。

（2）莫尔条纹具有位移放大作用

莫尔条纹的间距 L 与两光栅条纹夹角 θ 之间的关系为

$$L=\frac{W}{2\sin\frac{\theta}{2}}\approx\frac{W}{\theta} \tag{8-5}$$

其中，θ 的单位为 rad，L 和 W 的单位为 mm。

光栅上的栅线是密集刻划的，所以栅距非常小。由式（8-5）可知，θ 越小，L 就越大，相当于将微小的栅距 W 扩大了 $1/\theta$ 倍，这表明光栅具有光学放大作用。光栅的光学放大作用仅与光栅副的安装角度有关，而与两光栅的安装间隙无关。因此，当指示光栅与主光栅相对移动一个很小的距离 W 时，就得到了一个很大的莫尔条纹移动量 L，于是可以通过测量条纹的移动来检测光栅的微小位移，从而实现高灵敏度的位移测量。

（3）莫尔条纹具有平均光栅误差的作用

莫尔条纹由一系列刻线的交点组成，它反映了形成条纹的光栅刻线的平均位置，对各栅距误差起到了平均作用，减小了光栅制造中的局部误差和短周期误差对检测精度的影响。

8.6.3 光栅的辨向与细分技术

（1）辨向技术

为了正确辨别光栅副相对移动的方向，需设置辨向电路。通常是在相距 $L/4$ 的位置安装两个光电器件，这样就可以获得两路相位差为 90° 的 A 信号和 B 信号，两路信号送入如图 8-13（a）所示的辨向电路。

当光栅正向相对移动时，光电元件的输出信号 A 比 B 相位超前 90°，波形如图 8-13（b）所示。A、B 两路信号经过过零比较器后得到方波信号 A' 和 B'，A' 和 B' 信号接入 D 触发器。D 触发器的输出信号 Q、$\overline{Q}$ 分别和 A'、B' 做与运算，得到信号 A'' 和 B''，A'' 为脉冲信号，B'' 信号恒为 0。此时，可逆计数器进行加计数。

当光栅反向相对移动时，光电器件的输出信号 B 比 A 相位超前 90°，波形如图 8-13（c）所示。此时，B'' 为脉冲信号，A'' 信号恒为 0，可逆计数器进行减计数。

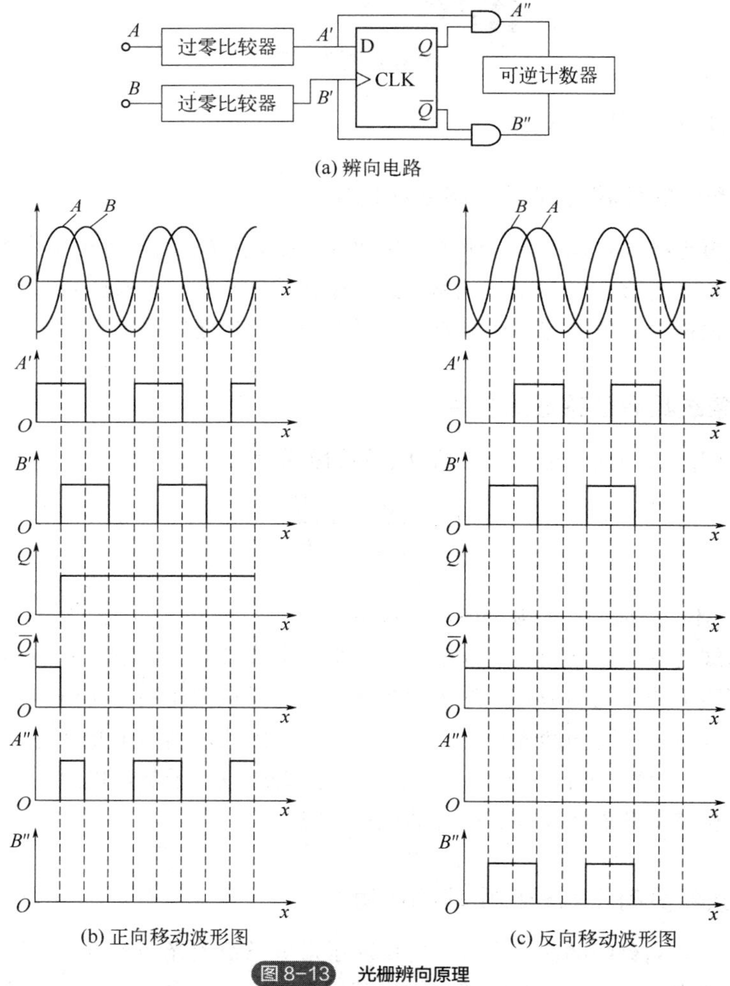

图 8-13 光栅辨向原理

（2）细分技术

如前所述，当运动部件带动两个光栅相对移动一个栅距 W 时，莫尔条纹相应移过一个距离 L，光电元件的输出信号变化一个 2π 周期，产生一个脉冲，其分辨率为 W。为了提高光栅的分辨率，可增加刻线数，但刻线数目越多，制造成本就越高。采用细分技术使光栅每移动一个 W 时能够均匀输出 n 个脉冲，从而可以在不增加刻线数的情况下提高光栅分辨率。很显然，细分后输出脉冲的频率提高了 n 倍，故细分又称倍频。常用的细分方法有 4 倍频细分法和 16 倍频细分法。4 倍频细分法的电路简单；16 倍频细分法的电路复杂，最好采用微机进行数字处理，也称为计算机细分法。

现以 4 倍频细分法为例说明细分技术的基本原理。在一个莫尔条纹间距 L 内并列布置 4 个光电元件，当光栅相对移动一个栅距 W 时，4 个光电元件依次输出相位相差 90° 的电压信号，从而产生 4 个脉冲，实现 4 倍频细分。这种方法对莫尔条纹信号波形无严格要求，适合进行静态测量。但光电元件的安放位置受到限制，故细分数不高。

拓展阅读

8.7　光电式传感器在智能制造中的典型应用

在智能制造中，光电式传感器的应用十分广泛，如可以用于检测物流自动化系统中物料动作、位置和状态以及加工生产中零件尺寸和形状，还可以用来检测工件的距离、外径和边缘位置，对多种材质的被测物体进行检测，实现颜色识别等。在自动化生产线上可用作产品计数器，还可实现旋转物体（如电动机）的转速测量。在自动化生产中，光纤传感器可通过检测扁平晶圆薄片零件凹口的高度来判断其位置；在软管批量生产中可用于测量软管上的密封胶带厚度；可对衬纸上的条形码标签进行检测。在元件组装过程中，光纤传感器还可根据细微的颜色变化来区分元件的正反面。

8.7.1　带材跑偏检测

在冷轧带钢、印染、造纸、胶片、磁带等生产过程中，极易出现带材跑偏现象。这时，带材的边缘会与周边设备发生碰撞而出现卷边，从而产生废品。在加工过程中应实时检测带材是否偏离正确位置以及偏离程度、偏离方向，以便为纠偏控制电路提供纠偏信号。

图 8-14 所示是光电式带材跑偏检测装置。光源发出的光线经透镜 3 汇聚为平行光束，并经由透镜 4 汇聚后投向光敏电阻。在该光束行进的过程中，部分光线受到被测带材的遮挡，使到达光敏电阻的光通量减少。如图 8-14（b）所示，光敏电阻 R_1 和 R_2 及电阻 R_3 和 R_4 分别接入测量电桥的四个桥臂中。R_2 是与 R_1 同型号的光敏电阻，与 R_1 位于相同的温度场中，但是用遮光罩覆盖，起温度补偿的作用。

当带材处于正确位置（中间位置）时，微调电位器 R_P 使电桥处于平衡，放大器输出电压 U_o 为零。如果带材在运动过程中向左或向右偏移，遮光面积发生减小或增大的变化，则光敏电阻 R_1 接收的光照增多或减少，阻值随之减小或增大，电桥失去平衡，放大器反相输入端的电压升高或降低，输出电压 U_o 为负值或正值。因此，通过输出电压 U_o 的正负及其大小可以获知带材跑偏的方向和程度。

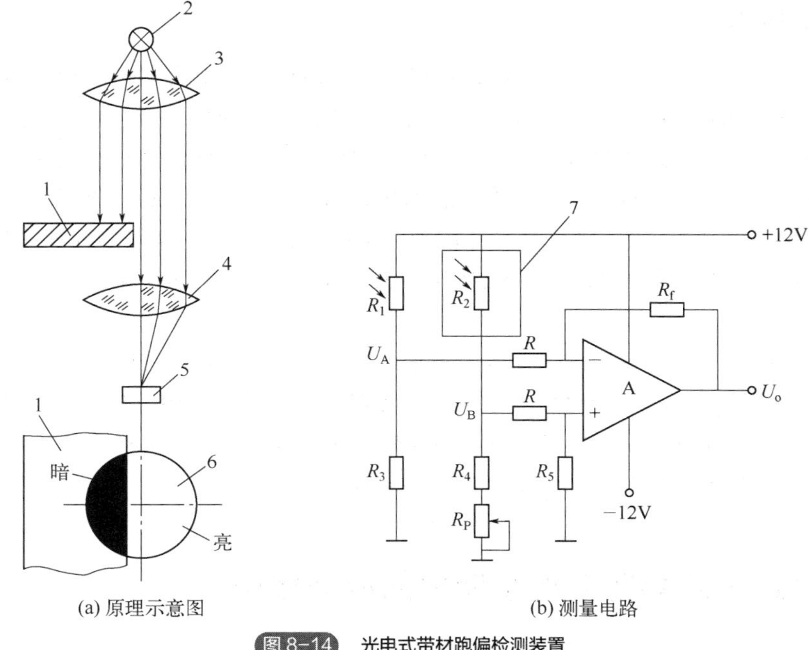

(a) 原理示意图　　(b) 测量电路

图 8-14　光电式带材跑偏检测装置

1—被测带材；2—光源；3,4—透镜；5—光敏电阻；6—光斑；7—遮光罩

8.7.2　零件表面缺陷检测

图 8-15 所示是光电池在零件表面缺陷检测中的应用。激光管发出的光束经过透镜 2、3 变为平行光束，再由透镜 4、光栅 5（用于控制光通量）将平行光束聚焦在被测工件的表面。如果工件表面存在非圆、粗糙、裂纹等缺陷，则光束发生偏转或散射，并被光电池接收，然后转化为电信号输出。

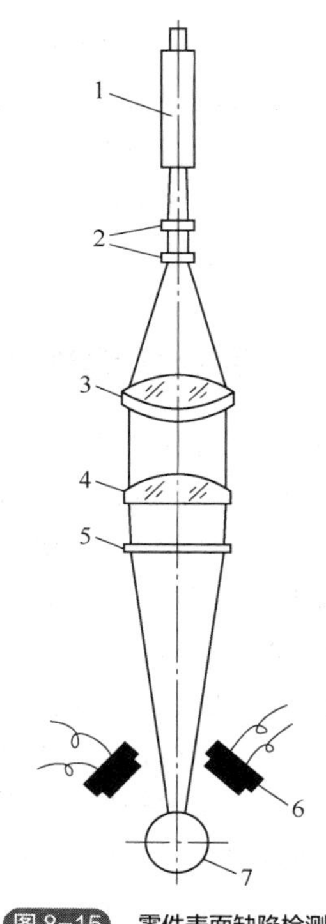

图 8-15　零件表面缺陷检测

1—激光管；2，3，4—透镜；5—光栅；6—光电池；7—被测工件

8.7.3　转速测量

图 8-16 所示为槽式光电开关在转速测量中的应用。将边缘加工有等间隔透光狭缝的不锈钢薄圆盘置于槽内，当圆盘随被测转轴一起旋转时，透光和不透光交替出现，光电开关间断地接收光信号，并转换为电信号输出，经后续电路放大整形后输出一连串的脉冲信号，再由计数器进行计数。如果圆盘上的透光狭缝数为 N，在时间 t 内测得输出脉冲数为 Z，则转轴转速为

$$n=\frac{60Z}{Nt} \tag{8-6}$$

电动机转速测量一般采用光电编码器等，但如果存在被测电动机体积较小、检测空间有限、工作环境温度较高等问题，则可以采用光纤式光电开关。

如图 8-17 所示，光纤式光电开关由光纤传感器和放大器等组成。其中，光纤传感器为漫反射式，集发光器和收光器为一体；放大器设为遮光工作方式，即收光器在接收不到目标的反射光时输出信号。敏感齿轮盘上的齿沿圆周均匀分布，经过打磨处理的齿面作为光反射面，而未做处理的齿槽作为光不反射面。敏感齿轮盘安装在电动机转轴上。光纤传感器通过支架安装在敏感齿轮盘的侧向位置处，并与齿相隔 δ 距离。

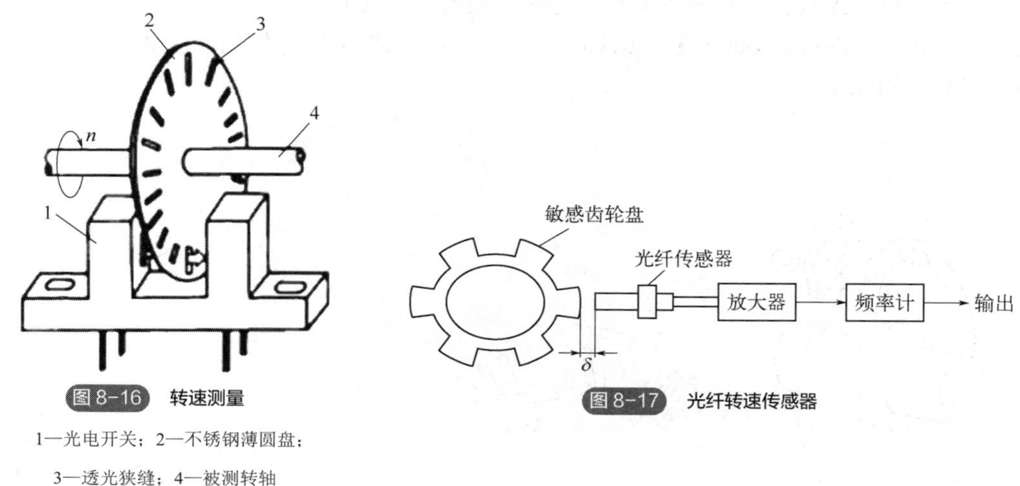

图 8-16 转速测量

1—光电开关；2—不锈钢薄圆盘；3—透光狭缝；4—被测转轴

图 8-17 光纤转速传感器

当电动机旋转时，敏感齿轮盘随电动机以相同的速度转动。当敏感齿轮盘的一个齿与光纤探头相对时，发光器发出的红外线被齿面反射，收光器接收到反射光，放大器输出低电平。当敏感齿轮盘的齿槽与光纤探头相对时，发光器发出的红外线被阻断，收光器接收不到反射光，放大器输出高电平。于是，在电动机连续转动的过程中，放大器输出一连串的矩形脉冲信号。测出脉冲信号的频率 f，则可根据 $n=60f/Z$（Z 为敏感齿轮盘的齿数）得到电动机的转速。

在数控机床主轴转速的测量中广泛使用光栅编码器。光栅编码器采用圆光栅盘作为检测元件，具有分辨率高、测量精度高、工作可靠性好、测量范围广、体积小、重量轻、寿命长、能耗低、便于维护等优点。

光栅编码器的原理示意图如图 8-18 所示。在使用中，定片（指示光栅）固定，动片（主光栅）与旋转轴连接。动片表面均匀地制有密集的透光条纹，定片为圆弧形薄片，其表面刻有两组数目相等的透光条纹，该条纹与动片上的条纹成一角度 θ。光栅副的两侧分别有两组发光二极管和光敏三极管，与定片上的两组条纹相对应。当动片随旋转轴一起旋转时，发光二极管发出的光经过光栅副并产生莫尔条纹，莫尔条纹的明暗变化由光敏三极管接收，产生相位相差 90° 的两组信号。经放大整形处理后的两组信号仍保持相差 90° 的相位关系。两组信号经过细分与辨向后，可逆计数器根据运动的方向进行加法或减法计数。最后，测量结果由数字显示电路输出并予以显示。

8.7.4 工位编码

在数控机床中，可通过绝对式光电编码器进行工位编码，从而完成工件定位、选刀和换刀等作业。

如图 8-19 所示，4 位绝对式光电编码器与旋转工作台（简称转台）同轴相连，转台上设置有 8 个加工工位，各工位上放置着待加工工件。由于绝对式光电编码器的每一个转角位置均有一个固定的编码（格雷码）输出，则转台上每个工位都有一个编码与之相对应。当转台上某一工位转到加工点时，该工位对应的编码由绝对式光电编码器输出，并送入控制计算机。例如，工位 1 上的工件完成加工，此时需要处于工位 4 上的工件转到加工点等待加工，计算机就控制电动机，通过传动机构带动转台逆时针旋转。与此同时，绝对式光电编码器输出的编码不断变化。当编码由 0000 变为 0110 时，表示转台已将工位 4 转到加工点，于是电动机停转，刀具开始加工。

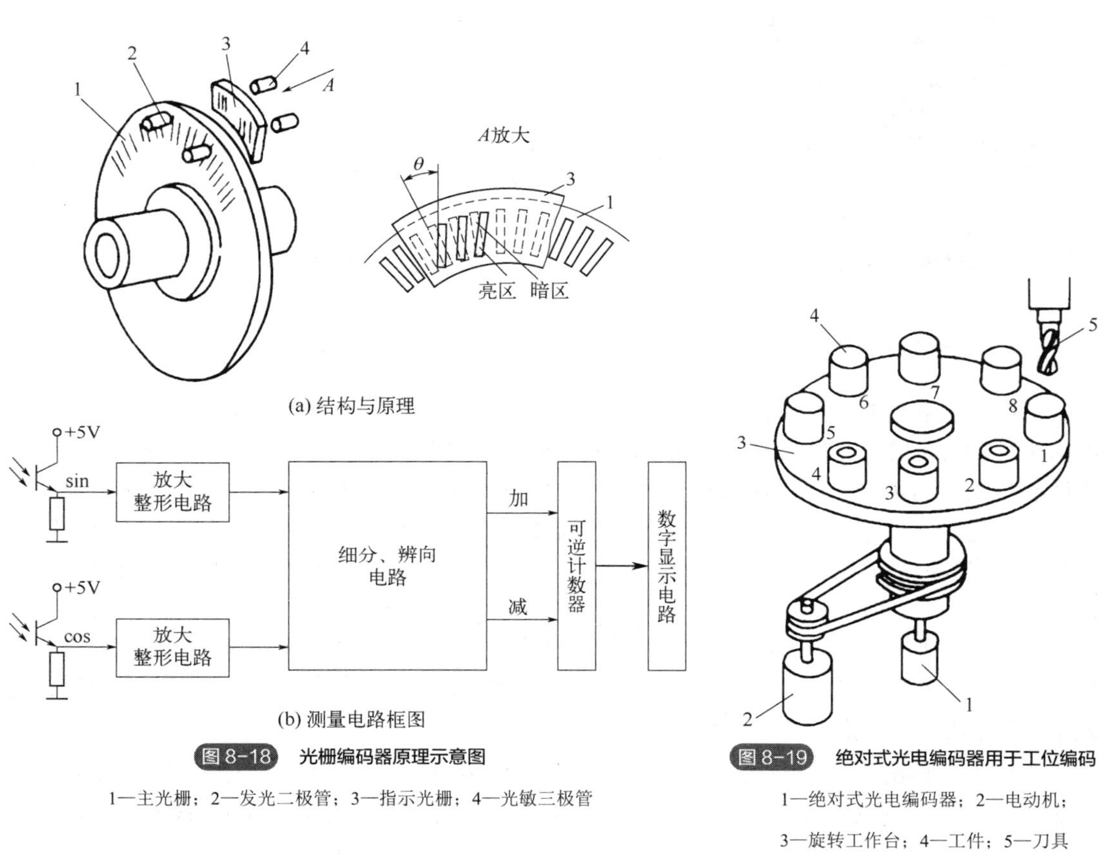

(a) 结构与原理

(b) 测量电路框图

图 8-18 光栅编码器原理示意图

1—主光栅；2—发光二极管；3—指示光栅；4—光敏三极管

图 8-19 绝对式光电编码器用于工位编码

1—绝对式光电编码器；2—电动机；3—旋转工作台；4—工件；5—刀具

8.7.5 光栅数显表

光栅数显表是一种用于精密测量直线位移的数字化仪表，可对各类大型机床的加工件进行动态测量，并直观地显示其尺寸。例如，可以将光栅固定在大型车床的一侧，指示光栅（读数头）与行走机构（车刀架）相连。加工时，车刀相对于加工件的位移通过光栅尺测出，并送给数显表显示其实际的加工尺寸。

图 8-20 是微机光栅数显表的组成框图，其中的放大与整形电路多采用集成电路，辨向与细分功能可通过微机（如单片机）来完成。

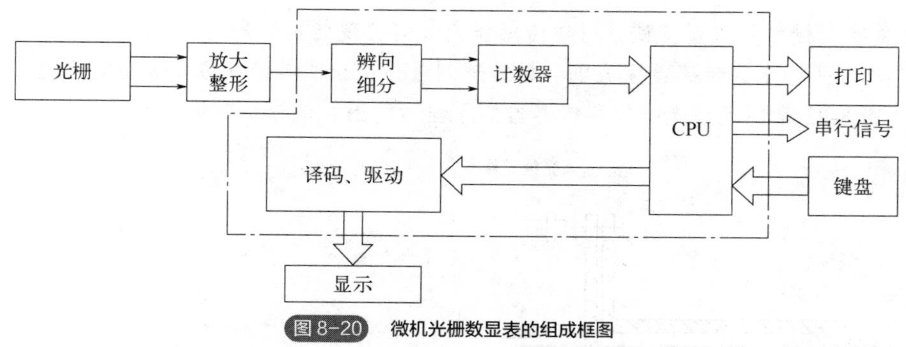

图 8-20　微机光栅数显表的组成框图

本章小结

- 光电式传感器的工作原理是基于半导体材料的光电效应。光电效应包括外光电效应、内光电效应和光生伏特效应三类。
- 常用光电元件包括光敏电阻（内光电效应）、光电池（光生伏特效应）、光电管（外光电效应）。
- 光电编码器有增量式光电编码器和绝对式光电编码器两种类型，其输出分别是脉冲串和二进制编码。
- 光纤是光纤传感器的核心，由纤芯、包层、涂覆层和保护层组成。光纤利用光的全反射现象来传光，全程不会有光线逸出。
- 光纤传感器按调制方式分为强度调制、频率调制、相位调制和偏振态调制四种，按其作用又可分为功能型（物性型）和传光型（结构型），功能型（物性型）和传光型（结构型）可以再分为强度调制、频率调制、相位调制和偏振态调制等形式。
- 光栅有物理光栅和计量光栅之分。物理光栅主要是利用光的衍射现象，计量光栅则主要是利用光的透射（透射光栅）和反射（反射光栅）现象。
- 光栅是利用莫尔条纹现象，将机械位移转换为数字脉冲的精密测量装置，可实现大量程、高精度、动态的测量。光栅由主光栅、指示光栅、光电元件、光源等组成。当主光栅和指示光栅相对移动时，利用莫尔条纹的放大作用（放大倍数 $K = L/W$，L 为莫尔条纹间距，W 为栅线间距），将光栅的微小位移转换为莫尔条纹较大的移动量。

习题与思考题

8-1　光敏元件有哪几种？分别基于哪种光电效应？

8-2　光电编码器主要由哪几部分组成？分为哪两种基本类型？各自的转换原理是什么？其输出信号有何不同？

8-3　光栅为何采用 sin 和 cos 两套光电元件？

8-4　有一直线光栅，栅线密度为每毫米刻 100 线，主光栅与指示光栅的夹角 $\theta = 1.8°$，采用 4 倍频细分技术，试求栅距 W、分辨力及莫尔条纹宽度 L。

8-5　图 8-21 是光电式转矩传感器的原理示意图。两个圆盘光栅固定在被测转轴上，光源和光敏元件在光栅两侧布置。试分析该传感器是如何实现转矩测量的。

8-6 现利用光电式传感器完成电动机转速测量，试说明其检测方案和检测原理。

8-7 图 8-22 是传光型光纤位移传感器的原理示意图，试分析其测量原理。

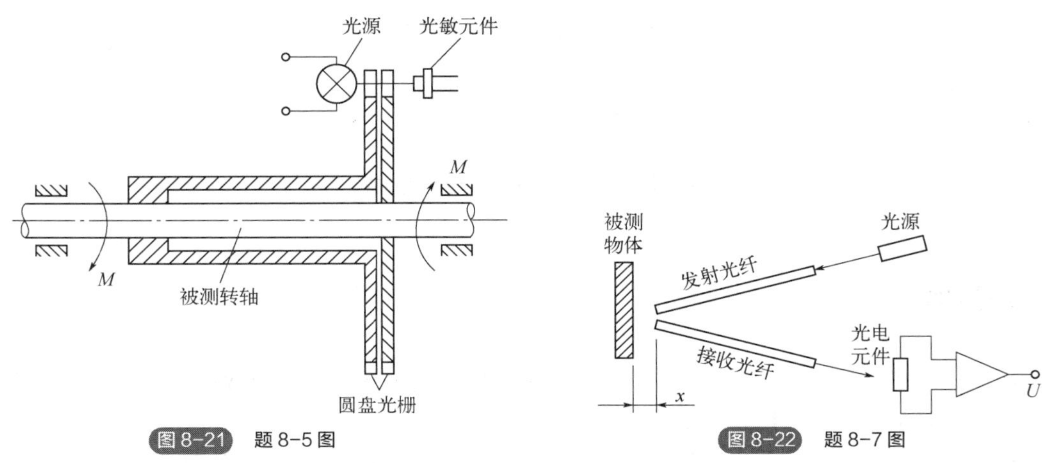

图 8-21 题 8-5 图

图 8-22 题 8-7 图

8-8 图 8-23 所示是利用一对光纤测量物体的振动或位移，试简要说明其工作原理和特点。

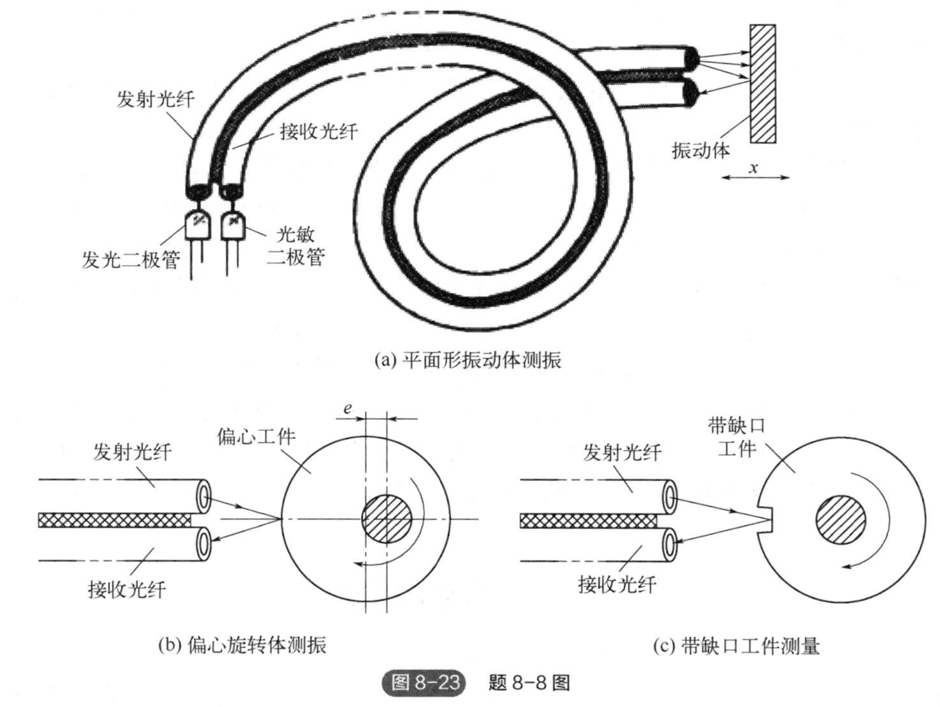

图 8-23 题 8-8 图

8-9 设计一个干手器的自动控制电路，要求手放入干手器时吹热风、手干抽出时热风自动停止。画出控制电路原理图，并说明其工作过程。

8-10 设计一个居室窗帘自动开闭控制电路，以实现窗帘白天自动拉开、晚上自动关闭。画出控制电路原理图，并说明其工作过程。

第 9 章

热电式传感器

思维导图

扫码获取本书资源

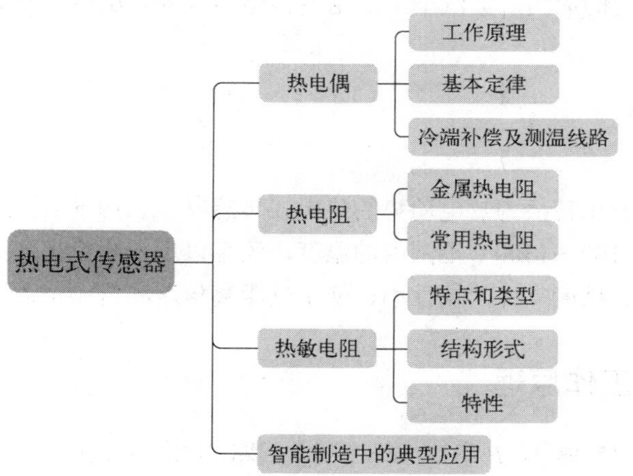

案例引入

随着现代工业的不断发展，现代制造业对机械产品的质量要求越来越高。机械零件的精度取决于机床的加工精度，因此提高机床的加工精度变得尤为重要。在加工过程中，电动机的旋转、移动部件的移动、切削等都会产生热量，且温度分布不均匀，造成温差，使数控机床产生热变形，影响零件加工精度。机床的误差主要有几何误差、热误差和切削力误差，其中热误差占机床总误差量的 40%～70%。

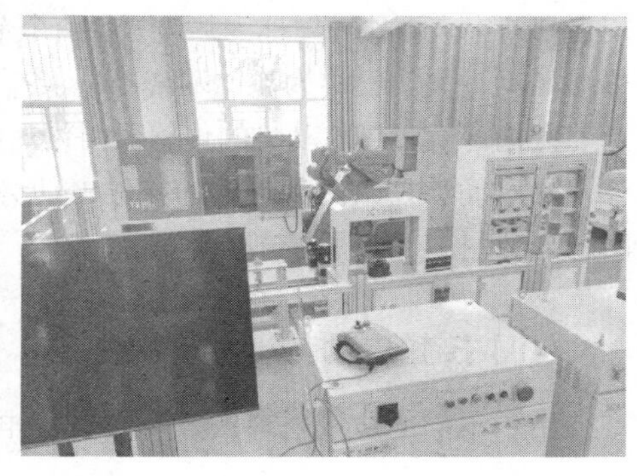

随着机床制造技术的发展，几何误差已经得到较好的解决，热误差对高精度机械产品的尺寸精度影响很大，进而也会影响到产品加工质量、生产效率和成本，因此热误差是影响机床精度的最重要的因素之一，也是数控加工系统中急需解决的重要问题之一。

为避免温度产生的影响，科研人员在研究中，在数控机床上装设了多个温度传感器，采集数据以建立热误差模型。通过对温度传感器的布置优化，保留最关键的测量点位感受温度信号并转换成电信号送给数控系统，依据热误差模型进行温度补偿，以提高数控系统的加工精度。

拓展阅读

学习目标

1. 了解热电偶的工作原理与结构类型；
2. 掌握热电偶的型号构成及选用方法；
3. 了解常见热电偶测温系统的组成与功能。

热电式传感器是利用某种材料或元件与温度有关的物理特性，将温度的变化转换为电量变化的装置或器件。在测量中常用的温度传感器是热电偶和热电阻，热电偶是将温度变化转换为电动势变化，而热电阻是将温度变化转换为电阻值变化。此外，热敏电阻和集成温度传感器也得到迅速的发展和广泛的应用。如汽车上的温度传感器多为负温度系数的热敏电阻。

9.1 热电偶

热电偶是将温度变化转换为热电动势的热电式传感器。自 19 世纪发现热电效应以来，热电偶便被广泛用来测量 100～1300℃范围内的温度，还可以用来测量更高或更低的温度。它具有结构简单、使用方便、精度高、热惯性小、便于远距离传送和自动记录等优点。

9.1.1 热电偶的工作原理

将两种不同材料的导体 A、B 串接成一个闭合回路，如图 9-1 所示，如果两接合点处的温度不同（$T \neq T_0$），则在两导体间产生热电动势，并在回路中产生一定大小的电流，这种现象称为热电效应。在此闭合回路中，两种导体称为热电极；两个节点中，一个称为工作端或热端（T），另一个称为参比端或冷端（T_0）。由这两种导体组合并将温度变化转换成热电动势的传感器叫作热电偶。

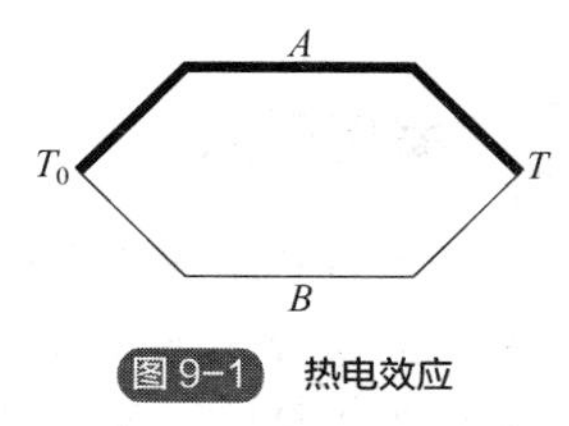

图 9-1 热电效应

热电动势是由两种导体的接触电动势和单一导体的温差电动势所组成。热电动势的大小与两种导体材料的性质及节点温度有关。

（1）接触电动势

由于不同的金属材料所具有的自由电子密度不同，当两种不同的金属导体接触时，在接触面上就会发生电子扩散。电子的扩散速度与两导体的自由电子密度有关并和接触区的温度成正比。设导体 A 和 B 的自由电子密度为 N_A 和 N_B，且有 $N_A > N_B$。电子扩散的结果是导体 A 失去电子而带正电，导体 B 获得电子而带负电，在接触面形成电场。这个电场阻碍了电子继续扩散，达到动态平衡时，在接触区形成一个稳定的电位差，即接触电动势，其大小可表示为

$$e_{AB}(T)=\frac{kT}{e}\ln\frac{N_A}{N_B} \tag{9-1}$$

式中，$e_{AB}(T)$ 为导体 A、B 的节点在温度 T 时形成的接触电动势；e 为电子电荷，$e=1.6\times10^{-19}\mathrm{C}$；$k$ 为玻耳兹曼常数，$k=1.38\times10^{-23}\mathrm{J/K}$；$N_A$、$N_B$ 为导体 A、B 的自由电子密度。

（2）单一导体中的温差电动势

对于单一导体，如果两端温度不同，在两端间会产生电动势，即单一导体的温差电动势，这是导体内自由电子在高温端具有较大的动能，因而向低温端扩散的结果。高温端因失去电子而带正电，低温端因获得电子而带负电，在高低温端之间形成一个电位差。温差电动势的大小与导体的性质和两端的温差有关，可表示为

$$e_A(T,T_0)=\int_{T_0}^{T}\sigma_A\mathrm{d}T \tag{9-2}$$

式中，$e_A(T,T_0)$ 为导体 A 两端温度为 T、T_0 时形成的温差电动势；T、T_0 为导体 A 两端的绝对温度；σ_A 为汤姆孙系数，表示导体 A 两端的温度差为 1℃时所产生的温差电动势，如在 0℃时，铜的 $\sigma=2\mu\mathrm{V}/℃$。

对于图 9-2 中导体 A、B 组成的热电偶回路，当温度 $T>T_0$ 时，回路总的热电动势可表示为

$$\begin{aligned}E_{AB}(T,T_0)&=e_{AB}(T)-e_{AB}(T_0)-e_A(T,T_0)+e_B(T,T_0)\\&=\frac{kT}{e}\ln\frac{N_{AT}}{N_{BT}}-\frac{kT_0}{e}\ln\frac{N_{AT_0}}{N_{BT_0}}+\int_{T_0}^{T}(-\sigma_A+\sigma_B)\mathrm{d}T\end{aligned} \tag{9-3}$$

式中，N_{AT}、N_{AT_0} 为导体 A 在节点温度为 T 和 T_0 时的自由电子密度；N_{BT}、N_{BT_0} 为导体 B 在节点温度为 T 和 T_0 时的自由电子密度；σ_A、σ_B 为导体 A 和 B 的汤姆孙系数。

由此可得出有关热电偶回路的几点结论：

1）如果构成热电偶的两个热电极为材料相同的均质导体，即 $\sigma_A=\sigma_B$、$N_A=N_B$，则无论两节点温度如何，热电偶回路内的总热电动势为零。因此，热电偶必须采用两种不同的材料作为热电极。

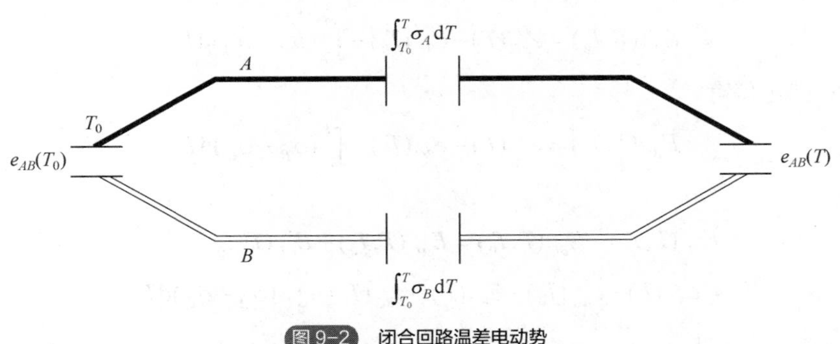

图 9-2　闭合回路温差电动势

2）如果热电偶两节点温度相等，即 $T=T_0$，则尽管导体 A、B 的材料不同，热电偶回路内

的热电动势也为零。

3）热电偶的热电动势与导体 A、B 的中间温度无关，只与节点温度有关。

9.1.2 热电偶的基本定律

（1）中间导体定律

在热电偶回路中接入第三种材料的导线，只要其两端的温度相等，第三导线的引入不会影响热电偶的热电动势，称之为中间导体定律。

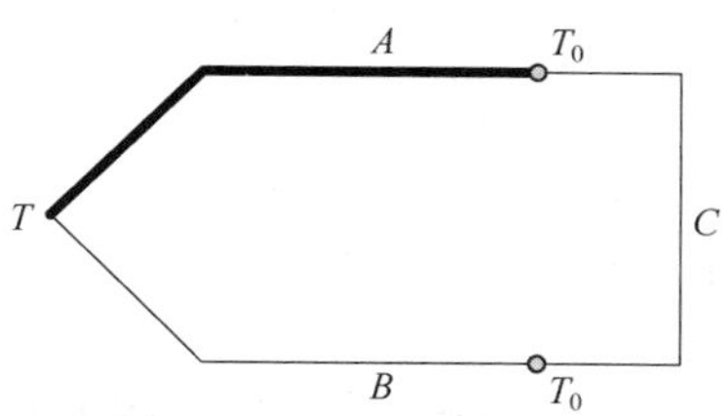

图 9-3 具有第三导体的热电偶回路

若在图 9-1 的 T_0 处断开，接入第三导体 C，如图 9-3 所示，当 A、B 节点温度为 T，其余节点温度为 T_0，且 $T > T_0$ 时，则回路中热电动势为

$$E_{ABC}(T,T_0)=e_{AB}(T)+e_{BC}(T_0)+e_{CA}(T_0)-e_A(T,T_0)+e_B(T,T_0) \tag{9-4}$$

由于在 $T=T_0$ 的情况下回路中热电动势为零，即

$$E_{ABC}(T_0,T_0)=e_{AB}(T_0)+e_{BC}(T_0)+e_{CA}(T_0)=0 \tag{9-5}$$

将此式代入式（9-4）中，可得

$$E_{ABC}(T,T_0)=e_{AB}(T)-e_{AB}(T_0)-e_A(T,T_0)+e_B(T,T_0)=E_{AB}(T,T_0) \tag{9-6}$$

注意推导过程利用了

$$e_A(T_0,T_0)=0,e_B(T_0,T_0)=0,e_C(T_0,T_0)=0$$

这就是中间导体定律。根据这个定律，可以将第三导线换成测试仪表或连接导线，只要保持两节点温度相同，就可以对热电动势进行测量而不影响原热电动势的数值。

（2）参考电极定律

当两个节点温度分别为 T、T_0 时，用导体 A、B 组成的热电偶的热电动势等于 AC 热电偶和 CB 热电偶的热电动势的代数和，即

$$E_{AB}(T,T_0)=E_{AC}(T,T_0)+E_{CB}(T,T_0) \tag{9-7}$$

导体 C 称为标准电极（一般由铂制成），这个定律称为参考（标准）电极定律。

图 9-4 为参考电极定律示意图，图中标准电极 C 接在 A、B 之间，形成三个热电偶组成的回路。对于 AC 热电偶有

$$E_{AC}(T,T_0)=e_{AC}(T)-e_{AC}(T_0)-\int_{T_0}^{T}(\sigma_A-\sigma_C)\mathrm{d}T \tag{9-8}$$

对于 BC 热电偶有

$$E_{BC}(T,T_0)=e_{BC}(T)-e_{BC}(T_0)-\int_{T_0}^{T}(\sigma_B-\sigma_C)\mathrm{d}T \tag{9-9}$$

于是

$$\begin{aligned}&E_{AC}(T,T_0)-E_{BC}(T,T_0)=E_{AC}(T,T_0)+E_{CB}(T,T_0)\\&=e_{AC}(T)-e_{AC}(T_0)-e_{BC}(T)+e_{BC}(T_0)-\int_{T_0}^{T}(\sigma_A-\sigma_C)\mathrm{d}T\\&+\int_{T_0}^{T}(\sigma_B-\sigma_C)\mathrm{d}T\end{aligned} \tag{9-10}$$

进而可得

$$e_{AC}(T)-e_{BC}(T)=e_{AB}(T)-e_{AC}(T_0)+e_{BC}=-e_{AB}(T_0)$$

因此，式（9-10）可写为

$$\begin{aligned}E_{AC}(T,T_0)+E_{CB}(T,T_0)&=e_{AB}(T)-e_{AB}(T_0)+\int_{T_0}^{T}(-\sigma_A-\sigma_B)\mathrm{d}T\\&=E_{AB}(T,T_0)\end{aligned} \tag{9-11}$$

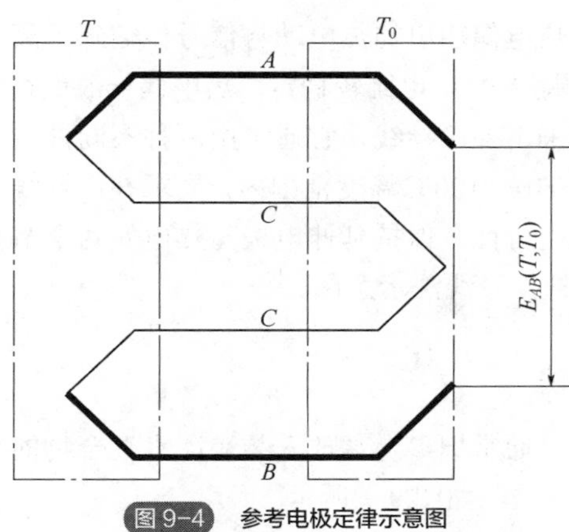

图 9-4 参考电极定律示意图

这就是参考电极定律。由于纯铂丝的物理化学性能稳定，熔点较高，易提纯，所以目前常用纯铂丝作为参考电极。如果已求出各种热电极对铂极的热电特性，可大大简化热电偶的选配工作。

（3）中间温度定律

如图 9-5 所示，当热电偶的两个节点温度分别为 T、T_1 时，热电动势为 $E_{AB}(T,T_1)$；当热电偶的两个节点温度为 T_1、T_0 时，热电动势为 $E_{AB}(T_1,T_0)$；当热电偶的两个节点温度为 T、T_0 时，热电动势为

$$E_{AB}(T,T_1)+E_{AB}(T_1,T_0)=E_{AB}(T,T_0) \tag{9-12}$$

同一种热电偶，当两节点温度 T、T_0 不同时，产生的热电动势也不同。要将对应各种 (T,T_0) 温度的热电动势-温度关系都列成图表是不能实现的。中间温度定律为制定热电偶温度表提供了理论依据。根据这一定律，只要列出参考温度为 0℃的热电动势-温度关系，那么参考温度不等于 0℃的热电动势都可以由式（9-12）求出。

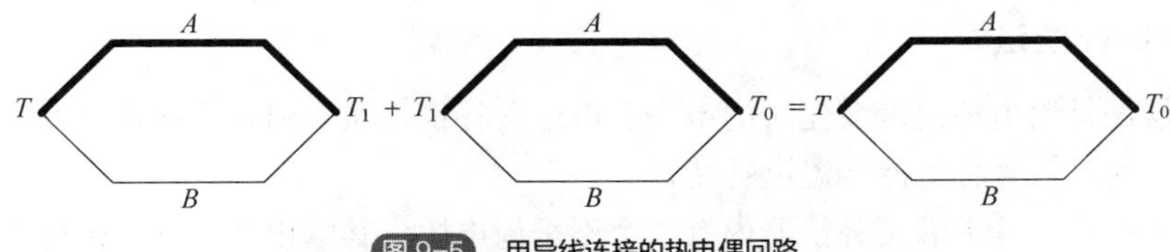

图 9-5 用导线连接的热电偶回路

9.1.3 热电偶的冷端补偿及测温线路

拓展阅读

热电偶输出的电动势是两节点温度差的函数。为了使输出的电动势是被测温度的单一函数，一般将 T 作为被测温度端（热端），T_0 作为参比温度端（冷端）。热电

偶的标准分度表是在其冷端处于0℃的条件下测得的热电动势值。所以使用热电偶时，通常要求T_0保持0℃，但在实际中做到这一点很困难。于是产生了热电偶冷端处理及补偿问题。在工业使用时，解决冷端补偿问题有多种方法，一般根据使用条件和测量准确度的要求来确定所使用的具体方法。

（1）补偿导线法

在实际测温时，需要将热电偶输出的热电动势信号传输到远离现场数十米的控制室的显示仪表或控制仪表，这样参考端温度T_0也比较稳定。热电偶一般做得较短，需要用导线将热电偶的冷端延伸出来。工程中常采用补偿导线，它通常由两种不同性质的廉价金属导线制成，而且在0～100℃温度范围内，要求补偿导线和所配热电偶具有相同的热电特性，保持延伸电极与热电偶两个节点温度相等。图9-6所示为补偿导线法示意图。

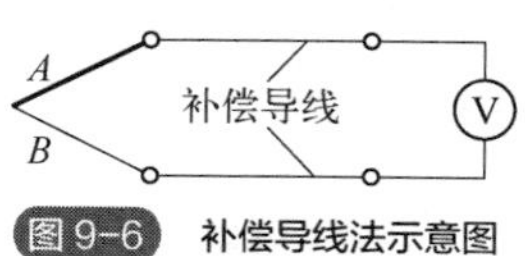

图9-6 补偿导线法示意图

（2）参考端0℃恒温法

在实验室及精密测量中，通常把参考端放入装满冰水混合物的容器中，以便参考端温度保持在0℃，这种方法称为冰浴法，如图9-7所示。

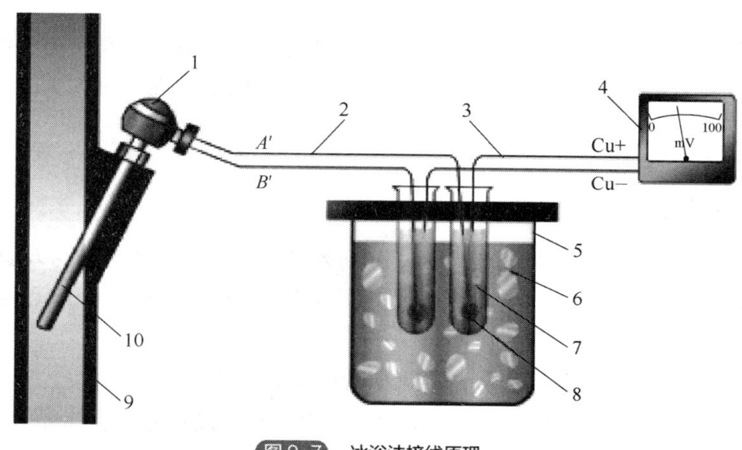

图9-7 冰浴法接线原理

1—接线盒；2—补偿导线；3—铜质导线；4—毫伏表；5—冰瓶；
6—冰水混合物（0℃）；7—试管；8—新的冷端；9—被测流体管道；10—热电偶

（3）电位补偿法

电位补偿法是用电桥温度变化时的不平衡电压（补偿电压）消除冷端温度变化对热电偶电动势的影响，这种装置称为冷端温度补偿器。

如图9-8所示，冷端温度补偿器内有一个不平衡电桥，其输出端串联在热电偶回路中。桥臂电阻R_1、R_2、R_3和限流电阻R_P使用锰铜电阻，其电阻值几乎不随温度变化，R_{Cu}为铜电阻，其温度系数大，电阻值随温度升高而增大。使用中应使R_{Cu}与热电偶的冷端靠近，使其处于同一温度下。电桥由直流稳压电源供电。

设计时使R_{Cu}在0℃下的阻值与其余三个桥臂R_1、R_2、R_3完全相等，这时电桥处于平衡状态，电桥输出电压U=0，对热电动势没有影响。此时温度0℃称为电桥平衡温度。当热电偶冷端温度随环境温度变化，若 $T_0>0$，热电动势将减小 ΔE。但这时 R_{Cu} 增大，使电桥不平衡，出现 $U>0$，而且其极性是 a 点为负、b 点为正，这时的 U_{ab} 与热电动势 $E_a(T,T_0)$ 同向串联，使输出值得到补偿。如果限流电阻 R_P 选择合适，可使 U_{ab} 在一定温度范围内增大的值恰恰等于热电动势所减小的值，即 $U_{ab}=\Delta E$，就完全避免了冷端温度的变化对测量的影响。

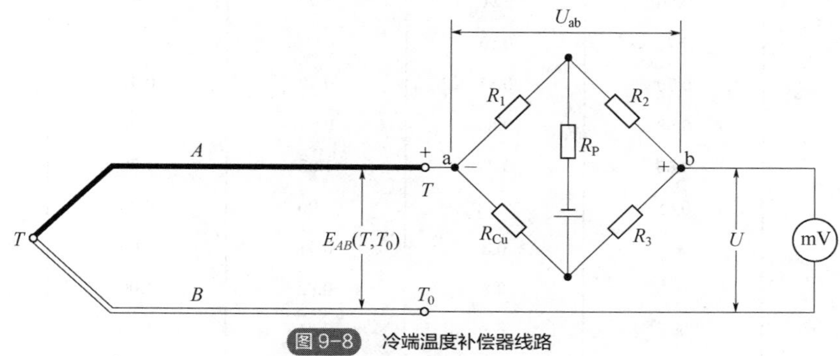

图 9-8 冷端温度补偿器线路

冷端温度补偿器一般用 4V 直流供电，它可以在 0～40℃或−20～20℃的范围内起补偿作用。只要 T_0 的波动不超出此范围，电桥不平衡输出信号可以自动补偿冷端温度波动所引起的热电动势的变化，从而可以直接利用输出电压 U 查热电偶分度表以确定被测温度的实际值。

要注意的是，不同材质的热电偶所配的冷端温度补偿器的限流电阻 R_P 不一样，互换时必须重新调整。此外，大部分补偿电桥的平衡温度不是 0℃，而是室温 20℃。

也可以利用 PN 结或集成温度传感器 AD590 作为冷端温度补偿器件，实现热电偶的冷端温度补偿。

（4）冷端温度修正法

当热电偶冷端温度不为 0℃，但能保持恒定不变且可以测得冷端温度 T_n，则可以采用修正法。

1）热电动势修正法。热电偶实际测温时，由于冷端温度 $T_0\neq0$℃，而是某一温度 T_n，则热电偶工作于温度 (T,T_n) 之间，实际测得的热电动势是 $E_{AB}(T,T_n)$。为了利用标准分度表由热电动势查相应的热端温度值，必须知道热电偶相对于 0℃时的热电动势 $E_{AB}(T,0)$，根据中间温度定律，有

$$E_{AB}(T,0)=E_{AB}(T,T_n)+E_{AB}(T_n,0)$$

因此，只要知道冷端温度，便可以查标准分度表得到热电动势，并将实测的热电动势 $E_{AB}(T,T_n)$ 修正到相对于 0℃时的热电动势 $E_{AB}(T,0)$。

2）温度修正法。令 T' 为仪表指示温度（即根据仪表测得的热电动势查标准分度表所得温度），T_n 为冷端温度，则被测温度为

$$T=T'+KT_n \tag{9-13}$$

式中，K 为热电偶的修正系数，取决于热电偶种类和被测温度范围，如表 9-1 所示。另外，还有其他一些补偿方法，在此不一一列举。

表 9-1　几种常用热电偶修正系数 K

测量端温度/℃	热电偶类型				
	铜-康铜	镍铬-考铜	铁-康铜	镍铬-镍硅	铂铑 10-铂
0	1.00	1.00	1.00	1.00	1.00
20	1.00	1.00	1.00	1.00	1.00
100	0.86	0.90	1.00	1.00	0.82
200	0.77	0.83	0.99	1.00	0.72
300	0.70	0.81	0.99	0.98	0.69
400	0.68	0.83	0.98	0.98	0.66
500	0.65	0.79	1.02	1.00	0.63
600	0.65	0.78	1.00	0.96	0.62
700	—	0.8	0.91	1.00	0.60
800	—	0.8	0.82	1.00	0.59
900	—	—	0.84	1.00	0.56
1000	—	—	—	1.07	0.55
1100	—	—	—	1.11	0.53
1200	—	—	—	—	0.53
1300	—	—	—	—	0.52
1400	—	—	—	—	0.52
1500	—	—	—	—	0.53
1600	—	—	—	—	0.53

9.2　热电阻

热电阻温度传感器是利用物质的电阻率随温度变化的特性制成的电阻式测温元件。由纯金属热敏元件制作的热电阻称为金属热电阻，由半导体材料制作的热电阻称为半导体热敏电阻（简称热敏电阻）。

9.2.1　金属热电阻

金属热电阻传感器是利用导体的电阻随温度变化的特性，对温度和与温度有关的参数进行检测的装置。实践证明，大多数电阻在温度升高 1℃时电阻值将增加 0.4%～0.6%。金属热电阻传感器的主要优点：测量精度高；有较大的测量范围，尤其在低温方面；易于使用在自动测量和远距离测量中。热电阻传感器之所以有较高的测量精度，主要是因为一些材料的电阻温度特性稳定，复现性好。其次，与热电偶相比，它没有参比端误差问题。

金属热电阻传感器一般用于-200～500℃的温度测量，随着技术的发展，金属热电阻传感器的测温范围也在不断地扩展，高温方面出现了多种用于 1000～1300℃温度测量的金属热电阻传感器。

作为测量温度用的金属热电阻材料必须具有以下特点。

1）高且稳定的温度系数和大的电阻率，以便提高灵敏度和保证测量精度。

2）良好的输出特性，即电阻温度的变化接近线性关系。

3）在使用范围内，其化学、物理性能应保持稳定。

4）良好的工艺性，以便于批量生产，降低成本。

根据上述要求，纯金属是制造热电阻的主要材料。目前，广泛应用的热电阻材料有铂、铜、镍、铁等。这些材料的电阻率与温度的关系一般可近似用一个二次方程描述，即

$$\rho = A + Bt + Ct^2 \tag{9-14}$$

式中，ρ 为电阻率；t 为温度；A、B、C 为由实验确定的常量。

对于绝大多数金属导体，A、B、C 并不是常数，而是温度的函数。但在一定的温度范围内，A、B、C 可以近似地视为常数。不同的金属导体，A、B、C 保持常数所对应的温度范围不同。

9.2.2 常用热电阻

(1) 典型常用热电阻

1）铂热电阻。铂是一种贵金属，其主要优点是物理化学性能极为稳定，并且有良好的工艺性，易提纯，可以制成极细的铂丝或极薄的铂箔。它的缺点是电阻温度系数较小。

我国已采用 IEC 标准制作工业铂热电阻温度计。根据 IEC 标准，铂的使用温度范围为 −200～650℃。铂热电阻温度计除作为温度标准外，还广泛用于高精度的工业测量。铂热电阻一般由直径为 0.02～0.07mm 的铂丝绕在片形云母骨架上且采用无感绕法，如图 9-9（a）所示，然后装入玻璃或陶瓷等保护管内，铂丝的引线采用银线，银线用双孔瓷绝缘套管绝缘，如图 9-9（b）所示。目前，亦有采用丝网印制方法来制作铂膜热电阻，或采用真空镀膜方法制作铂膜热电阻。

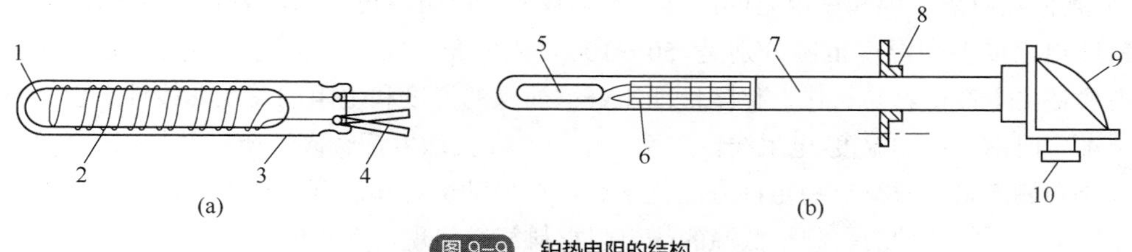

图 9-9 铂热电阻的结构

1—芯柱；2—电阻丝；3—保护膜；4—引线端；5—电阻体；6—瓷绝缘套管；7—不锈钢套管；8—安装固定件；9—接线盒；10—引线口

铂热电阻阻值与温度变化之间的关系可近似用下式表示：

在−200～0℃范围内：

$$R_t = R_0\left[1 + At + Bt^2 + C(t-100)t^3\right] \tag{9-15}$$

在 0～850℃范围内：

$$R_t = R_0(1 + At + Bt^2) \tag{9-16}$$

式中，R_0 和 R_t 分别为 0℃和 t(℃)时的电阻值。

对于常用的工业铂热电阻，$A=3.9083\times10^{-3}$℃$^{-1}$，$B=-5.775\times10^{-7}$℃$^{-2}$，$C=-4.183\times10^{-12}$℃$^{-4}$。利用式（9-15）和式（9-16）以及系数 A、B 和 C 导出了标称电阻 $R_0=100.00\Omega$ 元件的电阻值表，如表 9-2 所示。

表 9-2　温度-电阻关系（R_0=100.00Ω）

t_{90}/℃	t_{90}对应的电阻值/Ω									
	0	−10	−20	−30	−40	−50	−60	−70	−80	−90
−200	18.52	—	—	—	—	—	—	—	—	—
−100	60.26	56.19	52.11	48.00	43.88	39.72	35.54	31.34	27.10	22.83
0	100.00	96.09	92.16	88.22	84.27	80.31	76.33	72.33	68.33	64.30
t_{90}/℃	0	10	20	30	40	50	60	70	80	90
0	100.00	103.90	107.79	111.67	115.54	119.40	123.24	127.08	130.90	134.71
100	138.51	142.29	146.07	149.83	153.58	157.33	161.05	164.77	168.48	172.17
200	175.86	179.53	183.19	186.84	190.47	194.10	197.71	201.31	204.90	208.48
300	212.05	215.61	219.15	222.68	226.21	229.72	233.21	236.70	240.18	243.64
400	247.09	250.53	253.96	257.38	260.78	264.18	267.56	270.93	274.29	277.64
500	280.98	284.30	287.62	290.92	294.21	297.49	300.75	304.01	307.25	310.49
600	313.71	316.92	320.12	323.30	326.48	329.64	332.79	335.93	339.06	342.18
700	345.28	348.38	351.46	354.53	357.59	360.64	363.67	366.70	369.71	372.71
800	375.70	378.68	381.65	384.60	387.55	390.48	—	—	—	—

由于铂为贵金属，在测量精度要求不高的场合下，一般采用铜热电阻。

2）铜热电阻。铜仅用来制造−50～180℃范围内的工业用热电阻温度计，它的主要特点是在上述使用温度范围内，其电阻与温度的关系是线性的，而且它的电阻温度系数比铂高，但它的电阻率低。在温度不高、对测温元件尺寸没有特殊限制时，可以使用铜热电阻温度计。

3）其他热电阻。镍和铁电阻的温度系数都较大，电阻率也较高，因此也适合作为热电阻。镍和铁热电阻的使用温度范围分别是−50～100℃和−50～150℃。但这两种热电阻目前应用较少，主要是由于铁很容易氧化，化学性能不好；而镍的温度和电阻的关系非线性严重，材料提取也困难。但由于铁的温度-电阻线性关系、电阻率和灵敏度都较高，所以在加以适当保护后，也可以作为热电阻。镍在热稳定性方面优于铁，在自动恒温和温度补偿方面的应用较多。

近年来，一些新颖的、测量低温的热电阻材料相继出现。铟热电阻适合在−269～−258℃温度范围内使用，测温准确度高，灵敏度是铂热电阻的 10 倍，但复现性差。锰热电阻适合在−271～−210℃温度范围内使用，灵敏度高，但质脆易损坏。碳热电阻适合在−273～−268.5℃温度范围内使用，热容量小，灵敏度高，价格低廉，但热稳定性较差。

（2）热电阻传感器测量电路

进行温度测量时，热电阻安装在现场，而检测仪表安装在控制室，热电阻和控制室之间需用引线相连。引线本身具有一定的阻值，并与热电阻串联，且引线电阻阻值随环境温度而变，所以造成测量误差，必须采取相应的测量线路来改善测量精度。

1）三线制。热电阻测量电路大多采用电桥电路，所以可以利用电桥的特性来提高测量精度。如图 9-10 所示，热电阻的三线制连接法是热电阻的一端与一根引线相连，另一端同时连接两根引线。图中 R_t 为热电阻，r_1、r_2、r_3 为引线电阻，一根引线连接到电源对角线上，另外两根分别接到电桥两个相邻臂，选用的三根引线完全相同，所以 $r_1=r_2=r_3=r$。

在电桥平衡时，有

$$(R_t+r)R_1=(R_3+r)R_2 \tag{9-17}$$

由式（9-17）可得

$$R_t=\frac{R_3R_2}{R_1}+(\frac{R_2}{R_1}-1)r \tag{9-18}$$

由式（9-18）可以看出，只要满足 $R_2=R_1$，则引线电阻 r 在测量中所带来的影响就得以消除。

2）四线制。一般的工业测量采用三线制就可以满足要求，但精密测量时应采用四线制。四线制是热电阻的两端各用两根引线连接到测量仪表上，测量时的接线如图 9-11 所示。工作原理是在热电阻中通入恒定电流，用输入阻抗大的电压表测量热电阻两端的电压，由此计算出的电阻值将不包含引线电阻，只有热电阻阻值的变化被测量出来。

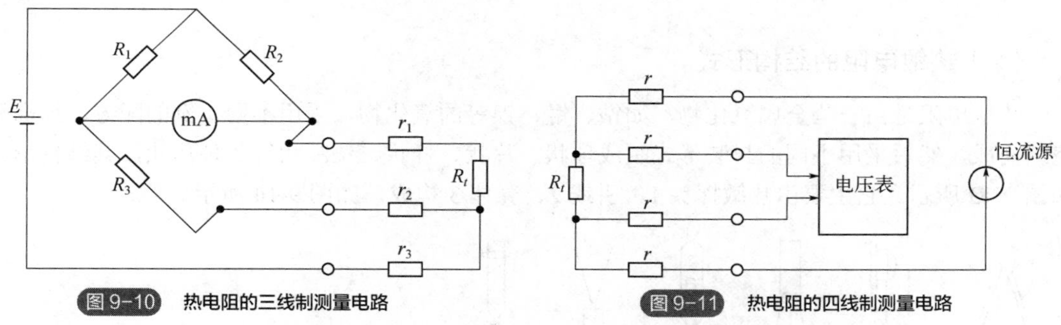

图 9-10 热电阻的三线制测量电路

图 9-11 热电阻的四线制测量电路

9.3 热敏电阻

（1）热敏电阻的特点和类型

热敏电阻是用半导体材料制成的热敏器件。相对于一般的金属热电阻而言，它主要具备如下特点：

1）电阻温度系数大，灵敏度高，比一般金属电阻高 10～100 倍。

2）结构简单，体积小，可以测量点温度。

3）电阻率高，热惯性小，适宜动态测量。

4）阻值与温度变化呈非线性关系。

5）稳定性和互换性较差。

大部分热敏电阻是由各种氧化物按一定比例混合，经高温烧结而成。根据热敏电阻随温度变化的特性不同，热敏电阻基本可分为正温度系数（positive temperature coefficient，PTC）、负的温度系数（negative temperature coefficient，NTC）和临界温度系数（critical temperature resistor，

CTR）三种类型，图 9-12 所示为三种热敏电阻的特性曲线。

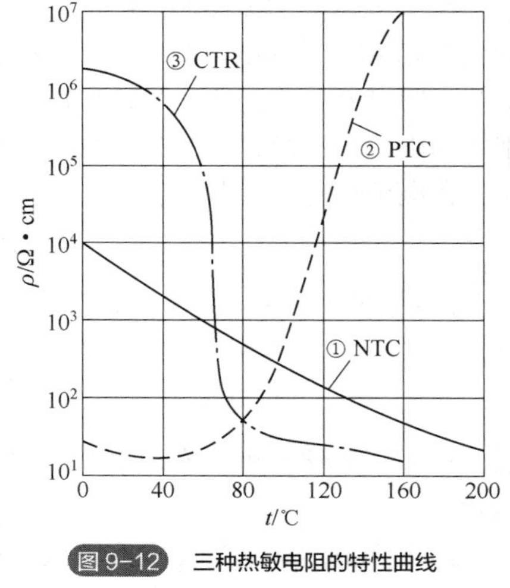

图 9-12 三种热敏电阻的特性曲线

正温度系数热敏电阻主要采用 $BaTiO_3$ 系列材料加入少量 Y_2O_3 和 Mn_2O_3 烧结而成。当温度超过某一数值时，其电阻值随温度升高而迅速增大。其主要用途是各种电器的过热保护，发热源的定温控制，也可作为限流元件使用。

负温度系数热敏电阻具有很高的负温度系数，即当温度升高时，其电阻值下降，同时灵敏度也下降。由于这个原因，限制了它在高温下的使用，特别适用于在−100～300℃之间测温，在点温、表面温度、温差、温场等测量中得到日益广泛的应用，同时也广泛应用于自动控制及电子线路温度补偿线路中。多数热敏电阻具有负的温度系数。

临界温度系数热敏电阻是采用 VO_2 系列材料在弱还原气氛中形成的烧结体，在某个温度上其电阻值急剧变化。其主要用途是作为温度开关元件。

（2）热敏电阻的结构形式

热敏电阻是由一些金属氧化物，如钴、锰、镍等的氧化物，采用不同比例的配方，经高温烧结而成，然后采用不同的封装形式制成球状、片状、杆状、垫圈状等各种形状，其结构形式如图 9-13 所示。它主要由热敏探头 1、引线 2、壳体 3 构成，如图 9-14 所示。

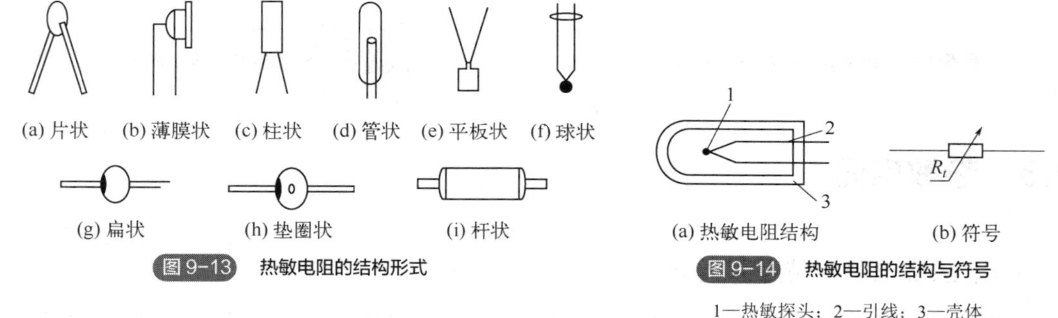

图 9-13 热敏电阻的结构形式

图 9-14 热敏电阻的结构与符号

1—热敏探头；2—引线；3—壳体

（3）负温度系数热敏电阻的特性

1）温度特性。图 9-15 所示为负温度系数热敏电阻的电阻-温度特性曲线，在较小的温度范围内，可表示为

$$R_t = R_0 \exp[B(\frac{1}{T}-\frac{1}{T_0})] \tag{9-19}$$

式中，R_t 为温度为 t 时的电阻值；R_0 为温度为 T_0 时的电阻值；B 为热敏电阻的材料常数，它与半导体物理性能有关，一般情况下，B=2000～6000K。

2）伏安特性。图 9-16 给出了热敏电阻的伏安特性曲线。由图可见，当流过热敏电阻的电流很小时，不足以使之加热，电阻值只取决于环境温度，伏安特性是直线，遵循欧姆定律，主要用来测温。当电流增大到一定值时，流过热敏电阻的电流使之加热，温度升高，出现负阻特性。因电阻减小，即使电流增大，端电压反而下降。当电流和周围介质温度一定时，热敏电阻的电阻值取决于介质的流速、流量、密度等散热条件。根据这个原理可用热敏电阻测量流体的流速和介质的密度。热敏电阻的应用很广泛，在家用电器、汽车、测量仪器、农业等方面都有广泛的应用。

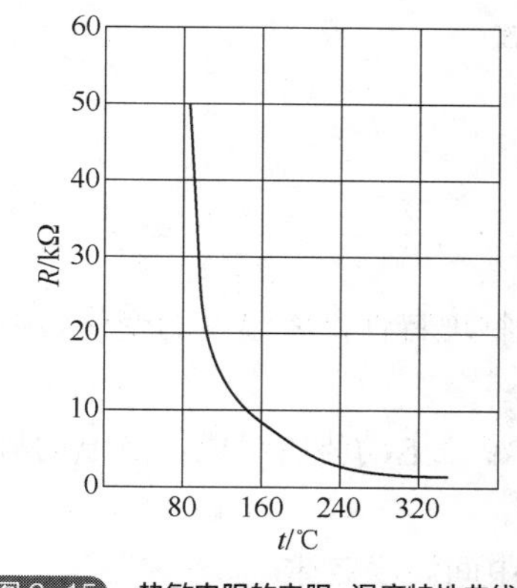

图 9-15　热敏电阻的电阻-温度特性曲线

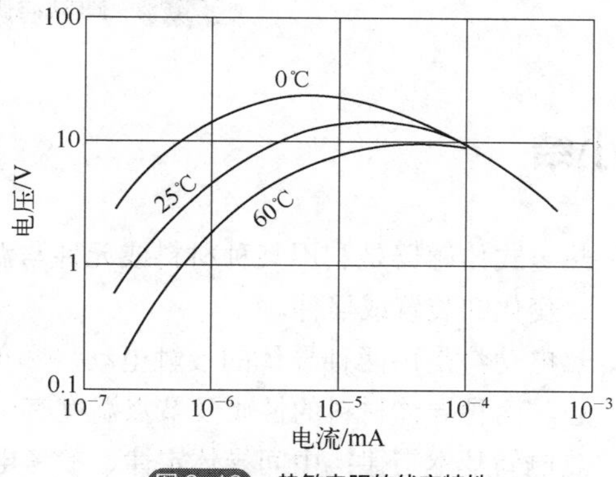

图 9-16　热敏电阻的伏安特性

9.4　热电式传感器在智能制造中的典型应用

拓展阅读

离散型智能制造系统的典型加工之一是切削加工，而切削热是切削加工过程中的重要物理现象之一。切削区域内工件在刀具作用下的塑性变形、切屑与前刀面的摩擦、工件与后刀面的摩擦是产生热量的主要因素。切削时机床能量的 98%～99%转换为了热能。切削温度不但会改变前刀面的摩擦系数、工件材料的性能、切屑的形态，也会直接影响加工表面的质量、刀具的磨损量、机床的发热量，严重时会造成加工零件报废。切削温度是刀具切削状态的直接反映，因此基于切削温度对刀具状态进行监测具有独特的优势。

切削温度测量采用的方法有传导测温法和辐射测温法两大类。传导测温法包括自然热电偶法、人工热电偶法、半人工热电偶法、薄膜热电偶法等；辐射测温法主要指红外点源和成像测温法，但体积较大，成像视场易受遮挡。由于传导测温法测量方法简单、实时性好、成本较低，因此得到较广泛的应用。

薄膜制备技术的进步促进了多种微小体积的薄膜式传感器的发展，也使薄膜热电偶传感器在刀具切削温度测量领域中的应用成为可能。主要方法是在刀具表面直接制备热端尺寸在微米量级的薄膜热电偶，通过测量热电偶闭合回路的热电动势来获得测量点的温度。与传统的热电偶刀具温度测量方法相比，薄膜热电偶的温度感应热端的面积微小、热容量小、响应速度快，并能制作成阵列实现多点测量，因此比传统热电偶能更准确、快速地反映刀具切削温度的变化，已成为当前刀具温度测量的主要方法。

图 9-17 是一种薄膜热电偶测温刀具的构成及应用示意图。刀片的基体材料为高速钢或硬质合金，薄膜热电偶材料为镍铬-镍硅（NiCr/NiSi）。该刀具集切削和温度测量功能于一体，可用于切削区域瞬态温度的精确、快速测量。

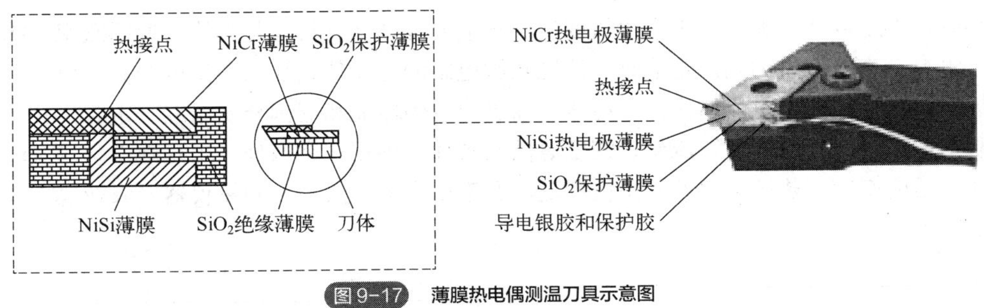

图 9-17 薄膜热电偶测温刀具示意图

本章小结

- 热电式传感器是利用某种材料或元件与温度有关的物理特性，将温度的变化转换为电量变化的装置或器件。
- 热电动势是由两种导体的接触电动势和单一导体的温差电动势所组成。热电动势的大小与两种导体材料的性质及节点温度有关。
- 热电偶基本定律：中间导体定律、参考电极定律、中间温度定律。
- 常见热电偶的冷端补偿及测温线路：补偿导线法、参考端 0℃恒温法、电位补偿法、冷端温度修正法。
- 热电阻温度传感器是利用物质的电阻率随温度变化的特性制成的电阻式测温元件。由纯金属热敏元件制作的热电阻称为金属热电阻，由半导体材料制作的热电阻称为热敏电阻。

习题与思考题

9-1 将一个灵敏度为 0.08mV/℃的热电偶与电压表连接，电压表冷端温度是 50℃，若电压表上读数是 60mV，热电偶的热端温度是多少？

9-2 参考电极定律有何实际意义？已知在某特定条件下材料 A 与铂配对的热电动势为 13.967mV，材料 B 与铂配对的热电动势为 8.345mV，求此特定条件下材料 A 与材料 B 配对后的热电动势。

9-3 试比较热电偶、热电阻、热敏电阻三种热电式传感器的特点及其对测量线路的要求。

9-4 金属热电阻的工作机理是什么？使用时应注意的问题是什么？

9-5 选择金属热电阻测温时，应从哪几个方面考虑？

9-6 热敏电阻有哪几种？各有什么特点？

9-7 金属热电阻与热敏电阻有何异同？

工业机器人篇

传感器技术基础

第 10 章

工业机器人中的传感器

思维导图

扫码获取本书资源

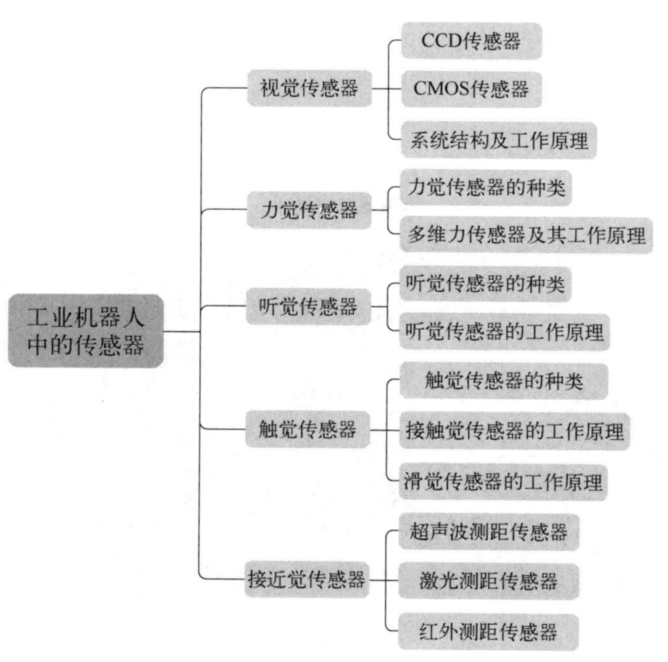

案例引入

当今，机器人在工业中的使用越来越广泛。机器人技术融合了机械、电子、传感器、计算机、人工智能等许多学科的知识，涉及当今许多前沿领域的技术。随着信息技术与先进制造技

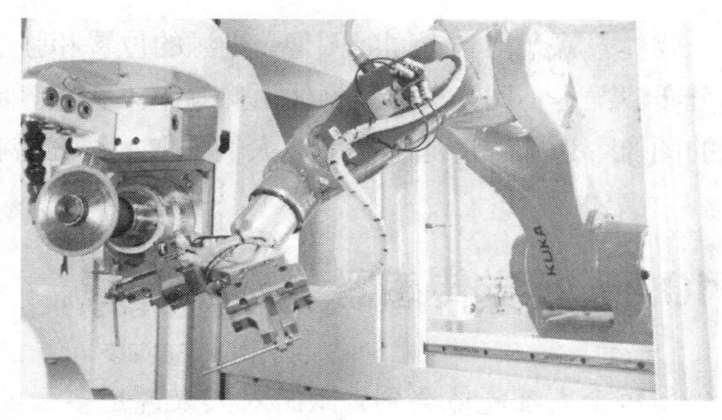

术的高速发展，我国智能制造装备的发展深度和广度日益提升。在我国的智能制造装备领域中，以新型传感器、智能控制系统、工业机器人、自动化成套生产线为代表的智能制造装备产业体系初步形成，一批具有自主知识产权的重大智能制造装备实现突破。传感器为推动中国机器人产业快速、有序的发展立下了汗马功劳。传感器是检测机器人自身的工作状态、机器人智能探测外部工作环境和对象状态的核心部件。

为了检测作业对象及环境或机器人与它们的关系，在机器人上安装了触觉传感器、视觉传感器、力觉传感器、接近觉传感器和听觉传感器等，大大改善了机器人的工作状况，使其能够更好地完成复杂的工作。为了实现在复杂、动态及不确定性环境中的自主性，目前各国研制人员逐渐将视觉、听觉、压觉、热觉、力觉等多种不同功能的传感器合理地组合在一起，形成机器人的感知系统，为机器人提供更为详细的外界环境信息，进而促使机器人对外界环境变化做出实时、准确、灵活的行为响应。

学习目标

1. 了解机器人视觉传感器的基本原理及系统组成；
2. 了解机器人力觉、听觉、触觉和接近觉传感器的种类和工作原理；
3. 理解机器人传感器的作用。

在现代工业自动化生产中，涉及各种各样的检验、生产监视及零件识别。例如，零配件批量加工的尺寸检查，自动装配的完整性检查，电子装配线的元件自动定位，IC 上的字符识别等。通常人眼无法连续、稳定地完成这些带有高度重复性和智能性的工作，其他物理量传感器也难有用武之地。因此人们开始考虑利用光电成像系统采集被控目标的图像，而后经计算机或专用的图像处理模块进行数字化处理，根据图像的像素分布、亮度和颜色等信息，进行尺寸、形状、颜色等的判别。这样，就把计算机的快速性、可重复性，与人眼视觉的高度智能化和抽象能力相结合，由此产生了机器视觉的概念。

从 20 世纪 60 年代开始，人们着手研究机器人视觉系统。一开始，视觉系统只能识别平面上类似积木的物体。到了 20 世纪 70 年代，视觉系统已经可以认识某些加工部件，也能认识室内的桌子、电话等物品了。当时的研究工作虽然进展很快，却无法用于实际，这是因为视觉系统的信息量极大，处理这些信息的硬件系统十分庞大，花费的时间也很长。

随着大规模、超大规模集成电路技术的发展，计算机的体积不断缩小，价格急剧下降，速度不断提高，视觉系统也因此走向了实用化。进入 20 世纪 80 年代后，由于微计算机的飞速发展，实用的视觉系统已经进入各个领域，其中用于机器人领域的视觉系统的数量也很多。机器人视觉与文字识别或图像识别的区别在于，机器人视觉系统一般需要处理三维图像，不仅需要了解物体的大小、形状，还要知道物体之间的关系，即需要掌握机器人能够作业的空间。为了实现这一目标，要克服很多困难，因为视觉传感器只能得到二维图像，那么从不同角度来看同一物体，就会得到不同的图像。光源的位置和强度不同，得到的图像的明暗程度与分布情况也不同；实际的物体虽然互不重叠，但是从某一个角度看，却能得到重叠的图像。为了解决这个问题，人们采取了很多措施，并在不断地研究新的方法。

拓展阅读

10.1 视觉传感器

拓展阅读

每个人都能体会到，眼睛对人来说是多么重要。可以说人类从外界获得的信息，大多数都是通过眼睛得到的。有研究表明，视觉获得的感知信息占人对外界感知信息的80%。人类视觉细胞数量的数量级大约为10^6，是听觉细胞的300多倍，是皮肤感觉细胞的100多倍，从这个角度也可以看出视觉系统的重要性。

视觉传感器是将景物的光信号转换成电信号的器件。大多数机器人的视觉系统都不需要胶卷等媒介物，而是直接摄入景物。由视觉传感器得到的模拟信号，经过A/D（模数）转换器转换成数字信号，称为数字图像。一般地，画面可以分成256×256像素、512×512像素或1024×1024像素，像素的灰度可以用4位或8位二进制数来表示。一般情况下，这么大的信息量对机器人系统来说是足够的。要求比较高的场合，还可以通过彩色摄像系统或在黑白摄像管前面加上红、绿、蓝等滤光器得到颜色信息和较好的反差。

过去经常使用光导摄像等电视摄像机作为机器人的视觉传感器，近年来开发了由CCD（电荷耦合器件）和CMOS（互补金属氧化物半导体）器件等组成的固体视觉传感器。由于固体视觉传感器具有体积小、重量轻等优点，因此应用日趋广泛。

10.1.1 CCD传感器

固态图像传感器由光敏元件阵列和电荷转移器件集合而成。它的核心是电荷转移器件（charge transfer device，CTD），最常用的是电荷耦合器件（charge coupled device，CCD）。由于它具有光电转换、信息存储、延时和将电信号按顺序传送等功能，以及集成度高、功耗低的优点，因此被广泛地应用。

（1）CCD基本原理

CCD是由若干电荷耦合单元组成的，该单元的结构如图10-1所示。CCD的最小单元是在P型（或N型）硅衬底上生长一层厚度约为120nm的SiO_2，再在SiO_2层上依次沉积铝电极而构成MOS结构的电容式转移器。将MOS阵列加上输入端、输出端，便构成了CCD。

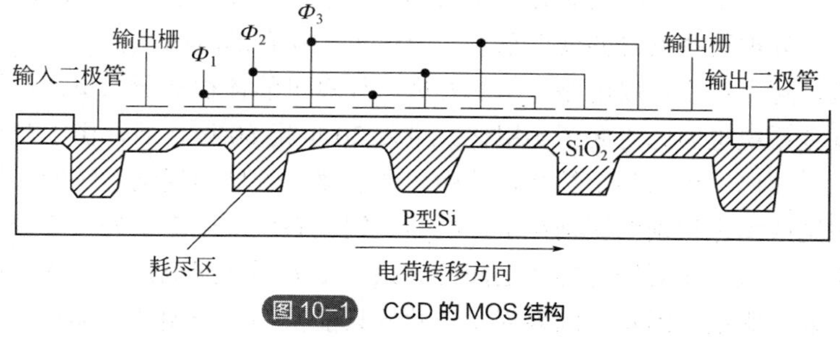

图10-1 CCD的MOS结构

当向 SiO_2 表面的电极加正偏压时，P 型硅衬底中形成耗尽区（势阱），耗尽区的深度随正偏压升高而加大。其中的少数载流子（电子）被吸收到最高正偏压电极下的区域，形成电荷包（势阱）。对于 N 型硅衬底的 CCD 器件，电极加正偏压时，少数载流子为空穴。MOS 的光敏元的结构如图 10-2 所示。

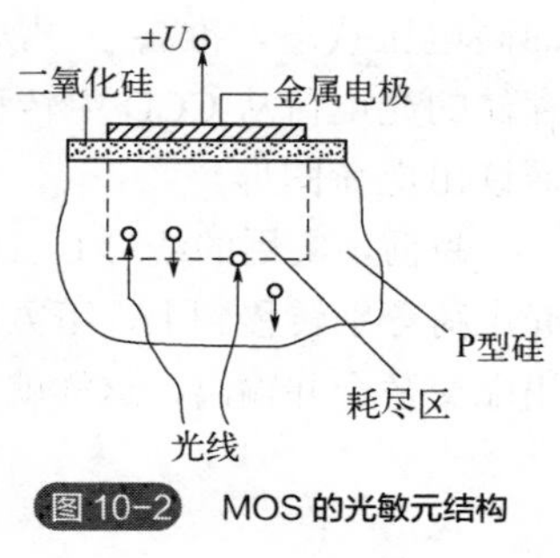

图 10-2 MOS 的光敏元结构

CCD 是如何实现电荷（光生电荷、光电荷）定向转移的呢？电荷转移的控制方法非常类似于步进电机的步进控制方式，也有二相、三相等控制方式之分。下面以三相控制方式为例，说明控制电荷定向转移的过程，见图 10-3。

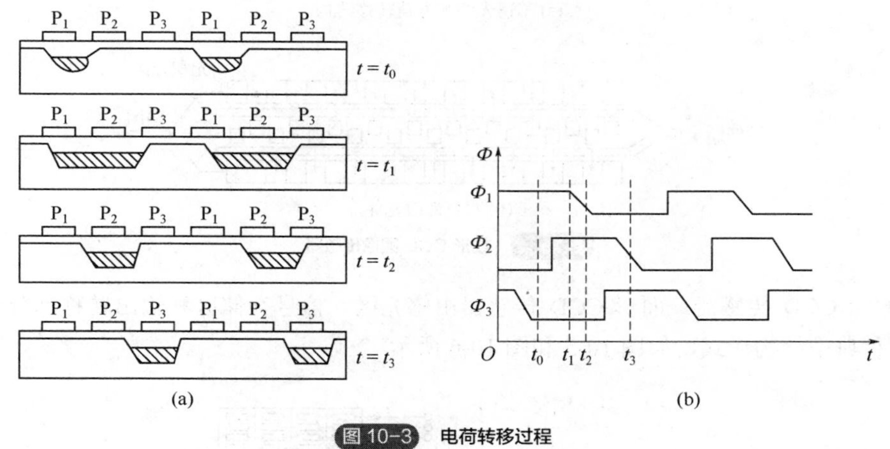

图 10-3 电荷转移过程

三相控制是指在线阵列的每一个像素上有 3 个金属电极 P_1、P_2、P_3，依次在其上施加 3 个相位不同的控制脉冲 Φ_1、Φ_2、Φ_3，见图 10-3（b）。CCD 电荷的注入通常有光注入、电注入和热注入等方式，图中采用电注入方式。当在 P_1 极施加高电压时，在 P_1 下方产生电荷包（$t=t_0$）；当在 P_2 极加上同样的电压时，由于两电势下势阱间的耦合，原来在 P_1 下的电荷将在 P_1、P_2 两电极下分布（$t=t_1$）；当 P_1 回到低电位时，电荷包全部流入 P_2 下的势阱中（$t=t_2$）；然后，P_3 的电位升高，P_2 回到低电位，电荷包从 P_2 下转到 P_3 下的势阱（$t=t_3$），依次来控制，使 P_1 下的电荷转移到 P_3 下。随着控制脉冲的分配，少数载流子便从 CCD 的一端转移到终端；终端的输出二极管搜集了少数载流子，送入放大器处理，便实现电荷移动。

（2）CCD 基本结构

CCD 传感器从结构上可分为线形和面形两种。

1）线形 CCD 传感器。线形 CCD 传感器由一列光敏元件与一列 CCD 并行且对应地构成，在它们之间设有一个转移栅，如图 10-4（a）所示。在每一个光敏元件上都有一个梳状公共电极，由一个 P 型沟阻使其在电气上隔开。当入射光照射在光敏元件阵列上，梳状公共电极施加高电压时，光敏元件聚集光电荷，进行光积分，光电荷与光照强度和光积分时间成正比。在光积分时间结束时，转移栅上的电压提高（平时为低电压），与 CCD 对应的电极也同时处于高电压状态。然后，降低梳状公共电极电压，各光敏元件中所积累的光电荷并行地转移到移位寄存器中。当转移完毕，转移栅电压降低，梳状公共电极电压回复到原来的高电压状态，准备下一次光积分周期。同时，在电荷耦合移位寄存器上加上时钟脉冲，将存储的光电荷从CCD中转移，由输出端输出。这个过程重复地进行就得到相继的行输出，从而读出电荷图形。

目前，实用的线形CCD传感器为双行结构，如图10-4（b）所示。单、双数光敏元件中的光电荷分别转移到上、下方的移位寄存器中，然后在控制脉冲的作用下，自左向右移动，在输出端交替合并输出，这样就形成了原来光电荷的顺序。

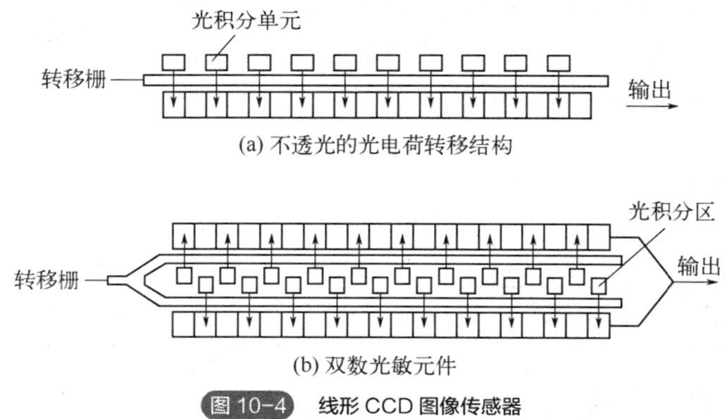

图10-4 线形CCD图像传感器

2）面形CCD传感器。面形CCD传感器由感光区、信号存储区和输出转移部分组成。目前存在三种典型结构形式，如图10-5和图10-6所示。

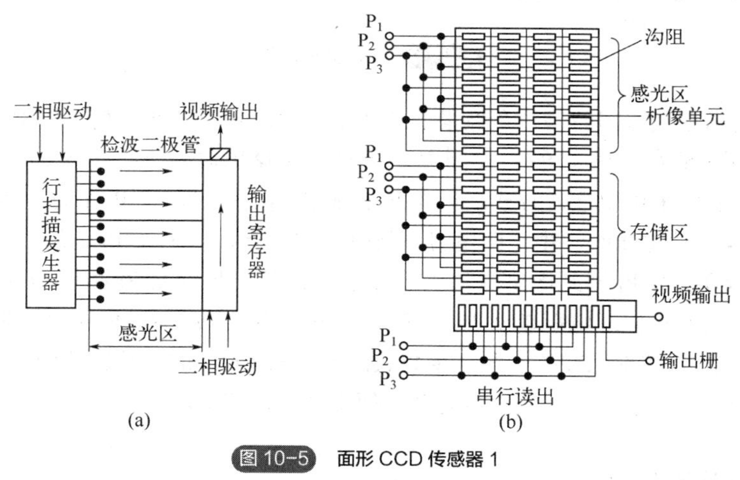

图10-5 面形CCD传感器1

图10-5（a）所示结构由行扫描发生器、输出寄存器、感光区和检波二极管组成。行扫描发生器将光敏元件内的信息转移到水平（行）方向上，由垂直方向的输出寄存器将信息转移到检波二极管，输出信号由信号处理电路转换为视频图像信号。这种结构易引起图像模糊。

图10-5（b）所示结构增加了具有公共水平方向电极的不透光的信息存储区（感光区）。在正常垂直回扫周期内，具有公共水平方向电极的感光区所积累的电荷同样迅速下移到信息存储区。在垂直回扫结束后，感光区恢复到积光状态。在水平消隐周期内，存储区的整个光电荷图像向下移动，每次总是将存储区最底部一行的光电荷信号移到水平读出器，该行光电荷在读出

移位寄存器中向右移动以视频信号输出。当整帧视频信号自存储区移出后，就开始下一帧信号的形成。该CCD结构具有单元密度高、电极简单等优点，但增加了存储器。图 10-6 所示结构是用得最多的一种结构形式。它将图 10-5（b）中感光元件与存储元件相隔排列，即一列感光单元和一列不透光的存储单元交替排列。在感光区光敏元件积分结束时，转移控制栅打开，光电荷信号进入存储区。随后，在每个水平回扫周期内，存储区中整个光电荷图像一次一行地向上移到水平读出移位寄存器中。接着这一行光电荷信号在读出移位寄存器中向右移位到输出器件，形成视频信号输出。这种结构的器件操作简单，图像清晰；但单元设计复杂，感光单元面积减小。

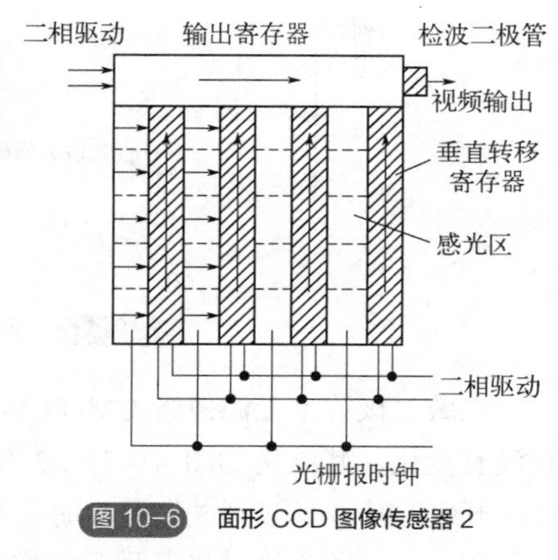

图 10-6 面形 CCD 图像传感器 2

10.1.2 CMOS 传感器

CMOS(complementary metal oxide semiconductor，互补金属氧化物半导体）传感器与CCD传感器的研究几乎是同时起步的，两者都利用感光二极管进行光电转换，将光图像转换为电子数据。但由于受当时工艺水平的限制，CMOS 传感器图像质量差、分辨率低、噪声大、光照灵敏度低，因而没有得到重视和发展。而 CCD 器件因为具有光照灵敏度高、噪声低、像素少等优点一直占领图像传感器市场。CCD 于 1969 年研制成功，发展于 20 世纪八九十年代，现在被广泛应用于广播电视领域。CMOS 传感器则到了 20 世纪 80 年代，随着集成电路设计技术和加工工艺水平的提高，为克服 CCD 生产工艺复杂、功耗较大、价格高、不能单片集成和有光晕、拖尾等不足而再次成为研究热点。目前，CMOS 传感器已广泛应用于消费类数码相机、计算机摄像头、可视电话等多功能产品，随着技术的发展，已逐步应用于高端数码相机和电视领域。

CMOS 传感器和 CCD 传感器类似，在光检测方面都利用了硅的光电效应，但光电转换后信息传送方式不同。CMOS 具有信息读取方式简单、输出信息速率快、耗电少、体积小、重量轻、集成度高、价格低等特点。CMOS 传感器的像元结构有光敏二极管型无源像素（CMOS-PPS）结构、光敏二极管型有源像素（PD-CMOS-APS）结构和光栅型有源像素（PG-CMOS-APS）结构三种类型。

（1）光敏二极管型 CMOS 传感器结构

图 10-7 简单地说明了光敏二极管型无源像素 CMOS 传感器和光敏二极管型有源像素CMOS 传感器感光单元的结构。在光敏二极管型无源像素 CMOS 传感器中，光敏二极管受光照将光子变成电子，通过行选择开关将电荷读到列输出线上；在光敏二极管型有源像素 CMOS 传感器中，则通过复位开关和行选择开关将放大后的光生电荷读到感光阵列外部的信号放大电路。光敏二极管型无源像素 CMOS 传感器仅仅是一种具有行选择开关的光电二极管，通过控制行选择开关将光生的电荷信号传送到像素阵列外的放大器；光敏二极管型有源像素 CMOS 图像传感器的每个像元内部都包含一个有源单元，即包含由一个或多个晶体管组成的放大电路，在像元内部先进行电荷放大，再将电荷读出到外部电路。

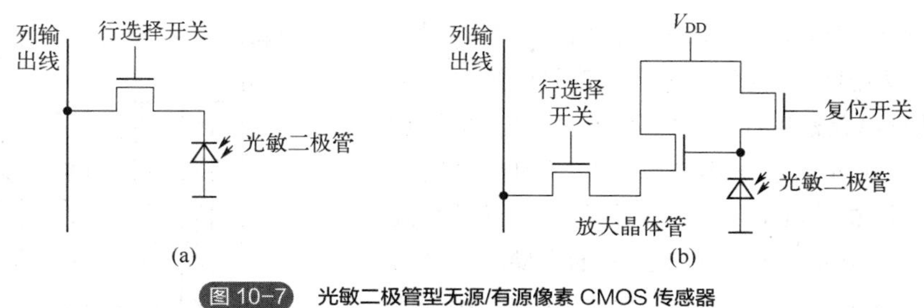

图 10-7 光敏二极管型无源/有源像素 CMOS 传感器

光敏二极管型无源像素 CMOS 传感器的结构自 1967 年 Weckler 首次提出以来，实质上一直没有变化，其结构如图 10-7（a）所示。它由一个反向偏置的光敏二极管和一个开关管（行选择开关）构成。当开关管开启时，光敏二极管与垂直的列输出线连通。位于列输出线末端的电荷积分单元的光敏二极管型无源像素 CMOS 结构允许在给定的像元尺寸下有最高的设计填充系数，或者在给定的设计填充系数下，可以设计出最小的像元尺寸。由于填充系数高和没有许多 CCD 中的多晶硅层叠，CMOS-PPS 结构量子效率较高。但是，由于传输线电容较大，CMOS-PPS 读出噪声较大，典型值为 250 个均方根电子电荷，这是其致命的弱点。CMOS-PPS 成像质量低，局部漏电流在视场中形成白点。另外，存在的一个特殊问题是“固定模式噪声”，这是由于当直接把电荷从感光单元读到列总线时，总线不可避免地具有大电容值和热复位噪声。就像透过玻璃窗观察景物，无论怎样，看到的景物总是具有相同的“弊病”。P 沟道源极跟随器被用来补偿由于在电路中使用 N 沟道源极跟随器所造成的信号电平转移。光生电荷积累在光栅下，输出端、浮置扩散点复位（电压为 V_{op}），然后改变光栅脉冲，收集在光栅下的电荷转移到扩散点，复位电压与信号电压之差就是传感器的输出信号。当采用双层多晶硅工艺时，光栅与转移栅之间要恰当交叠。在光栅与转移栅之间插入扩散桥，可以采用单层多晶硅工艺，这种扩散桥要引起大约 100 个电子电荷的拖影。PD-CMOS-APS 的每个像元采用 5 个晶体管，典型的像元间距为 20μm。采用 0.25μm CMOS 工艺将允许达到 5μm 的像元间距。浮置扩散电容典型值为 10fF 量级，读出噪声一般为 10～20 个均方根电子电荷。

（2）光电栅型有源像素 CMOS 传感器

PG-CMOS-APS 结构如图 10-8 所示。像素单元（像元）包括光电栅 PG(photo gate)、浮置扩散输出 FD(floating diffusion)、传输电栅 TX(transfer gate)、复位晶体管 MR(reset transistor)、作为源极跟随器的输入晶体管 MIN、行晶体管（MX）、MSHS（或 MSHR）/电容 CS（或 CR）、列源极跟随器 MP1（或 MP2）以及驱动高容量总线的列选择晶体管 MY1（或 MY2）、整个像素共用列源极跟随器的负载晶体管 MLP1 或 MLP2。实际上，每个像元内部就是一个小小的表面沟道 CCD。每列单元共用一个读出电路，它包括第一源极跟随器的负载晶体管 MLN 及两个用于存储信号电平和复位电平的双采样和保持电路。这种对复位电平和信号电平同时采样的相关双采样电路 CDS 能抑制来自像元浮置节点的复位噪声。CMOS 传感器的一个很大优点是它只要求一个单电压来驱动整个装置。不过设计者仍应谨慎地布置电路板以驱动芯片。根据一般的实际要求，数字电压和模拟电压之间应尽可能地分离开，以防止有害的串扰。因此，良好的电路板设计、接地和屏蔽就显得非常重要。尽管这种图像传感器是一个 CMOS 装置并具有标准的输入/输出电压，但它实际的输入信号相当小，而且对噪声很敏感。目前已经设计出高集成度的单芯片 CMOS 传感器，并且扩展了许多功能，包括自动增益控制（AGC）、自动曝光控制（AEC）、伽马校正、背景补偿和自动黑电平校正等，使有关图像的应用更容易实现。此外，所有的彩色矩阵处理功能都被集成在芯片上。CMOS 传感器允许片上的寄存器功能通过 I^2C 总线来编程摄像功能，有宽的动态范围，抗浮散且几乎没有拖影。

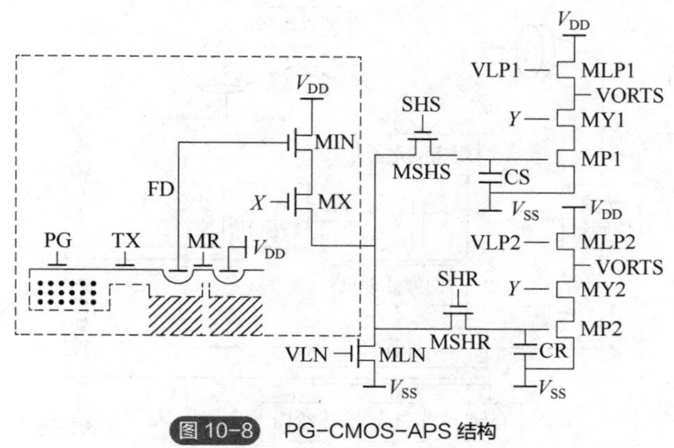

图 10-8　PG-CMOS-APS 结构

CMOS 传感器芯片的整体结构如图 10-9 所示。由于大规模集成电路的设计与制造技术已经进入亚微米阶段，CMOS 图像传感器芯片可将图像传感部分、信号读出电路、信号处理电路和控制电路高度集成在一块芯片上，再加上镜头等其他配件就构成了一个完整的摄像系统。性能完整的 CMOS 芯片内部结构主要由感光阵列、帧（行）控制电路和时序电路、模拟信号电路、A/D 转换电路、数字信号处理电路和接口电路等组成。CMOS 图像传感器的支持电路包括晶体振荡器和电源去耦合电路。这些组件安装在 PCB（印制电路板）的背面，占据很小的空间。微处理器通过 I^2C 串行总线直接控制传感器寄存器的内部参数。

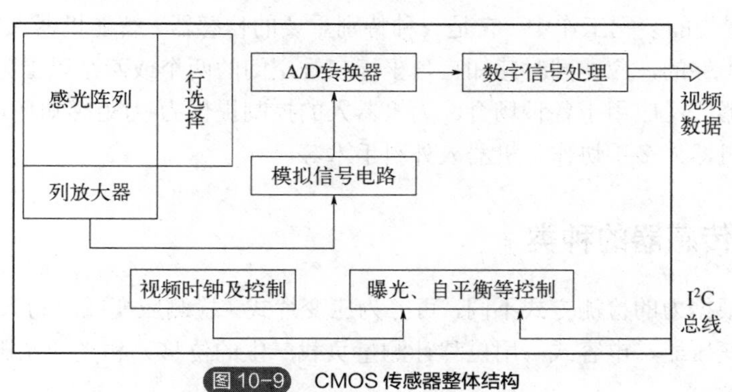

图 10-9　CMOS 传感器整体结构

10.1.3　机器视觉系统构成及工作原理

机器视觉系统由光源、图像输入（获取）、图像处理、图像输出等几个部分构成（如图 10-10 所示）。实际系统可以根据需要选择其中的若干部件。

机器人的机器视觉系统直接将景物转化成图像输入信号，因此取景部分应能根据具体情况自动调节光圈的焦点，以便得到一张容易处理的图像，为此应能调节以下几个参量：

1）焦点能自动对准要看的物体；

2）根据光线强弱自动调节光圈；

3）自动转动摄像机，使被摄物体位于视野中央；

4）根据目标物体的颜色自动选择滤光器，此外，还应能调节光源的方向和强度，使目标物体能够看得更清楚。

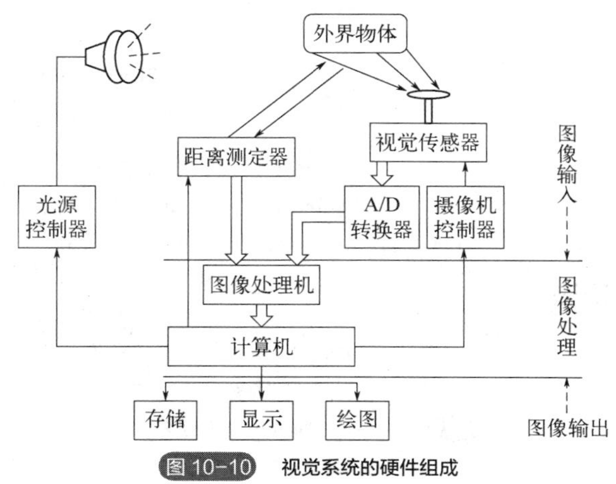

图 10-10 视觉系统的硬件组成

10.2 力觉传感器

所谓力觉，是指机器人作业过程中对来自外部力的感知。力觉传感器经常装于机器人关节处，用来检测机器人的手臂和手腕所产生的力或其所受力。手臂部分和手腕部分的力觉传感器可用于控制机器人手部所产生的力，在费力的工作中以及限制性作业、协调作业等方面是有效的，特别是在镶嵌类的装配工作中，它是一种特别重要的传感器。智能机器人实现力觉感知时，只感知一维力是不够的，应能同时感知直角坐标三维空间的两个或两个以上方向的力或力矩信息。多维力传感器广泛应用于各种场合，为机器人的控制提供力/力矩感知环境，如零力示教、自动柔性装配、机器人多手协作、机器人外科手术等。

10.2.1 力觉传感器的种类

力觉传感器根据力的检测方式不同，可分为应变片式（检测应变或应力）、压电元件式（压电效应）及差动变压器、电容式（用位移计测量负载产生的位移）和光纤光栅式。

（1）电阻应变片式力觉传感器的检测原理

电阻应变片式力觉传感器利用的是金属拉伸时电阻变大的现象。将它粘贴在加力方向上，可根据输出电压检测出电阻的变化，如图 10-11 所示。在电阻应变片左、右方向上施加力，用导线接到外部电路，得出电阻值的变化，如图 10-11（a）所示。

当不加力时，电桥上的电阻阻值都是 R，当加左、右方向力时，电阻应变片的电阻变化一个很小的电阻 ΔR，则输出电压为 ΔV 。电路上各部分的电流和电压如图 10-11（b）所示，它们之间存在如下关系：

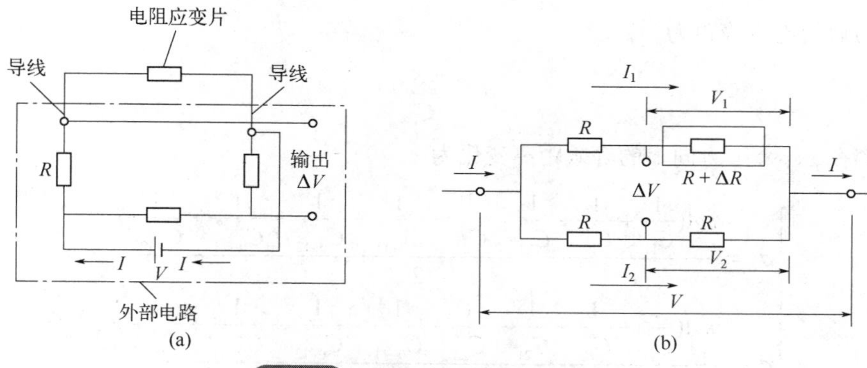

图 10-11　电阻应变片式力觉传感器原理

$$\begin{cases}V=(2R+\Delta R)I_1=2RI_2\\V_1=(R+\Delta R)I_1\\V_2=RI_2\end{cases}$$

其中，$\Delta R<<R$，所以

$$\Delta V=V_1-V_2\approx\frac{\Delta RV}{4R}$$

则电阻值的变化为

$$\Delta R=\frac{4R\Delta V}{V}$$

如果已知力和电阻值的变化关系，就可以测出力。上述的原理分析是电阻应变片测定一个轴方向的力，如果测定任意方向上的力，应在三个轴方向分别贴上电阻应变片。对于力控制机器人，当对来自外界的力进行检测时，根据力的作用部位和作用方向等情况，传感器的安装位置和构造会有所不同。例如，当检测来自所有方向的接触时，需要将传感器覆盖全部表面。这时，要将许多微小的传感器进行排列，用来检测在广阔的面积内发生的物理量变化，这样组成的传感器称为分布型传感器。虽然目前还没有对全部表面进行完全覆盖的分布型传感器，但是为手指和手掌等重要部位设置的小规模分布型传感器已经开发出来。因为分布型传感器是许多传感器的集合体，所以在输出信号的采集和数据处理中，需要采用特殊的技术。

（2）电容式力觉传感器检测原理

以浙江大学设计的电容式三维力觉传感器为例，探讨电容式力传感器检测原理。传感器的结构如图 10-12 所示，由四个电容阵列构成。电容式三维力觉传感器主要通过不同位置的电容在外力加载下的变化反馈 x、y、z 方向三维力信息。其中，电容的改变主要表现在电容极板间距的改变上。首先，对于每个电容，其初始电容为 C_0，极板相对面积为 A，则加载力前的电容极距为

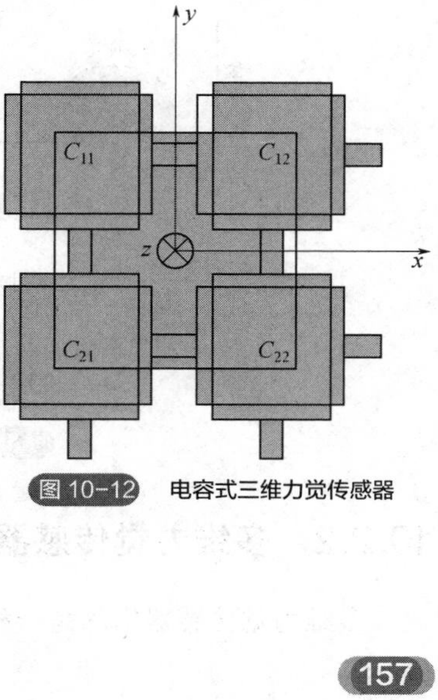

图 10-12　电容式三维力觉传感器

$$d_0=\frac{\varepsilon A}{C_0}$$

加载力后的电容极距为

$$d = \frac{\varepsilon A}{C}$$

则四个电容在 x、y、z 方向上的等效距离变化为

$$\begin{cases} d_x = \dfrac{\varepsilon A(\dfrac{1}{C_{11}} + \dfrac{1}{C_{12}} + \dfrac{1}{C_{21}} - \dfrac{1}{C_{22}} - \dfrac{1}{C_{0-11}} + \dfrac{1}{C_{0-12}} + \dfrac{1}{C_{0-21}} + \dfrac{1}{C_{0-22}})}{2} \\ d_y = \dfrac{\varepsilon A(\dfrac{1}{C_{11}} + \dfrac{1}{C_{12}} - \dfrac{1}{C_{21}} - \dfrac{1}{C_{22}} - \dfrac{1}{C_{0-11}} - \dfrac{1}{C_{0-12}} + \dfrac{1}{C_{0-21}} + \dfrac{1}{C_{0-22}})}{2} \\ d_z = \dfrac{\varepsilon A(\dfrac{1}{C_{11}} + \dfrac{1}{C_{12}} + \dfrac{1}{C_{21}} - \dfrac{1}{C_{22}} + \dfrac{1}{C_{0-11}} + \dfrac{1}{C_{0-12}} - \dfrac{1}{C_{0-21}} - \dfrac{1}{C_{0-22}})}{4} \end{cases} \quad (10\text{-}1)$$

那么，加载的三维力 F_x、F_y、F_z 与 d_x、d_y、d_z 存在一定的关系

$$\begin{cases} F_x = f(d_x) \\ F_x = g(d_y) \\ F_x = h(d_z) \end{cases}$$

（3）光纤光栅式力觉传感器检测原理

光纤布拉格光栅（FBG）式力觉传感器（简称光纤光栅力觉传感器)与传统的电阻应变式、电容式力觉传感器相比，由于所使用的敏感元件为 FBG，因此具有抗电磁干扰、耐腐蚀性强、可在恶劣环境下工作、可沿一根光纤排列多个 FBG、易于接线的优点。光纤布拉格（Bragg）光栅式力觉传感器的原理如图 10-13 所示，Bragg 光栅经激光刻于细微的单模光纤纤芯中，使用宽带光入射于光纤内作为信号光源，光纤 Bragg 光栅反射特定波长的光信号，即经过光栅后的透射光信号出现“塌陷”，而被光栅反射回的光信号为峰状光谱，当刻有光栅处的光纤受到温度和轴向应变作用时，该反射光谱产生漂移，中心波长值发生规律性变化。

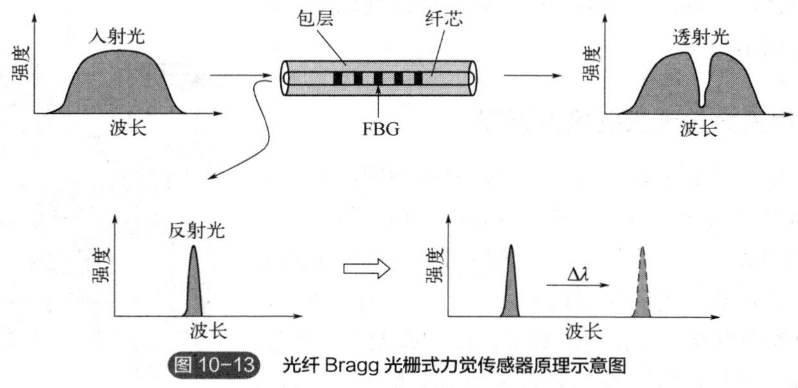

图 10-13　光纤 Bragg 光栅式力觉传感器原理示意图

拓展阅读

10.2.2　多维力觉传感器及其工作原理

多维力觉传感器指的是一种能够同时测量两个方向以上的力及力矩分量的力觉传感器。在

笛卡儿坐标系中力和力矩可以各自分解为三个分量，因此，多维力觉传感器最完整的形式是六维力/力矩的传感器，是能够同时测量三个力分量和三个力矩分量的传感器，即三维力（F_x、F_y、F_z）和三维力矩（M_x、M_y、M_z），如图 10-14 所示。目前广泛使用的多维力传感器就是这种传感器。

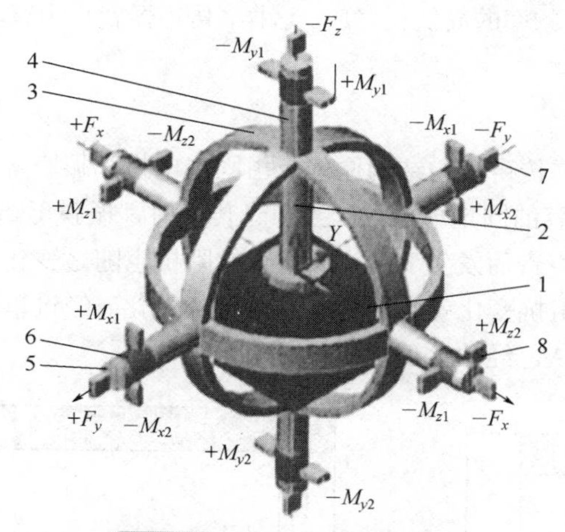

图 10-14 多维力觉传感器示意图

1—多维力觉传感器；2—轴向加载杆；3—壳体；4—面加载头；5—力、力矩接触面；6—x,y,z 向力矩接触面；7—x,y,z 向力的应变测量单元；8—力矩应变测量单元

运用多维力觉传感器使机器人具有了力觉和力位置控制功能，从而能进行零力示教、轮廓跟踪、双手协调、柔性装配、机器人力反馈控制、机器人去毛刺和磨削等，可代替人从事可能对人体造成伤害的工作（喷漆、重物搬运等），工作质量要求很高、人们难以长时间胜任的工作（汽车焊接、精密装配等），一些工作人员无法“身临其境”的工作。水下机器人可以打捞沉船、敷设电缆，工程机器人可以上山入地、开洞筑路，农业机器人可以播种浇水、施肥除虫，军用机器人可以冲锋陷阵、排雷排弹等。多维力觉传感器在其他领域也有着十分重要的应用，如风洞试验、运动员辅助训练、火箭发动机安装测试、辅助医疗手术、切削力测量等。多维力觉传感器更是机器人关键的传感器之一。

10.3 听觉传感器

听觉传感器是将声源通过空气振动产生的声波转换成电信号的换能设备，机器人的听觉传感器相当于机器人的“耳朵”，要具有接收声音信号的功能。听觉传感器也是人工智能装置，是智能机器人必不可少的部件。

10.3.1 听觉传感器的种类

机器人听觉传感器现在主要有动圈式传声器、电容式传声器、光纤声传感器三大类。

（1）动圈式传声器

图 10-15 所示为动圈式传声器的结构原理，它与球顶式扬声器的结构非常相似。实际上两者有较大的差别，扬声器与传声器是相反功能的换能器，扬声器的功能是将电信号转换为声信

号，而传声器是将声信号转换为电信号；两者的性能完全不同，传声器的振膜非常轻薄，可随声音振动。动圈同振膜粘在一起，可随振膜的振动而运动。动圈浮在磁隙的磁场中，当动圈在磁场中运动时，动圈中可产生感应电动势。此电动势与振膜振动的振幅和频率相对应，因而动圈输出的电信号与声音的强弱、频率的高低相对应。这样，传声器就将声音转换成了音频电信号输出。

(2)电容式传声器

图 10-16 所示为电容式传声器的结构原理，由固定电极和振膜构成一个电容，V_p经过电阻R_L将一个极化电压加到电容的固定电极上。当声音传入时，振膜可随声音发生振动，此时振膜与固定电极间电容量也随声音而发生变化，此电容的阻抗也随之变化。与其串联的负载电阻 R_L 的阻值是固定的，电容的阻抗变化就表现为 a 点电位的变化。经过耦合电容 C 将 a 点电位变化的信号输入到前置放大器 A，经放大后输出音频信号。

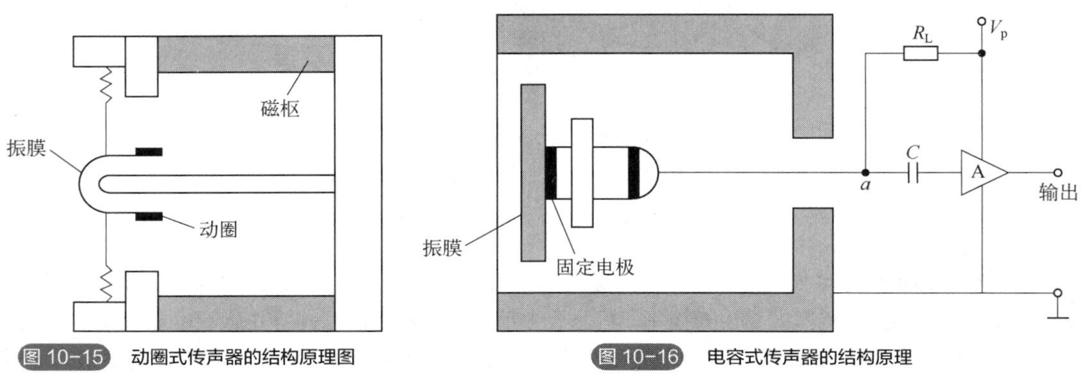

图 10-15　动圈式传声器的结构原理图　　图 10-16　电容式传声器的结构原理

图 10-17 所示为 MEMS 电容式传声器的结构原理，背极板与声学薄膜共同组成一个平行板电容器。在声压的作用下，声学薄膜将向背极板移动，两极板之间的电容值发生相应的改变，从而实现声信号向电信号的转换。对于硅基电容式微传声器来说，由于狭窄气隙中空气流阻抗的存在，引起高频情况下灵敏度的降低，通过在背极板上开大量声孔以降低空气流阻抗的方法来解决。

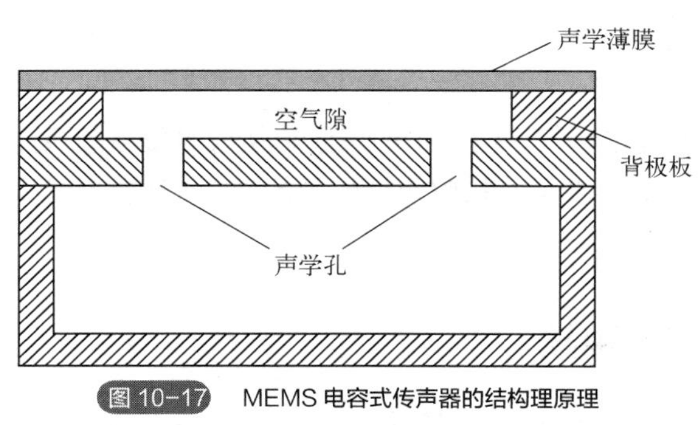

图 10-17　MEMS 电容式传声器的结构理原理

(3)光纤声传感器

当光纤受到很微小的外力作用时，就会产生微弯曲，而其传光能力会发生很大的变化。声音是一种机械波，它对光纤的作用就是使光纤受力并产生弯曲，使传输的光的相位产生变化以及造成传输的光的损耗等，光纤声传感器就是基于此原理制成的。

双光纤干涉仪型声传感器由两根单模光纤组成，分光器将激光器发出的光束分为两束，分别作为信号光和参考光。信号光射入绕成螺旋状的作为敏感臂的光纤中，在声波的作用下，敏感臂中的激光束相位发生变化，并与另一路参考臂光纤传出的激光束产生相位干涉，光检测器将这种干涉转换成与声压成比例的电信号。作为敏感臂的光纤绕成螺旋状，其目的是增大光与声波的作用距离。

10.3.2　听觉传感器的工作原理

听觉传感器是检测声波（包括超声波）的传感器。用于识别声音的传感器，在所有的情况下，都使用话筒等振动检测器作为检测元件，将声音信号转换成电信号。机器人的听觉技术则是指针对声音信号进行处理，包括语音消噪、语音信号的预处理和特征提取、语音模型的建立和训练、测试语音与模型的匹配计算，最后根据匹配计算的结果采用某种判决准则判断声音的内容，即将一段声音信号转换成相对应的文本信息。

计算机语音识别过程与人对语音识别处理的过程基本上是一致的。目前主流的语音识别技术基于统计模式识别的基本理论，一个完整的语音识别系统可大致分为三部分。

① 声学特征提取。目的是从语音波形中提取随时间变化的语音特征序列。声学特征的提取与选择是语音识别的一个重要环节。声学特征的提取既是一个信息大幅度压缩的过程，也是一个信号解卷积的过程，目的是使模式划分器能更好地划分。

由于语音信号的时变特性，特征提取必须在一小段语音信号上进行，也即进行短时分析。这一段被认为是平稳的分析区间，称为帧，帧与帧之间的偏移通常取帧长的 1/2 或 1/3。通常要对信号进行预加重以提升高频，对信号加窗以避免短时语音段边缘的影响。

② 声学模型与模式匹配（识别算法）。声学模型是识别系统的底层模型，并且是语音识别系统中最关键的一部分。声学模型通常由获取的语音特征通过训练产生，目的是为每个发音建立发音模板。在识别时将未知的语音特征同声学模型（模式）进行匹配与比较，计算未知语音的特征矢量序列和每个发音模板之间的距离。声学模型的设计和语言发音特点密切相关。声学模型单元大小（字发音模型、半音节模型或音素模型）对语音训练数据量大小、系统识别率及灵活性有较大影响。

③ 语义理解。计算机对识别结果进行语法、语义分析。明白语言的意义以便作出相应的反应，通常是通过语言模型来实现。

10.4　触觉传感器

为使机械手准确地完成工作，需时刻检测机械手与对象物体的配合关系，需要利用机械手的接触觉、接近觉、压觉、滑觉和力觉，如图 10-18 所示。触头可装配在机械手的手指上，用来判断工作中各种状况。

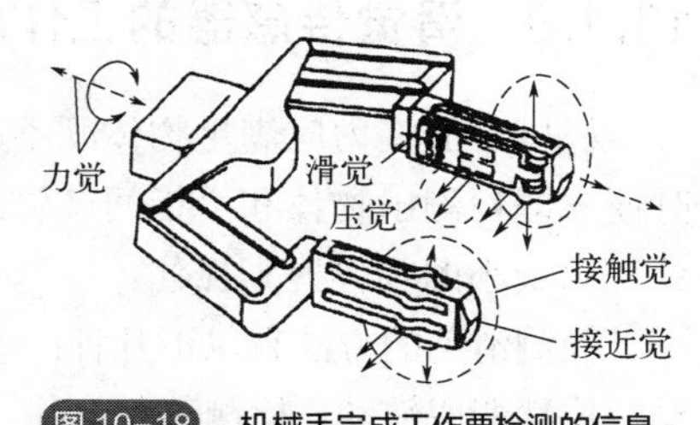

图 10-18　机械手完成工作要检测的信息

接近觉传感器可感知对象物在附近，使手臂减速慢慢接近物体；接触觉传感器可感知已接触到物体，以控制手臂使物体到手指中间，合上手指握住物体；压觉传感器可控制握力；如果物体较重，则靠滑觉传感器来检测滑动，修正设定的握力来防止滑动；靠力觉传感器控制与被测物体自重和转矩相关的力，或举起或移动物体，力觉传感器在旋紧螺母、轴与孔的嵌入等装配工作中也有广泛的应用。

10.4.1 触觉传感器的种类

触觉是人与外界环境直接接触时的重要感觉功能，研制满足要求的触觉传感器是机器人发展中的关键之一。随着微电子技术的发展和各种有机材料的出现，已经提出了多种多样的触觉传感器的研制方案，但目前大多处于实验室阶段，达到产品化的不多。目前，触觉传感器按功能可分为接触觉传感器和滑觉传感器等。

10.4.2 接触觉传感器的工作原理

图 10-19 所示的接触觉传感器由微动开关组成，根据用途的不同配置也不同，一般用于探测物体位置、探索路径和安全保护。这类配置属于分散装置，即把单个传感器安装在机械手的敏感位置上。

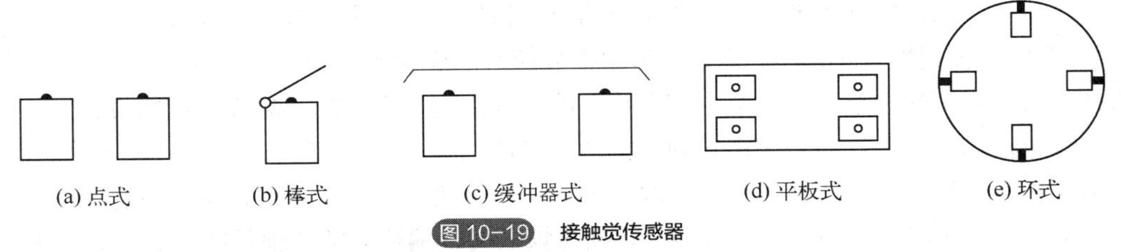

图 10-19 接触觉传感器

图 10-20 所示为二维矩阵式接触觉传感器的配置方法，一般放在机械手手掌的内侧。图中柔软电极可以使用导电橡胶、浸含导电涂料的氨基甲酸乙酯泡沫或碳素纤维等材料。矩阵式接触觉传感器可用于测定机器人自身与物体的接触位置、被握物体中心位置和倾斜度，甚至还可以识别物体的大小和形状。

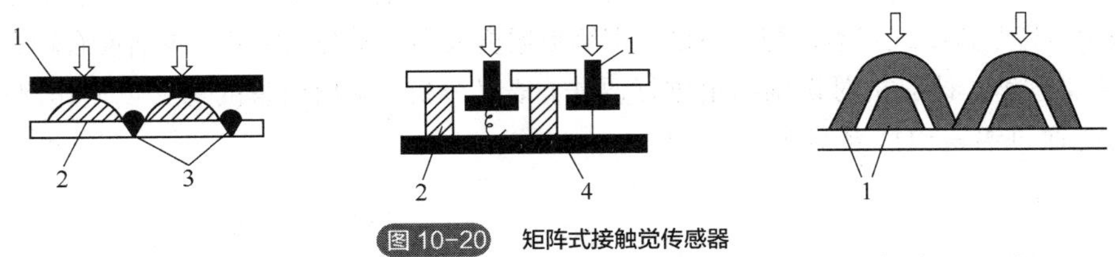

图 10-20 矩阵式接触觉传感器

1—柔软的电极；2—柔软的绝缘体；3—电极；4—电极板

10.4.3 滑觉传感器的工作原理

机械手的握力应满足物体既不产生滑动而握力又为最小临界握力。如果能在刚开始滑动之时便立即检测出物体和手指间产生的相对位移且增加握力，就能使滑动迅速停止，那么该物体就可用最小的临界握力抓住。

检测滑动的方法有以下几种：①根据滑动时产生的振动检测，如图 10-21（a）所示；②把滑动的位移变成转动，检测其角位移，如图 10-21（b）所示；③根据滑动时手指与对象物体间的动摩擦力来检测，如图 10-21（c）所示；④根据手指压力分布的改变来检测，如图 10-21（d）所示。

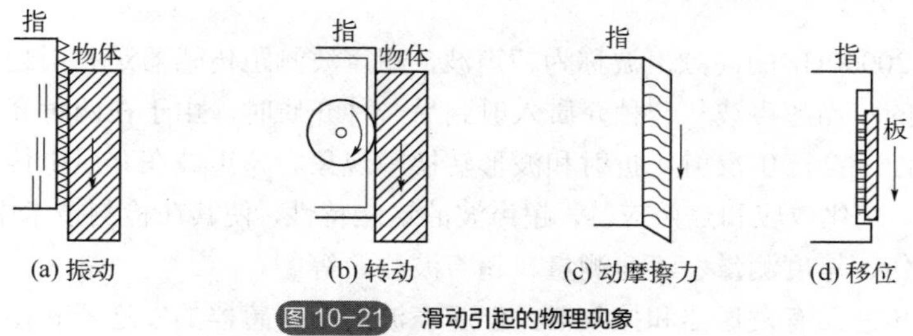

图 10-21 滑动引起的物理现象

图 10-22 所示为一种测振式滑觉传感器。传感器尖端用一个 ϕ=0.05mm 的钢球接触被握物体，振动通过杠杆传向磁铁，磁铁的振动在线圈中感应交变电流并输出。在传感器中设有橡胶阻尼圈和油阻尼器。滑动信号能清楚地从噪声中被分离出来，但其检测头需直接与对象物接触，在握持类似于圆柱体的对象物时，必须准确选择握持位置，否则不能起到检测滑觉的作用。其接触为点接触，要防止因接触压力过大而损坏对象物表面。

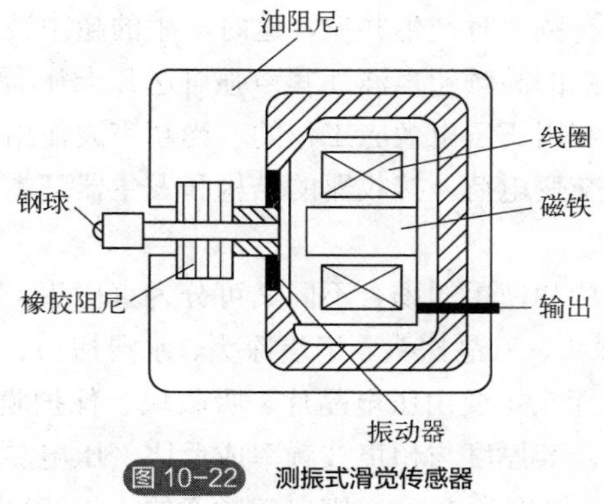

图 10-22 测振式滑觉传感器

10.5 接近觉传感器

接近觉是指机器人能感觉到距离几毫米到十几厘米远的对象物或障碍物，能检测出物体的距离、相对倾角或对象物表面的性质。这是非接触式感觉。

接近觉传感器可分为六种：电磁式（感应电流式）、光电式（反射或透射式）、静电容式、气压式、超声波式和红外线式，如图 10-23 所示。

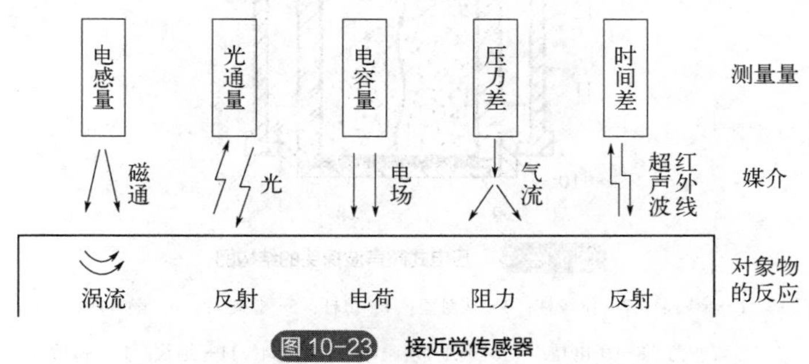

图 10-23 接近觉传感器

10.5.1 超声波测距传感器

通常，高于 20000Hz 的高频声波称为超声波，超声波测距传感器是利用超声波的特性实现对被测量的检测的。当超声波从一种介质入射到另一种介质时，由于在两种介质中的传播速度不同，在介质界面上会产生反射、折射和波形转换等现象。超声波在介质中传播时与介质作用会产生机械效应、空化效应和热效应等。超声波的这些特性，使其在检测技术中获得广泛应用，如超声波无损探伤、厚度测量、流速测量、超声波测距等。

超声波测距传感器有发送器和接收器，但超声波测距传感器的发送器和接收器兼有发射和接收超声波的双重作用，即为可逆元件。超声波测距传感器按其工作原理可以分为电致伸缩式、磁致伸缩式、电磁式等。实际使用中最常见的是电致伸缩式。

电致伸缩式超声波测距传感器是利用电致伸缩效应即压电效应工作的，因而也称为压电式超声波测距传感器或压电式超声波探头。

压电式超声波发生器是利用逆压电效应工作的。在压电晶片上施加交变电压，使它产生电致伸缩振动，从而产生超声波。常用的压电材料有石英晶体、压电陶瓷和压电薄膜。当外加交变电压的频率等于晶片的固有频率时产生共振，这时产生的超声波最强。压电式发射探头可以产生几十千赫兹到几十兆赫兹的高频超声波，其声强可达几十瓦/厘米²。

压电式超声波接收器是利用正压电效应工作的，当超声波作用在压电晶片上时，使晶片伸缩，在晶片的两个界面产生交变电荷。接收器的结构和发生器基本相同，有时就用同一套装置兼作发生器和接收器。

压电式超声波探头按结构和使用的场合不同又可分为直探头（纵波探头）、斜探头（横波探头）、表面波探头、兰姆波探头、双晶探头、聚焦探头、水浸探头、空气传导探头和其他专用探头等。典型的压电式超声波探头主要由压电晶片、吸收块、保护膜等组成，其结构如图 10-24 所示。压电晶片多为圆板形，其厚度与超声波频率成反比。压电晶片的两面镀有银层，作为导电的极板。若晶片（锆钛酸）厚度为 1mm，则自然频率约为 1.89MHz；若厚度为 0.7mm，自然频率为 2.5MHz。这是常用的超声频率。

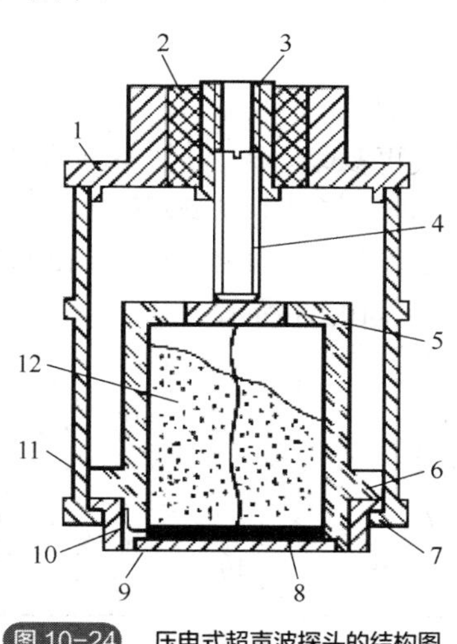

图 10-24 压电式超声波探头的结构图

1—金属盖；2—绝缘柱；3—接触座；4—螺杆；5—接地片；6—晶片座；
7—金属外壳；8—压电晶片；9—保护膜；10—接地铜圈；11—地线；12—吸收块

超声波测距传感器从发射器发出的超声波，经目标反射后沿原路返回接收器所需的时间，即为渡越时间。通过测量渡越时间，利用介质中已知的声速即可求得目标与传感器的距离，在机器人感知系统中可用于物位、液位、导航和避障，以及焊缝跟踪、物体识别等。

10.5.2　激光测距传感器

激光测距传感器是利用光的直线传播性、聚束性、波动性、光速等各种性质，对距机器人远处物体的非接触距离测量，其大致可以分为被动法（利用自然光）和主动法（利用强光源照射）。图 10-25 所示的三角测量原理是最基本、最重要的原理，大多数光学测距法都多多少少与这个原理相关。

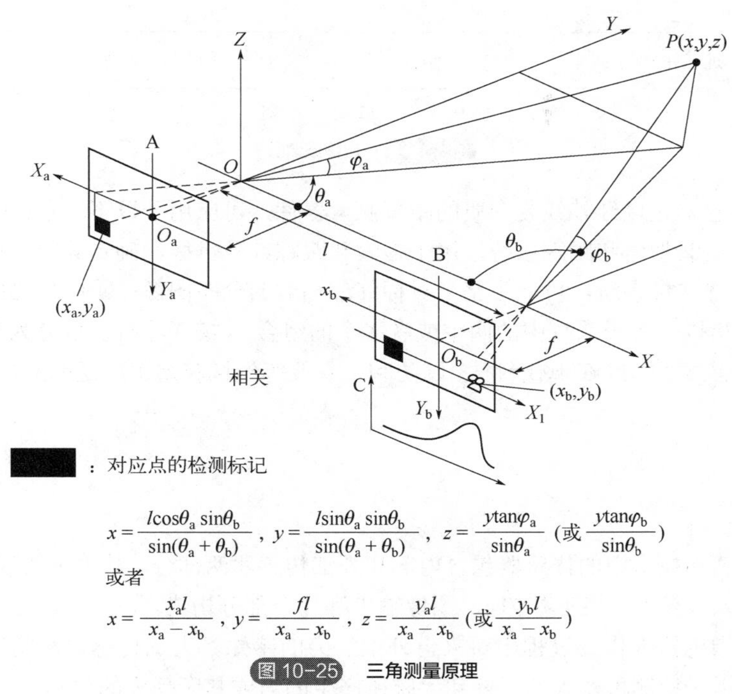

$$x=\frac{l\cos\theta_a\sin\theta_b}{\sin(\theta_a+\theta_b)},\ y=\frac{l\sin\theta_a\sin\theta_b}{\sin(\theta_a+\theta_b)},\ z=\frac{y\tan\varphi_a}{\sin\theta_a}\ (\text{或}\frac{y\tan\varphi_b}{\sin\theta_b})$$

或者

$$x=\frac{x_a l}{x_a-x_b},\ y=\frac{fl}{x_a-x_b},\ z=\frac{y_a l}{x_a-x_b}\ (\text{或}\frac{y_b l}{x_a-x_b})$$

图 10-25　三角测量原理

10.5.3　红外测距传感器

红外线是一种不可见光，由于是位于可见光中红色光以外的光线，故称为红外线，波长为 0.76～1000μm。红外线在电磁波谱中的位置如图 10-26 所示。在工程上，又把红外线所占据的波段分为四个部分，即近红外、中红外、远红外和极远红外。

红外辐射的物理本质是热辐射。一个炽热物体向外辐射的能量大部分是通过红外辐射发出去的，且物体的温度越高，辐射出的红外线就越多，辐射的能量就越强。当红外线被物体吸收，可以显著地转变为物体的热能。

红外线和所有的电磁波一样，是以波的形式在空间直线传播的。它在大气中传播时，大气层对不同波长的红外线存在不同的吸收带，部分气体传感器就是利用该特性工作的，但空气中对称的双原子气体，如 N_2、O_2、H_2 等不吸收红外线。而红外线在通过大气层时，有三个波段通过率高，它们分别为 2～2.6μm、3～5μm 和 8～14μm，统称为“大气窗口”。这三个波段对红外探测技术特别重要，因为红外探测器一般工作在这三个波段内。利用红外线作为检测媒介来测量某些非电量，比可见光作为媒介的检测方法要好，具有不受可见光影响、可昼夜测量、不必设光源等特点。

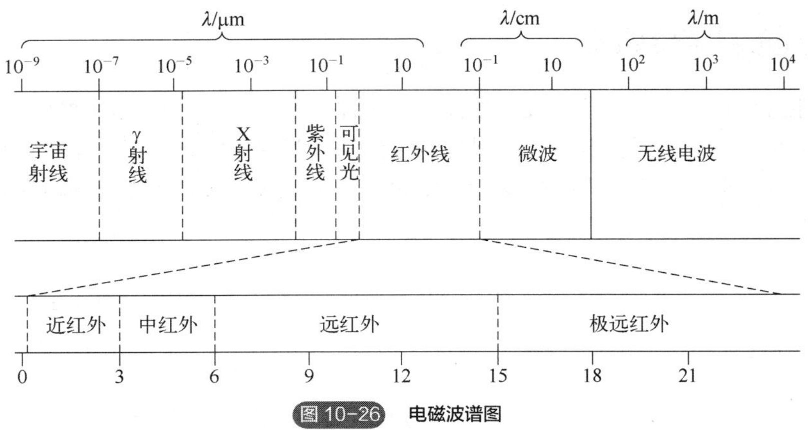

图 10-26 电磁波谱图

红外测距传感器是以红外线为介质的距离测量器件，可应用于以下场景：①辐射计，用于辐射和光谱测量；②搜索和跟踪系统，用于搜索和跟踪红外目标，确定其空间位置并对它的运动进行跟踪；③热成像系统，可产生整个目标红外辐射的分布图像；④红外测距和通信系统；⑤混合系统，是指以上各类系统中的两个或者多个的组合。按探测机理可分为光子探测器和热探测器。红外传感技术已经在现代科技、国防和工农业等领域获得了广泛的应用。

拓展阅读

本章小结

- 机器人感知技术中的传感器包含内部和外部传感器两部分，其中机器视觉系统由光源、图像输入（获取）、图像处理、图像输出等几个部分构成。
- 力觉是指机器人作业过程中对来自外部的力的感知。力觉传感器经常装于机器人关节处，是用来检测机器人的手臂和手腕所产生的力或其所受力的传感器。
- 听觉传感器是将声源通过空气振动产生的声波转换成电信号的换能设备。
- 滑觉传感器是使机器人的握力满足物体既不产生滑动而握力又为最小临界握力的传感器。
- 触觉、接近觉传感器种类和它们的工作原理等内容。

习题与思考题

10-1 简述工业机器人传感器的分类和原理。

10-2 列举触觉传感器并简述其原理。

10-3 简述机器人视觉系统的作用和特点。

10-4 列举两种工业机器人传感器的应用。

先进技术篇

第 11 章

无线传感器网络

思维导图

扫码获取本书资源

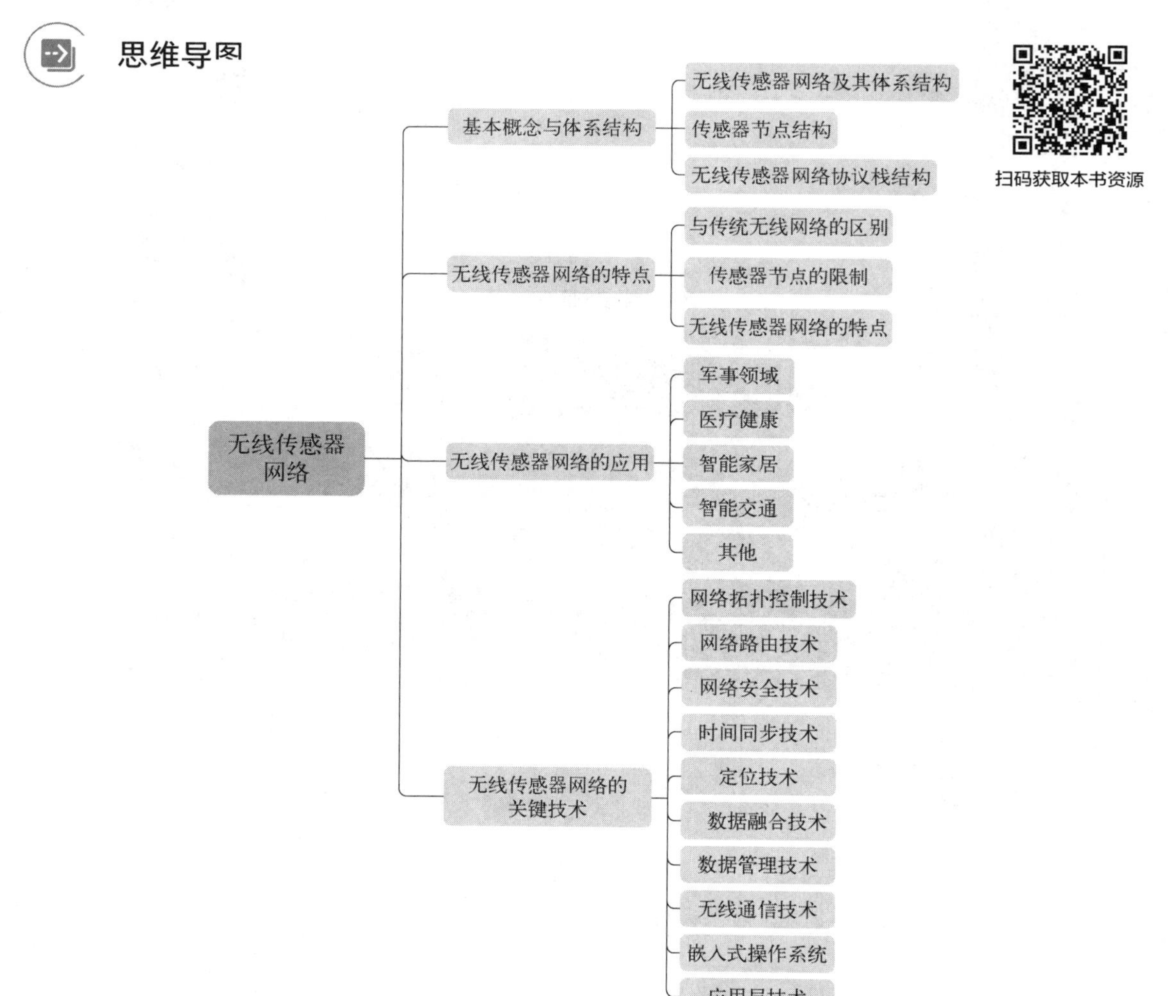

案例引入

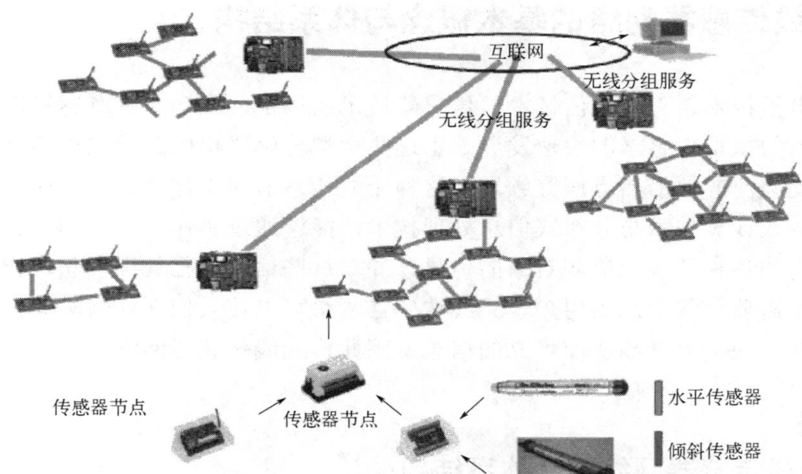

在我国南部某沿海城市存在大量山地，城市居民人口众多，要求土地必须保持较高的利用率，因此大量建筑和道路都位于山区附近。该地区降雨量常年偏高，尤其在每年夏季的梅雨季节，会出现大量的降水。不稳定的山地在受到雨水侵蚀后，容易发生山体滑坡，对居民生命财产安全构成巨大的威胁。

有关部门尝试部署过多套有线方式的监测网络以对山体滑坡进行监测和预警，但是由于监测区域往往为人迹罕至的山间，缺乏道路，野外布线、电源供给等都受到限制，使有线系统部署起来非常困难。另外，有线方式往往采用就近部署 Datalogger 的方式采集数据，需要专人定时前往监测点下载数据，系统得不到实时数据，灵活性较差。

对此，在与地理监测专家进行多次交流，并进行数次实地考察后，某公司提出了基于无线传感器网络的山体滑坡监测解决方案。

山体滑坡的监测主要依靠两种传感器的作用：液位传感器和倾角传感器。在山体容易发生危险的区域，沿着山势走向竖直设置多个孔洞。在每个孔洞的最下端部署一个液位传感器，在不同深度部署数个倾角传感器。由于山体滑坡现象主要是由雨水侵蚀产生的，因此地下水位深度是标识山体滑坡危险度的第一指标。该数据由部署在孔洞最下端的液位传感器采集并由无线网络发送。通过倾角传感器可以监测山体的运动状况。山体往往由多层土壤或岩石组成，不同层次间由于物理构成和侵蚀程度不同，其运动速度不同。发生这种现象时，部署在不同深度的倾角传感器将会返回不同的倾角数据。在无线网络获取到各个倾角传感器的数据后，通过数据融合处理，专业人员就可以据此判断出山体滑坡的趋势和强度，并判断其威胁性。

拓展阅读

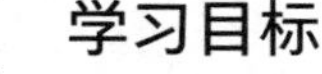

学习目标

1. 了解无线传感器网络的基本概念；
2. 了解无线传感器网络的特点；
3. 理解无线传感器网络的关键技术；
4. 了解无线传感器网络的应用。

11.1　无线传感器网络的基本概念与体系结构

随着微电子技术、无线通信技术与传感器技术的进步，推动了具有感知能力、计算能力和通信能力的微型传感器的快速发展。由这些微型传感器构成的无线传感器网络已经成为国际上备受关注的前沿热点研究领域。这种无线传感器网络综合了无线通信技术、传感器技术、嵌入式计算技术与分布式信息处理技术，能够通过协作实时监测、感知和采集网络分布区域内的各种环境或监测对象的信息，并对这些信息进行处理，获得详尽而准确的数据，传送给需要这些信息的用户。无线传感器网络可以使人们在任何时间、任何地点和任何环境条件下获取大量翔实而可靠的信息。因此，无线传感器网络具有十分广阔的应用前景。

11.1.1　无线传感器网络及其体系结构

无线传感器网络（wireless sensor network,WSN）是由部署在监测区域内的大量、廉价的微型传感器节点通过无线通信方式形成的一种多跳自组织的网络系统，其目的是协作地感知、采集和处理网络覆盖范围内感知对象的信息，并发送给观察者或者用户。传感器、感知对象和观察者构成了传感器网络的三个要素。

无线传感器网络具有众多类型的传感器节点，可用来探测包括地震、电磁波、温度、湿度、噪声、光强度、压力、土壤成分等周边环境中的多种多样的现象。无线传感器网络的任务是利用传感器节点来监测节点周围的环境，收集相关数据，然后通过无线收发装置采用多跳路由的方式将数据发送给汇聚节点，再通过汇聚节点将数据传送到用户端，从而达到对目标区域的监测。无线传感器网络扩展了人们的信息获取能力，将客观物理信息与逻辑上的传输网络融合在一起，改变了人类与自然的交互方式。

无线传感器网络系统通常包括传感器节点、汇聚节点和管理节点，如图 11-1 所示。有时汇聚节点也称为网关节点。

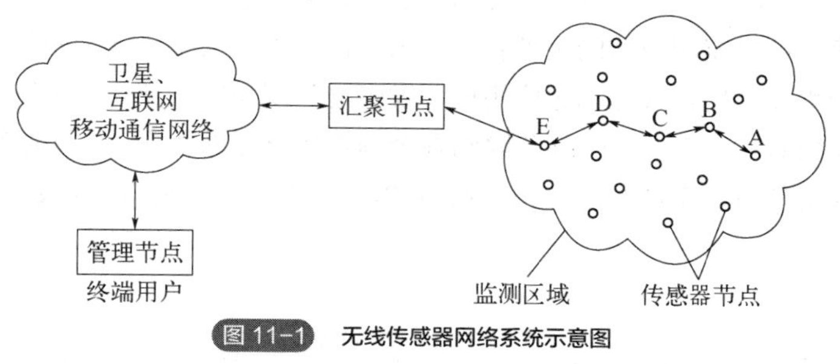

图 11-1　无线传感器网络系统示意图

大量传感器节点随机部署在监测区域内部或者附近，能够通过自组织方式构成网络。传感器节点监测的数据沿着其他传感器节点逐条地进行传输，在传输过程中监测数据可能被多个节点处理，经过多跳后路由到汇聚节点，最后通过互联网或者卫星等到达管理节点。用户通过管理节点对无线传感器网络进行配置和管理，发布监测任务以及收集监测数据。传感器节点通常是一个微型嵌入式系统，其处理能力、存储能力和通信能力相对较弱，通过能量有限的电池供电。从网络功能上看，每个传感器节点兼顾传统网络节点的终端和路由器双重功能，除了进行本地信息收集和数据处理外，还要对其他节点转发来的数据进行存储、管理和融合等处理，同时与其他节点协作完成一些特殊任务。

汇聚节点的处理能力、存储能力和通信能力相对比较强，它连接无线传感器网络与外部网络，主要负责将普通传感器节点传送回的数据分类汇总，并发布到外部网络；或者将管理节点的监测任务发布给传感器节点。

管理节点实际上是无线传感器网络使用者直接操纵的计算机终端或服务器，充当无线传感器网络服务器的角色，通过与管理基站的信息传递来监控整个网络的数据和状态。

11.1.2 传感器节点结构

传感器节点由传感器模块、处理器模块、无线通信模块和能量供应模块四部分组成，如图 11-2 所示。

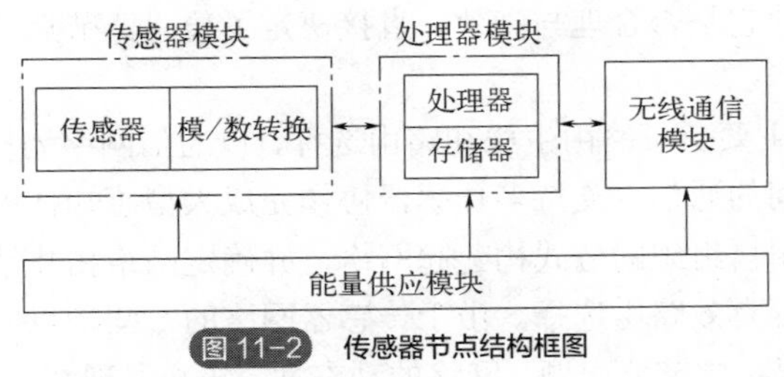

图 11-2 传感器节点结构框图

传感器模块负责监测区域内信息的采集和数据转换。一般来说，传感器模块有两种实现模式。一种是直接将传感器集成在节点上，这类设计方案主要针对体积较小、调理电路简单的传感器。节点上可以集成温度、湿度、加速度等传感器，并可根据应用需求完成多种传感功能。但集成型的传感器不易于系统的扩展，灵活性也不强。另一种是将传感器以插件的方式同节点连接，主要应用于规模较大的传感器模块，如南京邮电大学的 UbiCell 节点就是采用这样的结构。UbiCell 节点上的温度传感器、光照度传感器和湿度传感器分别采用的是 DS18B20、LX1970 和 HS1101，它们并不直接连接在节点上，而是集成在一个带有数码管的传感面板上，通过传感面板与节点之间的标准 I/O 接口实现传感数据传输。

目前使用较为广泛的传感器节点是 Smart Dust、Mote 和 Mica。Smart Dust 是美国国防部资助的一个无线传感器网络项目的名称。该项目开发的产品也称 Smart Dust。Mote 系列节点也由美国军方资助。Mica 系列节点是美国加州大学伯克利分校研制的用于无线传感器网络研究的演示平台的实验节点。节点设计考虑了微型化即不易察觉，适合特殊任务；良好的稳定性和安全性，在恶劣环境下也不易损坏，防止外界因素造成的损坏；敏感数据以密文形式存储和发送；低成本，适合大量部署。

处理器模块负责控制整个传感器节点的操作、存储和处理本节点采集的数据及其他节点发来的数据。无线通信模块负责与其他传感器节点进行无线通信，交换控制信息和收发数据。能量供应模块为传感器节点提供运行所需的能量，通常采用微型电池。

11.1.3 无线传感器网络协议栈结构

无线传感器网络协议栈包括与互联网协议栈的五层协议相对应的物理层、数据链路层、网络层、传输层和应用层，还包括能量管理平台、移动管理平台和任务管理平台，如图 11-3 所示。这些管理平台使传感器节点能够按照能量高效的方式协同工作，在节点移动的无线传感器网络中转发数据，并支持多任务和资源共享。

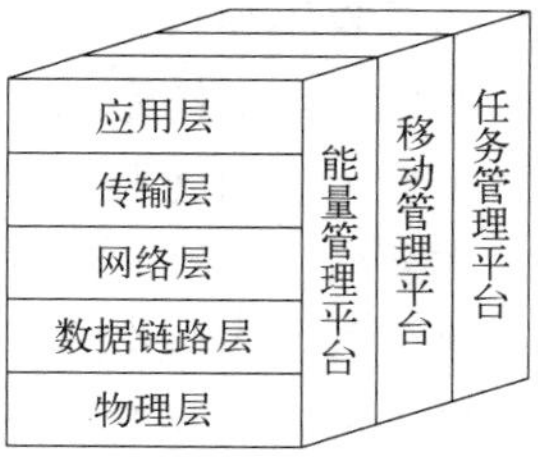

图 11-3 无线传感器网络协议栈

（1）各协议层的功能

1）物理层。物理层提供简单但重要的信号调制和无线收发技术，负责频率选择、载波生成、信号检测、调制解调、编码、定时和同步等。物理层的设计直接影响电路的复杂度和传输能耗等问题，设计目标是以尽可能少的能量损耗获得较大的链路容量。

2）数据链路层。数据链路层负责数据成帧、帧监测、差错校验和介质访问控制（MAC）方法等，以保证可靠的点到点和点到多点的通信。介质访问控制方法规定了不同的用户如何共享可用的信道资源，因此它是否合理与高效，直接决定了传感器节点间协调的有效性和对网络拓扑结构的适应性。

3）网络层。网络层主要负责路由生成和路由选择，以通信网络为核心，实现传感器与传感器、传感器与观察者之间的通信，支持多传感器协作完成大型感知任务。网络层和数据链路层协同工作，使各节点采用自组织的方式构建起网络，并确定网络拓扑结构。随后在给定网络的拓扑结构的情况下，进行有效路由选择。由于传感器网络的一些特点，其路由层除了高效地完成路由转发任务外，还要考虑节能问题、网络的动态性、拓扑发现和大规模性、数据传送模式、网络负载和能耗平衡、数据冗余和数据融合等问题。一个无线传感器网络通常是为某个具体的应用场合设计的，具有很强的应用背景，因此很难采用通用的路由协议。

4）传输层。传输层负责数据流的传输控制，是保证通信服务质量的重要部分。现阶段对传输控制的研究主要集中于错误恢复机制，但是目前还没有专门适用于无线传感器网络的协议。

5）应用层。应用层解决应用的共性问题，包括应用基础和典型应用，主要负责时间同步、节点定位、QoS（服务质量）、移动性控制、能量管理、配置管理、安全管理和远程管理，包括一系列基于监测任务的应用层软件。

（2）管理平台的功能

1）能量管理平台。能量管理平台管理传感器节点如何使用能量，综合协调各层节省能量。在无线传感器网络中电源能量是各个节点最宝贵的资源。为了使传感器网络的使用时间尽可能长，需要合理、有效地控制节点对能量的使用。每个协议层中都要增加能量控制代码，并提供给操作系统进行能量分配决策。

2）移动管理平台。移动管理平台用于监测和控制节点的移动，维护到汇聚节点的路由，还可以使传感器节点跟踪其邻居的位置。

3）任务管理平台。任务管理平台在一个给定的区域内平衡和调度监测任务。

这三个平台互相配合工作，使得传感器节点能够协调、高效地运转，为整个网络进行路由，在节点间进行资源共享。

11.2 无线传感器网络的特点

11.2.1 与传统无线网络的区别

无线自组网（mobile ad hoc network）是一个由几十到上百个节点组成的、采用无线通信方式、动态组网的多跳移动性对等网络。它以传输数据、完成通信为目的，中间节点仅负责分组数据的转发，通常中间节点具有持续的能量供应。它们注重在高度移动的环境中通过优化路由和资源管理策略，最大化带宽利用率，同时提供高服务质量。

无线传感器网络是以数据为中心，以获取信息为目的，中间节点不仅要转发数据，还要进行与具体应用相关的数据处理、融合和缓存。除了少数节点可能移动外，大部分节点都是固定不动的。

另外，传统无线网络的首要设计目标是提供高服务质量和高带宽利用率，其次才考虑节约能源；而由于传感器节点的能量、处理能力、存储能力和通信能力等都十分有限，无线传感器网络的首要设计目标是能源的高效利用，这也是无线传感器网络和传统无线网络最重要的区别之一。

11.2.2 传感器节点的限制

传感器节点在实现各种网络协议和应用系统时，存在一些限制和约束。

（1）电源能量有限

传感器节点体积微小，通常携带能量十分有限的电池。由于传感器节点数目庞大、分布区域广，而且部署环境复杂，有些区域甚至人员无法到达，无法通过更换电池的方式补充能量。

传感器节点消耗能量的模块包括传感器模块、处理器模块和无线通信模块。随着集成电路工艺的进步，处理器和传感器模块的功耗变得很低，绝大部分能量消耗在无线通信模块上。

无线通信模块存在发送、接收、空闲和睡眠四种状态。在空闲状态，无线通信模块一直监听无线信道的使用情况，检查是否有数据发送给自己，而在睡眠状态则关闭无线通信模块。它在发送状态时的能量消耗最大，在空闲状态和接收状态时的能量消耗相当，略少于发送状态时的能量消耗，在睡眠状态时的能量消耗最少。如何让网络通信更有效率，减少不必要的转发和接收，不需要通信时尽快进入睡眠状态，是无线传感器网络协议需要重点考虑的问题。

（2）通信能力有限

无线通信的能耗 E 与通信距离 d 的关系为

$$E=hd^n$$

其中，h 是系数；参数 n 满足 $2<n<4$。n 的取值与很多因素有关，例如传感器节点部署贴近地面时，障碍物多且干扰大，n 的取值就大；天线质量对信号发射质量的影响也很大。通常取 n 为 3，即无线通信能耗与距离的三次方成正比。随着通信距离的增加，能耗将急剧增加。因此，在满足通信连通度的前提下，应尽量减小单跳通信距离。一般地，传感器节点的无线通信半径在 100m 以内比较合适。

考虑到传感器节点的能量限制和网络覆盖区域大，传感器网络采用多跳路由的传输机制。传感器节点的无线通信带宽有限，通常仅有几百 kbit/s 的速率。由于节点能量的变化受到高山、建筑物、障碍物等及风雨雷电等自然环境的影响，无线通信性能可能经常变化，频繁出现通信中断。在这样的通信环境中和节点有限的通信能力下，如何设计网络通信机制以满足无线传感器网络的通信需求，是无线传感器网络应用需要考虑的重点问题。

（3）计算和存储能力有限

传感器节点是一种微型嵌入式设备，要求它价格低、功耗小，这些限制必然导致其携带的处理器能力比较弱、存储器容量比较小。为了完成各种任务，传感器节点需要完成监测数据的采集和转换、数据的管理和处理、应答汇聚节点的任务请求和节点控制等多种工作。如何利用有限的计算和存储资源完成诸多协同任务成为无线传感器网络设计的挑战。

11.2.3 无线传感器网络的特点

（1）大规模性

为了获取准确信息，在监测区域通常部署大量传感器节点，其数量可能成千上万，甚至更多。传感器网络的大规模性包含两方面含义：一方面，传感器节点分布在很大的地理区域内，如在原始森林采用无线传感器网络进行森林防火和环境监测，需要部署大量的传感器节点；另一方面，在一个面积不是很大的空间内，部署大量的传感器节点，即传感器节点部署很密集。

无线传感器网络的大规模性具有如下优点：

1）通过不同空间视角获得的信息具有更大的信噪比。

2）分布式地处理大量的采集信息，能够提高监测的准确度，降低对单个节点传感器的精度要求。

3）大量冗余节点的存在，使系统具有很强的容错性能。

4）大量节点能增大监测区域，减少盲区的存在。

（2）自组织性与动态性

在无线传感器网络应用中，通常情况下传感器节点被放置在没有基础结构设施的地方。传感器节点的位置不能预先精确设定，节点之间的相互邻居关系预先也不知道，如通过飞机播撒大量传感器节点到面积广阔的原始森林中，或随意放置到人不可到达或有危险的区域。这样就要求传感器节点具有自组织的能力，能够自动进行配置和管理，通过拓扑控制机制和网络协议自动形成能转发监测数据的多跳无线网络系统。同时，由于部分传感器节点能量耗尽或环境因素造成失效，以及经常有新的节点加入，或是网络中的传感器、感知对象和观察者这三要素都可能具有移动性，这就要求传感器网络必须具有很强的动态性，以适应网络拓扑结构的动态变化。

（3）以数据为中心

传统的计算机网络以地址（MAC 地址或 IP 地址）为中心，数据的接收、发送和路由都按照地址进行处理。而无线传感器网络是任务型的网络，用户通常不需要知道数据来自哪一个节点，而更关注数据及其所属的空间位置。例如，在目标跟踪系统中，用户只关心目标出现的位置和时间，并不关心是哪一个节点监测到目标。因此，在无线传感器网络中不一定按地址来选择路径，而可能根据感兴趣的数据建立起从发送方到接收方的转发路径。另外，传统的计算机网络要求实现端到端的可靠传输，传输过程中不会对数据进行分析和处理，而无线传感器网络要求的是高效率传输，需要尽量减少数据冗余，降低能量消耗，数据融合是传输过程中的重要操作。

（4）应用相关性

无线传感器网络用来感知客观世界，获取客观世界的信息。客观世界的物理量多种多样，不同的无线传感器网络应用关心不同的物理量，因此，对传感器的应用系统也有多种多样的要求。不同的应用背景对无线传感器网络的要求不同，其硬件平台、软件系统和网络协议必然会有很大差别。所以无线传感器网络不能像 Internet 一样有统一的通信协议平台。对于不同的无线传感器网络应用，虽然存在一些共性问题，但在开发无线传感器网络应用时，更关心无线传感器网络的差异。只有让系统更贴近应用，才能做出更高效的目标系统。针对每一个具体应用来研究无线传感器网络技术，这是无线传感器网络设计不同于传统网络的显著特征。

（5）可靠性

无线传感器网络特别适合部署在恶劣环境或人类不易到达的区域，传感器节点可能工作在露天环境中，遭受太阳的暴晒或风吹雨淋，甚至遭到无关人员或动物的破坏。传感器节点往往采用随机部署，如通过飞机撒播或发射炮弹到指定区域进行部署。这些都要求传感器节点非常坚固，不易损坏，以适应各种恶劣的环境条件。

由于监测区域环境的限制及传感器节点数目巨大，不可能人工“照顾”每个传感器节点，以至于网络的维护十分困难，甚至不可维护。无线传感器网络的通信保密性和安全性也十分重要，不但要防止监测数据被盗取，还要防止获取伪造的监测信息。因此，无线传感器网络的软硬件必须具有较好的鲁棒性和容错性。

11.3　无线传感器网络的应用

无线传感器网络是由大量价格低的多种不同类型的传感器构成的无线网络，可以用于监控温度、湿度、压力、土壤构成、噪声、机械应力等多种环境参数。传感器节点可以完成连续监测、目标发现、位置识别和执行器的本地控制等任务，因此无线传感器网络的应用前景非常广阔，能够广泛应用于军事、环境监测、医疗健康、智能家居、工业智能、智能交通、空间探索和反恐、救灾等领域。

（1）军事领域

无线传感器网络的相关研究最早起源于军事领域。由于其具有可快速部署、自组织、隐蔽性强和高容错性的特点，能够实现对敌方的地形和兵力布防及装备的侦察、战场的实时监视、定位攻击目标、战场评估、核攻击和生物化学攻击的监测和搜索等功能。

在战场中，指挥员往往需要及时、准确地了解敌我人员、武器装备、通信和军用物资供给的情况。通过随机撒播、特种炮弹发射等手段，可以将大量传感器节点密集地散布于预定区域，收集该区域内有价值的信息，并通过汇聚节点将数据传送至指挥所，也可经由卫星信道转发到指挥部，最后融合来自各战场的数据，形成我军完备的战区态势图。在战争中，对冲突区和军事要地的监视也是至关重要的，通过布设无线传感器网络，可以方便地监控我军布防的阵地是否有敌军入侵，或是以更为隐蔽的方式近距离地观察敌方的布防；当然，也可以直接将传感器节点撒向敌方阵地，在敌方还未来得及反应时迅速收集有关作战信息。无线传感器网络可以为火控和制导系统提供准确的目标定位信息。利用生物和化学传感器，可以准确地探测到生化武器的成分，及时提供情报信息，有利于正确防范和实施有效的反击。

作为 C4ISRT(command，control，communication，computing，intelligence，surveillance，reconnaissance and targeting)系统的一个不可或缺的组成部分，无线传感器网络以其低成本、密集、随机分布、自组织性和强容错能力的特点，及时、准确地为战场指挥系统提供高可靠性的军事信息。即使在部分传感器节点失效时，无线传感器网络作为整体，仍能完成观测。

图 11-4 所示为反狙击手系统，包含一个车载或由士兵穿戴的麦克风阵列。该系统采用被动声学传感器检测飞来的子弹。通过处理从麦克风检测到的相关音频信号来估计狙击手的位置。在城市中，士兵和车辆可能被来自任何地点的火力攻击，因为车载传感器在移动情况下也能很好地工作，所以系统能很好地定位各方向的狙击手。

图 11-4 反狙击手系统

（2）医疗健康

无线传感器网络所具备的自组织、微型化和对周围区域的感知能力等特点，决定了它在检测人体生理数据、健康状况，医院药品管理及远程医疗等方面可以发挥出色的作用，因而在医疗领域有着广阔的应用前景。

如果在住院病人身上安装特殊用途的传感器节点，如心率和血压监测设备，通过无线传感器网络，远端的医生就可以随时了解被监护病人的病情，以进行及时处理。还可以利用无线传感器网络长时间地收集人体的生理数据，这些数据在研制新药品的过程中非常有用。在药品管理方面，将传感器节点按药品种类分别放置，计算机系统即可帮助辨认所开的药品，从而减小病人用错药的可能性。在 SSIM（smart sensors and integrated microsystems，智能传感器和集成微系统）项目中，100 个微型传感器被植入病人眼中，从而帮助盲人获得了一定程度的视觉。

哈佛大学的一个研究小组利用无线传感器网络构建了一个医疗监测平台，传感器节点安装在患者身上，医生通过手持 PDA 可以随时接收报警消息或查询病人状况。这样的无线传感器网络使患者摆脱了传统监测仪器线缆的束缚，可以自由活动。该系统已经在美国一些医院中进行了测试。

（3）智能家居

无线传感器网络在智能家居中有着广阔的应用，如在家具和家电中嵌入传感器，通过无线网络与 Internet 连接在一起，能够为人们提供更加舒适、方便和更具有人性化的智能家居环境。用户可以方便地对家电进行远程监控，如在下班前遥控家里的电饭锅、微波炉、电话机、电视机、计算机等，按照自己的意愿完成相应的煮饭、烧菜、查收电话留言、选择电视节目及下载网络资料等工作。无线传感器网络在家庭中的应用，能够给人们的家居生活带来革命性的影响。

（4）智能交通

智能交通系统综合运用大量无线传感器网络，配合 GPS（全球定位系统）、区域网络系统，实现对车辆的优化调度。通过传感器节点的探测，可以得到实时的交通信息，如车辆的数量、长度、道路拥塞程度等，从而为个体交通推荐实时的、最佳的路线和服务。

（5）空间探索

在太空探索方面，借助于航天器在地外星体上撒播一些传感器节点，可以实现对星体表面长期的监测，这是目前最为经济可行的探测方案。美国国家航空航天局（NASA）的 JPL(jet propulsion laboratory)实验室正在研制的 Sensor Webs 就是为火星探测进行的技术准备。

（6）工业领域

拓展阅读

在一些有危险的工作环境，如煤矿、油井、核电厂等，利用无线传感器网络可以探测工作现场有哪些员工、他们在做什么以及他们的安全保障等重要信息。

采用无线传感器网络，可以让大楼、桥梁及其他建筑物能够感知并汇报自身的状态信息，从而让管理部门按照优先级来进行一系列的修复工作。许多老旧桥梁的桥墩长期受到水流的冲刷，传感器节点能够放置在桥墩底部来感测桥墩结构，也可放置在桥梁两侧或底部，搜集桥梁的温度、湿度、振动幅度、桥墩被侵蚀程度等信息，以减少因桥梁损坏可能造成的生命财产损失。如美国最大的工程建筑公司贝克特营建集团公司采用了无线传感器网络监测伦敦地铁系统。科学家利用 200 多个 Mica2 节点组成的 WSN，成功监测和评估了旧金山金门大桥在各种自然条件下的安全状况。

在机械故障诊断方面，Intel 公司曾在芯片制造设备上安装过 200 个传感器节点，用来监控设备的振动情况，并在测量结果超出规定时提供监测报告，效果非常显著。

（7）农业领域

无线传感器网络可以用于监视农作物灌溉情况、土壤空气变化、病虫害、牲畜和家禽的环境状况以及进行大面积的地表检测等，前景无限广阔。

北京市大兴区菊花生产基地使用无线传感器网络采集日光温室和土壤的温湿度参数，并通过控制模块实现温湿度的控制，实现了温室生产的智能控制和管理，提高了菊花生产的管理水平，使生产成本下降了25%。

Digital Sun公司生产的自动洒水系统S.Sense Wireless Sensor被国际上多家媒体报道。它使用无线传感器感应土壤的水分，并在必要时与接收器通信，控制灌溉系统的阀门打开/关闭，从而达到自动和节水灌溉的目的。

（8）其他应用

德国某研究机构正在利用无线传感器网络技术为足球裁判研制一套辅助系统，以降低足球比赛中越位和进球的误判率。

在商务方面，无线传感器网络可用于物流和供应链的管理，监测物资的保存状态和数量。在仓库的每项存货中安置传感器节点，管理员可以方便地查询到存货的位置和数量。无线传感器网络有着十分广阔的应用前景，可以预见，微型、智能、廉价、高效的无线传感器必将融入我们的生活，使我们感受到一个无处不在的、智能的网络世界。

11.4 无线传感器网络的关键技术

无线传感器网络作为当今信息领域新的研究热点，涉及多学科交叉的研究领域，有非常多的关键技术有待研究，下面仅列出部分关键技术。

（1）网络拓扑控制技术

对于无线的自组织传感器网络而言，网络拓扑控制具有特别重要的意义。通过拓扑控制自动生成良好的网络拓扑结构，能够提高路由协议和MAC协议的效率，可为数据融合、时间同步和目标定位等很多方面奠定基础，有利于节省节点的能量来延长网络的生存期。所以，网络拓扑控制是无线传感器网络研究的核心技术之一。如图11-5所示为无线传感器网络的体系结构。

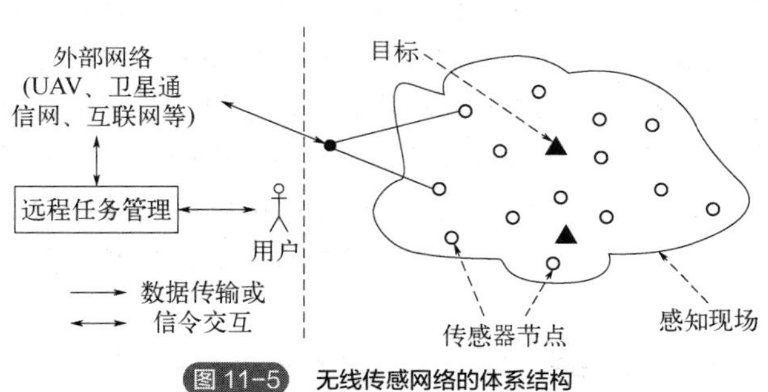

图11-5　无线传感网络的体系结构

传感器网络拓扑控制目前主要研究的问题是在满足网络覆盖度和连通度的前提下，通过功率控制和骨干网节点的选择，剔除节点之间不必要的无线通信链路，生成一个高效的转发数据的网络拓扑结构。网络拓扑控制可以分为节点功率控制和层次拓扑控制两个方面。功率控制机制调节网络中每个节点的发射功率，在满足网络连通度的前提下，减少节点的发送功率，均衡节点单跳可达的邻居数目。目前有COMPOW等统一功率分配算法，LINT/LILT和LMN/LMA

等基于节点度的算法，CBTC、LMST、RNG、DRNG 和 DLSS 等基于邻近图的近似算法。层次拓扑控制采用分簇机制实现，在网络中选择少数关键节点作为簇首，由簇首节点实现全网的数据转发，簇成员节点可以暂时关闭无线通信模块，进入睡眠状态以节省能量，目前有 TopDisc 成簇算法、改进的 GAF 虚拟地理网格分簇算法，以及 LEACH 和 HEED 等自组织成簇算法。除了传统的功率控制和层次拓扑控制，人们也提出了启发式的节点唤醒和休眠机制。该机制能够使节点在没有事件发生时设置无线通信模块为睡眠状态，而在有事件发生时及时自动醒来并唤醒邻居节点，形成转发数据的拓扑结构。这种机制重点解决节点在睡眠状态和活动状态之间的转换问题，不能独立作为一种拓扑结构控制机制，因此需要与其他拓扑控制算法结合使用。

（2）网络路由技术

由于传感器节点的计算能力、存储能力、通信能力及携带的能量都十分有限，每个节点只能获取局部网络的拓扑信息，其上运行的网络协议也不能太复杂。同时，传感器拓扑结构动态变化，网络资源也在不断变化，这些都对网络协议提出了更高的要求。无线传感器网络协议负责使各个独立的节点形成一个多跳的数据传输网络，目前研究的重点是网络层协议和数据链路层协议。网络层的路由协议决定监测信息的传输路径；数据链路层的介质访问控制协议用来构建底层的基础结构，控制传感器节点的通信过程和工作模式。

在无线传感器网络中，路由协议不仅关心单个节点的能量消耗，更关心整个网络能量的均衡消耗，这样才能延长整个网络的生存期。同时，无线传感器网络是以数据为中心的，这在路由协议中表现得最为突出，每个节点没有必要采用全网统一的编址，选择路径可以不用根据节点的编址，更多的是根据感兴趣的数据建立数据源到汇聚节点之间的转发路径。目前提出了多种类型的无线传感器网络路由协议，如多个能量感知的路由协议，定向扩散和谣传路由等基于查询的路由协议，GEAR 和 GEM 等基于地理位置的路由协议，SPEED 和 RelnForM 等支持 QoS 的路由协议。

无线传感器网络的 MAC 协议首先要考虑节省能源和可扩展性，其次才考虑公平性、利用率和实时性等。在 MAC 层的能量浪费主要表现在空闲侦听、接收不必要的数据和碰撞重传等。为了减少能量的消耗，MAC 协议通常采用“侦听/睡眠”交替的无线信道侦听机制，传感器节点在需要收发数据时才侦听无线信道，没有数据需要收发时就尽量进入睡眠状态。近些年提出了 S-MAC、T-MAC 和 Sift 等基于竞争的 MAC 协议，DEANA、TRAMA、DMAC 和周期性调度等时分复用的 MAC 协议，以及 CSMA/CA 与 CDMA 相结合、TDMA 和 FDMA 相结合的 MAC 协议。由于无线传感器网络是与应用相关的网络，应用需求不同时，网络协议往往需要根据应用类型或应用目标环境特征定制，没有任何一个协议能够高效适应所有不同的应用。

（3）网络安全技术

无线传感器网络作为任务型的网络，不仅要进行数据的传输，而且要进行数据采集和融合、任务的协同控制等。如何保证任务执行的机密性、数据产生的可靠性、数据融合的高效性以及数据传输的安全性，就成为无线传感器网络安全问题需要全面考虑的内容。

为了保证任务的机密布置和任务执行结果的安全传递和融合，无线传感器网络需要实现一些最基本的安全机制，如机密性、点到点的消息认证、完整性鉴别、新鲜性、认证广播和安全管理。除此之外，为了确保数据融合后数据源信息的保留，水印技术也成为无线传感器网络安全的研究内容。

虽然在安全研究方面，无线传感器网络没有引入太多的内容，但无线传感器网络的特点决定了它的安全与传统网络安全在研究方法和计算方法上有很大的不同。首先，无线传感器网络的单元节点的各方面能力都不能与目前 Internet 的任何一种网络终端相比，所以必然存在算法计算强度和安全强度之间的权衡问题，如何通过更简单的算法实现尽量坚固的安全外壳，是无线传感器网络安全的主要挑战；其次，有限的计算资源和能量资源往往需要对系统的各种技术综合考虑，以减少系统代码的数量，如安全路由技术等；另外，无线传感器网络任务的协作特性和路由的局部特性，使节点之间存在安全耦合，单个节点的信息泄露必然威胁网络的安全，所以在考虑安全算法时要尽量减小这种耦合性。

无线传感器网络 SPINS 安全框架在机密性、点到点的消息认证、完整性鉴别、新鲜性、认证广播方面定义了完整有效的机制和算法。安全管理方面目前以密钥预分布模型作为安全初始化和维护的主要机制，其中随机密钥对模型、基于多项式的密钥对模型等是目前最有代表性的算法。

（4）时间同步技术

时间同步是需要协同工作的无线传感器网络系统的一个关键机制。如测量移动车辆速度需要计算不同传感器检测事件的时间差，通过波束阵列确定声源位置节点间的时间同步。NTP 是 Internet 上广泛使用的网络时间协议，但只适用于结构相对稳定、链路很少失败的有线网络系统；GPS 能够以纳秒级精度与世界标准时间 UTC 保持同步，但需要配置固定的高成本接收机，而且在室内、森林或水下等环境中无法使用 GPS。因此，它们都不适合应用在无线传感器网络中。

目前已提出了多个时间同步机制，其中 RBS、TINY/MINI-SYNC 和 TPSN 被认为是三个基本的同步机制。RBS 机制是基于接收者-接收者的时钟同步：一个节点广播时钟参考分组，广播域内的两个节点分别采用本地时钟记录参考分组的到达时间，通过交换记录时间来实现它们之间的时钟同步。TINY/MINI-SYNC 是简单的轻量级的同步机制，假设节点的时钟漂移遵循线性变化，那么两个节点之间的时间偏移也是线性的，可通过交换时间分组来估计两个节点间的最优匹配偏移量。TPSN 采用层次结构实现整个网络节点的时间同步：所有节点按照层次结构进行逻辑分级，通过基于发送者-接收者的节点对方式，每个节点能够与上一级的某个节点进行同步，从而实现所有节点都与根节点的时间同步。

（5）定位技术

位置信息是传感器节点采集的数据中不可缺少的部分，没有位置信息的监测消息通常毫无意义。确定事件发生的位置或采集数据的节点位置是无线传感器网络最基本的功能之一。为了提供有效的位置信息，随机部署的传感器节点必须能够在布置后确定自身位置。由于传感器节点存在资源有限、随机部署、通信易受环境干扰甚至节点失效等特点，定位机制必须满足自组织性、健壮性、能量高效、分布式计算等要求。

根据节点位置是否确定，传感器节点分为信标节点和位置未知节点。信标节点的位置是已知的，位置未知节点需要根据少数信标节点，按照某种定位机制确定自身的位置。在无线传感器网络定位过程中，通常会使用三边测量法、三角测量法或极大似然估计法确定节点位置。根据定位过程中是否实际测量节点间的距离或角度，将传感器网络中的定位分类为基于距离的定位和与距离无关的定位。基于距离的定位机制就是通过测量相邻节点间的实际距离或方位来确定未知节点的位置，通常采用测距、定位和修正等步骤实现。基于距离的定位分为基于 TOA 的定位、基于 TDOA 的定位、基于 AOA 的定位和基于 RSSI 的定位等。由于要实际测量节点间的距离或角度，基于距离的定位机制通常定位精度相对较高，所以对节点的硬件也提出了很高的要求。与距离无关的定位机制无须实际测量节点间的绝对距离或方位就能够确定未知节点的位置，目前提出的定位机制主要有质心算法、DV-Hop 算法、Amorphous 算法、APIT 算法等。由于无须测量节点间的绝对距离或方位，因而降低了对节点硬件的要求，使得节点成本更适用于大规模无线传感器网络。与距离无关的定位机制的定位性能受环境因素的影响小，虽然定位误差相应有所增加，但定位精度能够满足多数传感器网络应用的要求，是目前重点关注的定位机制。

（6）数据融合技术

无线传感器网络存在能量约束，减少传输的数据量能够有效地节省能量，因此在从各个传感器节点收集数据的过程中，可利用节点的本地计算和存储能力处理数据的融合，去除冗余信息，从而达到节省能量的目的。由于传感器节点的易失效性，无线传感器网络也需要数据融合技术对多份数据进行综合，以提高信息的准确度。

数据融合技术可以与无线传感器网络的多个协议层次进行结合。在应用层设计中，可以利用分布式数据库技术，对采集到的数据进行逐步筛选，以达到融合的效果；在网络层中，很多路由协议均结合了数据融合机制，以期减少数据传输量；此外，还有研究者提出了独立于其他协议层的数据融合协议层，通过减少 MAC 层的发送冲突和头部开销达到节省能量的目的，同时又不损失时间性能和信息的完整性。数据融合技术已经在目标跟踪、目标自动识别等领域得到了广泛的应用。在无线传感器网络的设计中，只有面向应用需求设计针对性强的数据融合方法，才能最大限度地获益。

数据融合技术在节省能量、提高信息准确度的同时，要以牺牲其他方面的性能为代价。首先是延迟的代价，在数据传送过程中寻找易于进行数据融合的路由，进行数据融合操作，为融合而等待其他数据的到来，这三个方面都可能增加网络的平均延迟。其次是鲁棒性的代价，无线传感器网络相对于传统网络有更高的节点失效率及数据丢失率，数据融合可以大幅度降低数据的冗余性，但丢失的数据可能损失更多的信息，因而也降低了网络的鲁棒性。

（7）数据管理技术

从数据存储的角度来看，无线传感器网络可被视为一种分布式数据库。以数据库的方法在无线传感器网络中进行数据管理，可以将存储在网络中的数据逻辑视图与网络中的实现进行分离，使得无线传感器网络用户只需要关心数据查询的逻辑结构，无须关心实现细节。虽然对网络存储的数据进行抽象会在一定程度上影响执行效率，但可以显著增强无线传感器网络的易用性。

无线传感器网络的数据管理与传统的分布式数据库有很大的区别。由于传感器节点能量受限且容易失效，数据管理系统必须在尽量减少能量消耗的同时提供有效的数据服务。同时，无线传感器网络中节点数量庞大，且传感器节点产生的是无限的数据流，无法通过传统的分布式数据库的数据管理技术进行分析处理。此外，对无线传感器网络数据的查询经常是连续的查询或随机抽样的查询，这使得传统的分布式数据库的数据管理技术不适用于无线传感器网络。

无线传感器网络的数据管理系统的结构主要有集中式、半分布式、分布式及层次式结构。目前大多数研究工作均集中在半分布式结构方面。无线传感器网络中数据的存储采用网络外部存储、本地存储和以数据为中心的存储三种存储方式。相对于其他两种方式，以数据为中心的存储方式可以在通信效率和能量消耗两个方面获得很好的折中。基于地理散列表的方法便是一种常用的以数据为中心的数据存储方式。

无线传感器网络数据查询可以分为历史查询、快照查询和连续查询三种类型。连续查询是用户最经常使用的查询类型。无线传感器网络查询系统一般由全局查询处理器和在每个传感器节点上的局部查询处理器协作构成。局部查询处理器必须具有适应环境变化的自适应性。

（8）无线通信技术

无线传感器网络需要低消耗、短距离的无线通信技术。IEEE 802.15.4/ZigBee 标准是针对低速无线个人域网络的无线通信标准，它把低功耗、低成本作为设计的主要目标，旨在为个人或者家庭范围内不同设备之间低速联网提供统一标准。由于 IEEE 802.15.4/ZigBee 标准的网络特征与无线传感器网络存在很多相似之处，因此很多无线传感器网络以它作为无线通信平台。

超宽带技术（ultra wide band，UWB）是极具潜力的无线通信技术。超宽带技术具有对信道衰减不敏感、发射信号功率谱密度低、数据传输速率高、保密性强、系统复杂度低、能提供数厘米的定位精度等优点，非常适合应用在无线传感器网络中。

（9）嵌入式操作系统

传感器节点是一个微型的嵌入式系统，携带非常有限的硬件资源，需要操作系统能够节能、高效地使用其有限的内存、处理器和通信模块，且能够对各种特定应用提供最大的支持。在面向无线传感器网络的操作系统的支持下，多个应用可以并发地使用系统的有限资源。

传感器节点有两个突出的特点。一个特点是并发性密集，即能存在多个需要同时执行的逻辑控制，这需要操作系统能够有效地满足这种发生频繁高、并发程度高、执行过程比较短的逻辑控制流程；另一个特点是传感器节点模块化程度很高，要求操作系统能够使应用程序方便地对硬件进行控制，且保证在不影响整体开销的情况下，应用程序中的各个部分能够比较方便地进行重新组合。上述这些特点对设计面向无线传感器网络的操作系统提出了新的挑战。美国加州大学伯克利分校针对无线传感器网络研发了 TinyOS 操作系统，在科研机构的研究中得到比较广泛的使用，但仍然存在不足之处。

（10）应用层技术

无线传感器网络应用层由各种面向应用的软件系统构成，部署的无线传感器网络往往执行多种任务。应用层的研究主要是各种无线传感器网络应用系统的开发和多任务之间的协调，如作战环境侦查与监控系统、军事侦察系统、情报获取系统、战场监测与指挥系统、环境监测系统、交通管理系统、灾难预防系统、危险区域监测系统、有灭绝危险的动物或珍贵动物的跟踪监护系统、民用和工程设施的安全监测系统、生物医学监测系统、治疗系统和智能维护系统等。

无线传感器网络应用开发环境的研究旨在为应用系统的开发提供有效的软件开发环境和软件工具，需要解决的问题包括无线传感器网络程序设计语言，无线传感器网络程序设计方法学，无线传感器网络软件开发环境和工具，无线传感器网络软件测试工具的研究，面向应用的系统服务（如位置管理和服务发现等），基于感知数据的理解、决策和举动的理论与技术（如感知数据的决策理论、反馈理论、新的统计算法、模式识别和状态估计技术等）。

本章小结

- 无线传感器网络是由部署在监测区域内大量的、廉价的微型传感器节点通过无线通信方式形成的一种多跳自组织的网络系统。
- 无线传感器网络是一种特殊的无线自组织网络，它与传统的无线自组织网络有许多相似之处，主要表现在自组织性、动态网络性等方面。
- 无线传感器网络协议栈包括与互联网协议栈的五层协议相对应的物理层、数据链路层、网络层、传输层和应用层，还包括能量管理平台、移动管理平台和任务管理平台。
- 无线传感器网络的关键技术包括网络拓扑控制技术、自组织性与动态性、网络安全技术、时间同步技术、定位技术、数据融合技术、数据管理技术、无线通信技术、嵌入式操作系统、应用层技术等。

习题与思考题

11-1　什么是无线传感器网络?

11-2　无线传感器网络体系结构包括哪些部分? 各部分的功能分别是什么?

11-3　无线传感器网络有哪些关键技术?

11-4　举例说明无线传感器网络的应用。

11-5　说明无线传感器网络的特点。

第 12 章

多传感器信息融合技术

思维导图

扫码获取本书资源

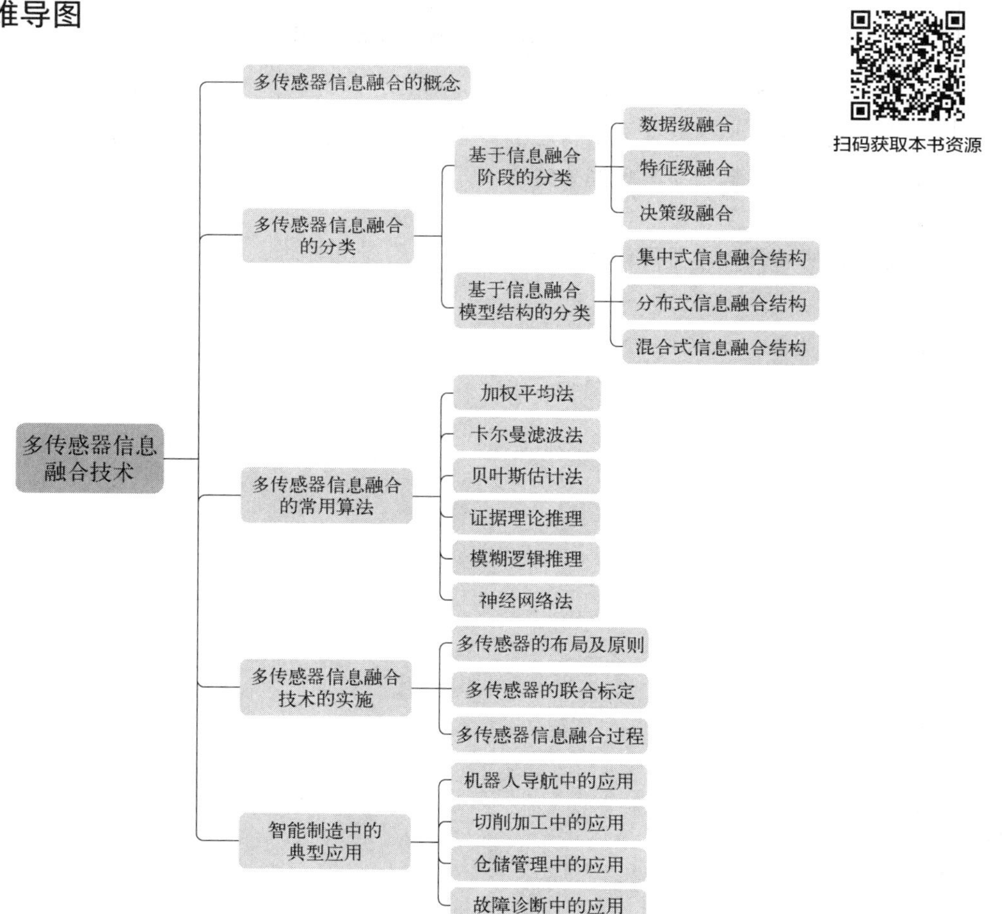

案例引入

摄像头的核心元件是图像传感器，现在的智能手机都具有拍照功能，手机主相机普遍配置了多个摄像头。与搭载单个摄像头相比，多个摄像头的成像质量与效果更加出色。那么你的手机配置了几个摄像头？这些摄像头在拍照过程中是如何进行功能分配的？如何运行才能输出一张理想的照片呢？

学习目标

1. 了解多传感器信息融合技术的定义、优势和应用领域；
2. 熟悉多传感器信息融合技术的分类和特点；
3. 掌握信息融合技术的常用算法；
4. 培养应用多传感器融合知识解决实际工程问题的能力；
5. 了解多传感器信息融合的新方法、新技术及发展趋势。

12.1　多传感器信息融合的概念

人的大脑一般会通过视觉、听觉、嗅觉、触觉等感官来获取外部信息，并通过综合处理来达到感知、认知等目的。多传感器信息融合技术的基本原理就像人的大脑综合处理信息的过程一样，将各种传感器进行多层次、多空间的信息互补和优化组合处理，最终产生对观测环境的一致性解释。在这个过程中，要充分地利用多源数据进行合理的支配与使用，而信息融合的最终目标是基于各传感器获得的观测信息，通过对信息多级别、多方面组合获得更多有用信息。这不仅利用了多个传感器相互协同操作的优势，而且也提高了整个系统的智能化。

多传感器信息融合（multi-sensor information fusion, MSIF）就是利用计算机技术将来自多个传感器或多源的信息和数据，在一定的准则下加以分析和综合，以完成所需要的决策和估计而进行的信息处理过程。针对不同传感器的数据信息，采用涵盖各层次、各方面的数据处理流程，将这些数据综合到一起，对其进行统一的评价与估计，从而得到对检测环境准确而完整的评估。

具体来讲，多传感器信息融合能够针对多个不同类型的传感器（有源或无源）收集观测目标的数据；对传感器的输出数据（离散或连续的时间函数数据、输出矢量、成像数据或一个直接的属性说明）进行特征提取与变换，获得代表观测数据的特征矢量；对特征矢量进行模式识别处理（如聚类算法、自适应神经网络或其他能将特征矢量变换成目标属性判决的统计模式识别算法等），完成各传感器关于目标的说明；将各传感器关于目标的说明数据按同一目标进行分组，即关联；利用融合算法将目标的各传感器数据进行合成，得到该目标的一致性解释与描述。

多传感器信息融合可以很好地应用每个传感器自身的优势，统一之后为后续处理过程输出更加稳定、全面的感知信息。相较于单传感器感知，多传感器信息融合主要具有以下优势：检测精度高，感知维度广；短时间内处理信息，能适应多种应用环境；获取信息成本低，系统容错性好。

多传感器信息融合具有以下特点：

1）冗余性：对于环境的某个特征，可以通过多个传感器（或者单个传感器的多个不同时刻）得到它的多个信息，这些信息是冗余的，并且具有不同的可靠性，通过融合处理，可以从中提取出更加准确和可靠的信息。与此同时，信息的冗余性可以提高系统的稳定性，从而能够避免因单个传感器失效而对整个系统造成的影响。

2）互补性：不同种类的传感器可以为系统提供不同性质的信息，这些信息所描述的对象是不同的环境特征，它们彼此之间具有互补性。

3）及时性：各传感器的处理过程相互独立，整个处理过程可以采用并行处理机制，从而使系统具有更高的处理速度，可提供更加及时的处理结果。

4）低成本性：多传感器信息融合可以通过控制不同传感器的端点开发成本和硬件设计成本，节约成本。

12.2 多传感器信息融合的分类

12.2.1 基于信息融合阶段的分类

一般情况下，控制系统对传感器数据的处理过程包括数据采集、特征提取、识别与决策等。根据数据处理的阶段不同，常用的多传感器信息融合主要划分为数据级融合、特征级融合、决策级融合三种类别。

拓展阅读

（1）数据级融合

数据级融合用于传感器初始数据的融合阶段，用于对多个传感器检测到的原始数据进行融合，构造一组新的数据，然后对融合后的结果进行特征提取，并进行识别与决策。

数据级融合对传感器数据的利用率较高，得到的结果准确，但是计算量大，容易受噪声数据的干扰。数据级融合对传感器所检测的物理量具有同质性要求（多个传感器检测的是同一物理量，如距离、重量、高度等），否则不能进行融合（图 12-1）。

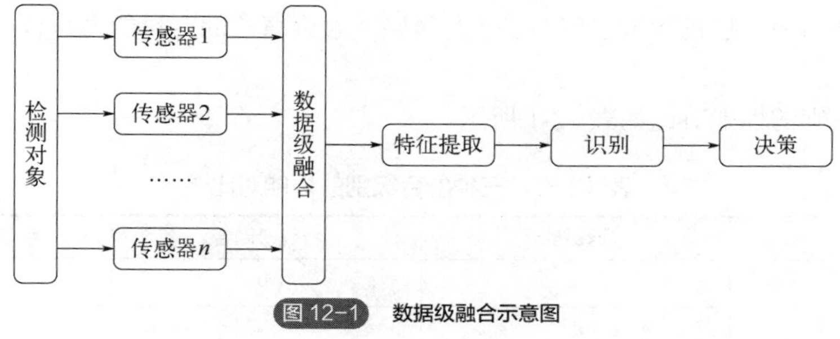

图 12-1 数据级融合示意图

（2）特征级融合

特征级融合处于多传感器处理的中间环节，首先从每个传感器采集的数据中分别提取有用的特征（如边缘、形状、轮廓等）；然后通过融合算法将这些特征进行融合，构建特征集；最后在此基础上进行相关的识别与决策（图 12-2）。

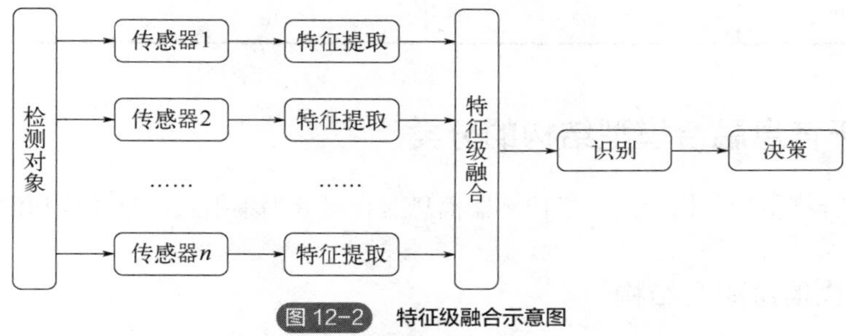

图 12-2 特征级融合示意图

特征级融合对传感器数据进行了预处理，在压缩信息的同时保留了原始数据的重要信息，能够降低系统的计算量，易于实现实时性处理，并保证了较高的精度。但是，特征级融合对传感器数据的特征选择以及特征提取的精度依赖性较强。

（3）决策级融合

决策级融合属于高层次融合，在对每个传感器分别进行识别后，再将识别的结果进行融合，做出最优决策，融合的结果直接为系统控制提供依据（图 12-3）。

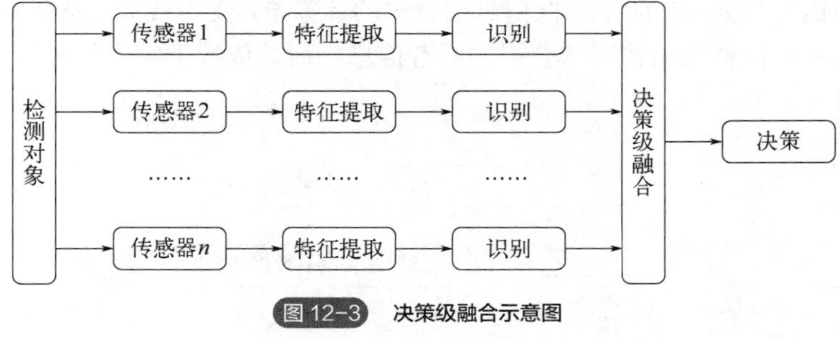

图 12-3 决策级融合示意图

决策级融合基于一定的规则对每个传感器识别后的信息进行判断，具有实时性好、适应能力强、计算量小等优点，可以应用于异质传感器之间的信息融合；同时具有一定的容错性，在部分传感器失效时仍能够做出正确的判断。但是，在进行决策级融合时，输入信息中不仅包含各传感器的识别结果，也包含了它们的误差与风险，融合算法的容错能力与鲁棒性直接影响了决策精度。

三种融合级别的性能对比如表 12-1 所示。

表 12-1 三种融合级别的性能对比

融合级别	数据级融合	特征级融合	决策级融合
信息量	大	中	小
信息损失	小	中	大
容错性	差	中	优
抗干扰性能	差	中	优
算法难度	难	中	易
实时性	差	中	优
系统开放性	差	中	优
对传感器的依赖性	大	中	小

12.2.2 基于信息融合模型结构的分类

基于信息融合模型的结构形式，多传感器信息融合可分为集中式、分布式和混合式三种类型。

（1）集中式信息融合结构

集中式信息融合结构是将各传感器获得的原始数据不进行任何处理，直接进行信息融合，得到相应的结果。这种方式能够降低传感器的信息损失，融合精度高，但是数据处理量大，对系统的计算能力要求高（图 12-4）。

（2）分布式信息融合结构

分布式信息融合结构是在各传感器获得原始数据后先分别进行数据处理，对自身进行局部参数估计，然后将各自的处理结果统一进行信息融合得到相应的结果（图 12-5）。与集中式信息融合结构相比，分布式信息融合结构中的每个传感器都能够独立地处理自身数据，在信息融合前完成信息的压缩与处理，能够降低信息融合时的计算量，受干扰数据的影响小，可靠性高。但这种融合方式并不能够应用传感器获得的所有信息，而是依赖于每个传感器的预处理结果，损失了一定的精度。

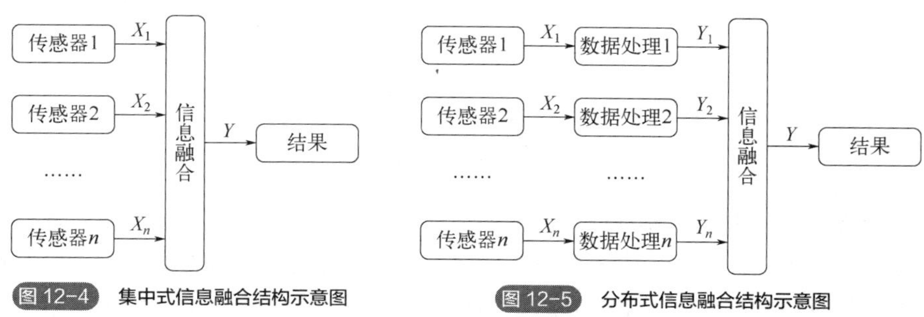

图 12-4 集中式信息融合结构示意图

图 12-5 分布式信息融合结构示意图

（3）混合式信息融合结构

混合式信息融合结构综合了前两种融合结构的特点，部分传感器以分布式信息融合结构接入融合单元，其他传感器以集中式信息融合结构先进行初级信息融合并将结果输入总体融合单元。混合式信息融合结构兼顾了集中式信息融合结构中低信息损耗和分布式信息融合结构中信息处理速度快、可靠性高的优点，形式灵活，具有较强的适应能力（图12-6）。

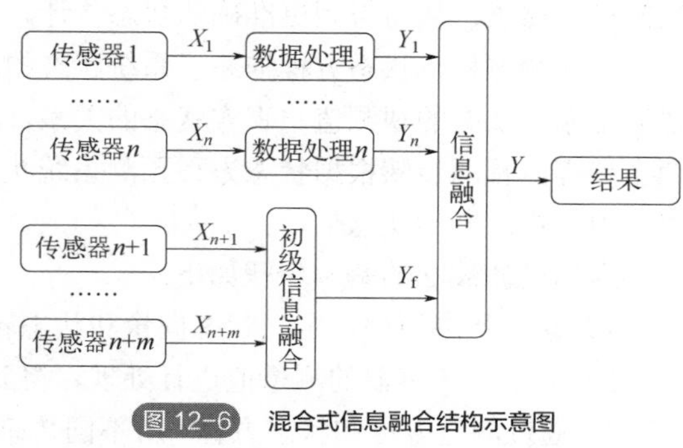

图12-6 混合式信息融合结构示意图

随着传感器数目的增加，考虑到传感器布置、传感器类型、传感器精度等因素的影响，可以将上述三种融合结构进行扩展，组成多层次的信息融合结构，以此来完成复杂的信息融合任务。如多层集中式的信息融合结构、多层分布式的信息融合结构、多层混合式的信息融合结构。

12.3 多传感器信息融合的常用算法

多传感器信息融合不是将信息进行简单的组合，其核心是融合算法。目前常用的多传感器信息融合算法主要有加权平均法、卡尔曼滤波法、贝叶斯（Bayes）估计法、证据理论推理、模糊逻辑推理、神经网络法等。

（1）加权平均法

加权平均法的基本思想是将来自不同传感器的多个观测结果进行加权平均，以得到更加准确的估计结果。

$$Y=\omega_1X_1+\omega_2X_2+\cdots+\omega_nX_n \tag{12-1}$$

式中，$X_i(i=1,2,\cdots,n)$表示第i个传感器的观测结果；$\omega_i(i=1,2,\cdots,n)$表示第i个传感器所对应的权重值；Y表示融合后的结果。

加权平均法的基本步骤如下：

1）根据传感器的可靠程度，为每个传感器分配一个权重值。一般情况下，可靠性较高或者对应数据观测误差较小的传感器，被分配较高的权重值，反之则分配较低的权重值。

2）对每个传感器所得到的观测结果进行归一化处理，使其具有相同的量纲，在统一的评估体系下进行加权。

3）将各传感器的观测结果乘以其对应的权重值，然后将结果求和，最终得到加权平均值。

4）根据加权平均值的置信度或者其他指标，对所得结果的有效性进行分析和判断。

加权平均法的优点是简单易行，且能够较好地应用在基于传感器的实时测量和控制系统中。但是，它可能无法处理某些类型的数据不平衡和异常情况，进而导致一些潜在问题。因此，在具体应用时需要根据实际情况进行调整和优化。

（2）卡尔曼滤波法

卡尔曼滤波法是一种常用的状态估计方法，可以利用传感器采集的数据对系统状态进行预测和校正。其基本思想是利用数学模型描述系统状态的动态变化，并结合传感器观测值对系统状态进行修正，从而得到更准确的状态估计。卡尔曼滤波的核心是状态空间模型，其包括状态方程和观测方程。状态方程描述了系统状态的动态过程，可以是线性的或非线性的；观测方程描述了系统状态的观测值与真实状态的关系，通常为线性关系。卡尔曼滤波法包括预测和更新两个步骤。预测步骤根据状态方程预测系统状态；更新步骤根据观测方程和预测值进行状态修正，得到更准确的状态估计。

卡尔曼滤波法的基本步骤如下：

1）建立状态模型，定义状态向量和状态转移矩阵。

2）对不同传感器的测量值进行处理，得到其各自的测量噪声协方差矩阵。

3）通过测量方程和状态方程，对不同传感器的测量值进行读入，并对状态向量估计值进行更新。

4）根据卡尔曼滤波法的输出结果得出最终值。

基于卡尔曼滤波法的多传感器信息融合可以提高数据处理的精度和可靠性，应用广泛。但对于系统的参数选择和处理方法的确定需谨慎，需要根据具体情况进行调整优化。

（3）贝叶斯（Bayes）估计法

贝叶斯估计法是一种统计方法，其理论基础是贝叶斯法则，可以深入挖掘数据的潜在模式和关联性，从而使数据的分析与应用更加智能化和精准化。在多传感器信息融合领域，由于每个传感器的特性不同，融合后的结果可能会因为某一传感器数据的异常或误差而产生偏差。为了降低这种偏差，贝叶斯估计法通过引入先验概率来计算后验概率，以此得到一个更加准确的估计结果。

设系统可能的决策结果为A_1、A_2、…、A_m，当n个传感器进行观测得到的结果分别为B_1、B_2、…、B_n时，它们之间相互独立且与被观测对象条件独立，则可以得到

$$P\left(A_i \middle| B_1 \wedge B_2 \wedge \cdots \wedge B_n\right)=\frac{\prod_{k=1}^{n} P\left(B_k \middle| A_i\right) P\left(A_i\right)}{\sum_{j=1}^{m} \prod_{k=1}^{n} P\left(B_k \middle| A_j\right) P\left(A_j\right)} \quad (i=1,\cdots,n) \tag{12-2}$$

基于此，通过信息融合系统的决策规则，得到最终的融合结果。

贝叶斯估计法的基本步骤如下：

1）构建传感器模型，例如定义每个传感器的概率密度函数。

2）定义先验概率分布，根据已有数据和领域知识，建立先验概率分布模型。

3）根据先验概率分布模型和传感器模型，计算后验概率分布。

4）综合估计结果，根据后验概率分布得出最终结果。

贝叶斯估计法的优点在于能够充分利用不同传感器的信息，并且可以在含有噪声的情况下进行估计，在多传感器信息融合中有着广泛的应用。

基于贝叶斯估计法的多传感器信息融合过程如图 12-7 所示。

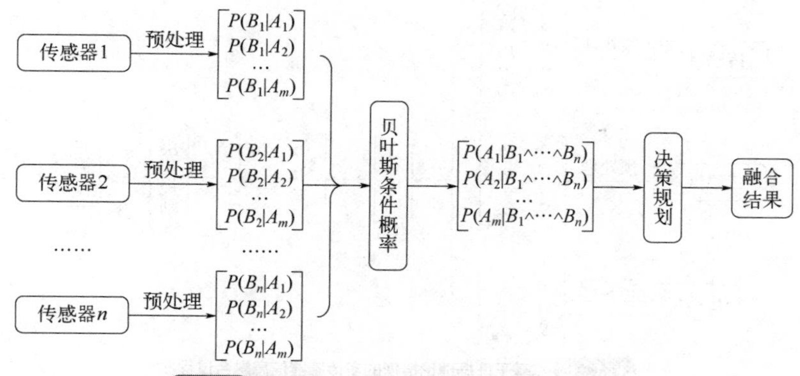

图 12-7　基于贝叶斯估计法的多传感器信息融合过程

（4）证据理论推理

证据理论推理是一种基于不确定性推理的方法，它用于将不同来源的不完全或矛盾的信息进行整合。在证据理论推理中，不同的证据被分配成不同的概率分配函数，这些函数相互组合以形成一个完整的概率分配函数。基于证据理论推理的模型使用概率分配函数对不确定性进行建模，可以更好地处理复杂的不确定性问题。

对于多传感器信息融合，证据理论推理能够融合不同传感器所获取的知识（命题），最后找到各命题的交集（命题的合取）以及与之对应的概率分配值。其基本思想是通过每一个传感器所提供的观测结果生成一个证据函数，然后将多个证据函数进行组合，得到一个包含更加全面和准确的信息的总体证据函数，进而推断最终的结论。

证据理论推理的基本过程可以描述为以下步骤：

1）将每个传感器的观测结果转换成基本可信度、信度函数和似真度函数等。

2）根据证据函数的互异性进行证据的合成，主要采用 Dempster-Shafer 理论、Dubois-Prade 理论、Belief Function 理论等一系列证据组合规则。

3）根据证据的合成结果进行最终结论的推理，通常使用基于 Dempster-Shafer 理论的置信度传递和基于 Dubois-Prade 理论的条件概率进行推理。

4）不断更新并优化整个过程中所使用的证据函数和证据组合规则，以提升融合效果。

该方法可以较好地解决传感器不一致和不确定的问题，具有很好的鲁棒性，但需要根据具体情况选择合适的证据组合规则，同时需要判断证据函数之间是否存在互异性。在具体应用中，证据函数和证据组合规则的选择可能会影响融合结果的准确度和稳定性，因此需要根据具体情况进行评估和调整。

基于证据理论推理的多传感器信息融合过程可表示为图 12-8，首先对 n 个传感器的数据分别进行处理，得到 m 个决策目标的信度，然后经过合并得到一个含有一致信度的目标集，最后基于决策规则得到最终的融合结果。

（5）模糊逻辑推理

模糊理论吸收了概率论、集合论、逻辑论等多种理论的成果，构成了一种独特的、适用于模糊性问题的推理和决策方法，是一种处理模糊性和不确定性的数学工具和方法。在模糊理论中，利用隶属度来描述一个事物属于某个集合的程度，而不仅仅是完全属于或者完全不属于。

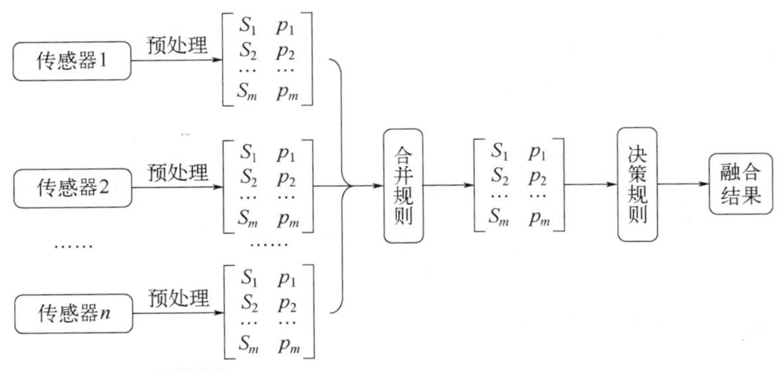

图 12-8 基于证据理论推理的多传感器信息融合过程

模糊理论广泛应用于人工智能、控制理论、图像处理、生物医学等领域。例如，在图像处理领域，模糊理论被用来进行图像的边缘检测和分割；在控制理论领域，模糊控制被用来处理复杂的非线性控制问题。

模糊逻辑推理是一种基于模糊规则和模糊量化的逻辑推理方法。在多传感器信息融合领域，模糊逻辑推理的基本思想是将传感器数据转化成隶属度函数，通过逻辑推理方法进行数据融合，最终得到融合结果。

其主要步骤如下。

1）将各传感器的测量值转化成隶属度函数形式，即将传感器数据映射到一个范围在［0,1］之间的隶属度度量上，表示该数据与某一设定标准的匹配程度。

2）设计模糊逻辑控制规则，根据实际需求和问题情况，设计一些基于经验或知识推理的规则，规则的形式可以是若-则规则，即如果某个条件成立，则执行某个动作或给出某个结论。

3）根据控制规则，进行推理运算，采用模糊逻辑推理进行数据融合，即通过将各传感器的隶属度函数进行逻辑运算得到一个整体的隶属度函数，表示多传感器的综合度量。

4）通过后处理算法，得到多传感器综合度量的数值结果，用于后续的决策或控制操作。

需要注意的是，在使用模糊逻辑推理进行多传感器信息融合时，对隶属度函数和控制规则的设计和构建都需要充分考虑实际问题的特点和要求，以提高融合结果的可靠性和有效性。

（6）神经网络法

神经网络法在多传感器信息融合中也有非常广泛的应用，主要涉及两个方面：传感器数据的预处理和融合输出的计算。在数据预处理方面，神经网络法可以用于对传感器数据的特征提取、降噪等处理，以提高数据的质量和可靠性；在融合输出的计算方面，神经网络法可用于学习融合权重和融合规则等，从而得到更加准确的输出结果。

通过神经网络法进行多传感器信息融合的基本步骤如下：

1）确定输入数据和目标输出数据：首先需要确定输入数据和目标输出数据的类型和格式。对于多个传感器的数据融合，输入数据可以是传感器读数、状态信息等，目标输出数据则可以是融合结果或者相应的控制信号。

2）选择神经网络结构：根据任务的特点和数据的特性，选择合适的神经网络结构。常用的神经网络结构包括前馈神经网络、递归神经网络、卷积神经网络等。

3）数据预处理：将输入数据进行预处理，包括特征提取、数据清洗和规范化等操作。这一步骤的目的是减少数据的噪声和冗余信息，提高数据的可信度和准确性。

4）神经网络训练：使用训练数据集对神经网络进行训练，并选择合适的优化算法和训练参数。训练的目标是使神经网络的输出与目标输出尽可能接近，在保证泛化能力的同时最小化误差。

5）模型验证：使用验证数据集对训练出的神经网络进行验证，以评估模型的泛化性能和准确性。

6）模型调优：根据模型验证结果，对神经网络模型进行调优，包括调整参数、增加训练数据、调整网络结构等，直到模型达到预期的融合效果。

7）模型应用：将训练好的神经网络模型应用于实际的多传感器信息融合任务中，得到最终的融合结果。

基于神经网络法的多传感器信息融合具有能够处理大规模数据、并行处理问题、适用于连续时间、能够考虑全局网络等优点。在使用神经网络进行多传感器信息融合时需要注意合理选择网络结构、训练数据集、优化算法等因素，以确保融合结果的准确性和稳定性。

面向多传感器信息融合的方法很多，通常需要根据实际的应用需求来选取合适的方法，常用方法的特性如表 12-2 所示。

表 12-2 常用的多传感器信息融合方法特性

方法	信息表示	融合技术	适用范围
加权平均法	原始数据	加权平均	低层次数据融合
卡尔曼滤波法	概率分布	系统模型滤波	低层次数据融合
贝叶斯估计法	概率分布	贝叶斯估计	高层次数据融合
证据理论推理	命题	逻辑推理	高层次数据融合
模糊逻辑推理	命题	逻辑推理	高层次数据融合
神经网络法	神经元输入	神经元网络	低/高层次数据融合

12.4 多传感器信息融合技术的实施

在不同类型的传感器组合方式和融合算法支撑下，多传感器信息融合技术的实施包括传感器的布局、多传感器间的联合标定及多传感器的信息融合过程等。

12.4.1 多传感器的布局及原则

多传感器之间要有良好的配合关系，才能发挥其效能。不同的传感器技术原理不同，检测方式不同，在应用过程中安装的位置也不尽相同。多传感器的布置和安装应当根据实际情况进行科学规划和设计，以满足检测要求和检测精度。一般来说，多传感器的布置应充分考虑以下因素：检测要素的分布情况和特性，合理确定传感器的数量和布置位置，以保证覆盖面积和检测精度；根据检测要素的不同特性和变化趋势，选择合适的传感器种类和技术参数，以实现数据准确采集；在布置传感器时，应考虑传感器之间的干扰和影响，合理分配和调整传感器的位置和方向，以避免信号互相干扰和误判；传感器的布置和安装应具备可维护性和稳定性，确保长期稳定运行和采集数据的可靠性；合理安排检测时间和采样频率，以充分利用传感器的能力，实现检测目标的精确识别。总之，多传感器的布置和安装需要结合实际情况，科学规划和设计，以适应不同的检测要求和应用场景。

另外，多传感器的布局还需要符合全方位检测和冗余度保障等原则。以移动机器人的导航定位为例，通常为机器人配置多种传感器，包括激光雷达、视觉传感器、惯性导航仪、超声波测距传感器、编码器等，这些传感器可以提供车辆的位置、速度和方向等信息。其中，激光雷达可以提供场景的三维信息，而视觉传感器可以提供视觉识别和建模的信息，超声波传感器可以提供距离信息，编码器可以提供车轮的旋转信息等。这些传感器各自都具有一定的优势和局限性。将这些传感器的信息综合应用，可以提高移动机器人定位和姿态估计的准确性，同时也可以扩大移动机器人对环境感知的范围，提高精确度和鲁棒性。

将移动机器人周围环境大致分为 5 个区域，分别为正前向区域 1、侧前向区域 2、侧面区域 3、正后方区域 4 和侧后方区域 5，如图 12-9 所示。

图 12-9 移动机器人周围区域划分

全方位指的是传感器的检测视野应该覆盖上述移动机器人的 5 个周边区域。不同的应用场景中，每个区域侧重点不同，配置的传感器的种类和数量要能满足该场景的检测要求。例如，当移动机器人向前运行时，区域 1 是最重要的，布置有多种传感器，如视觉传感器、超声波测距传感器等，要求探测距离远，识别精度高；当移动机器人转弯时，区域 2 和区域 5 中需要配备障碍物检测传感器，并起主要作用；而当移动机器人定位停车时，其周边所有区域都需要检测。

冗余度指的是在一个区域至少配置两个传感器，以保证检测信息的可靠性。当该区域中一个传感器发生故障，其余的传感器能够继续正常运行，确保感知系统不失灵。同时，多个传感器的配备可以提高区域检测的精准度，各传感器之间的数据能够进行融合，互相校正，其检测误差更小，可信度更高。

12.4.2 多传感器的联合标定

（1）联合标定的基本概念

在多传感器信息融合过程中，联合标定是非常重要的步骤，它是指对不同传感器的内部和外部参数进行统一标定，以确保传感器数据的准确性、一致性；其目的是确保不同传感器之间的数据匹配和协调，提高数据融合的精确性和效率；同时，它还可以避免误差的积累和传递，提高系统的鲁棒性和可靠性。以视觉传感器为例，内部参数包括摄像头的焦距、畸变、光心等，外部参数包括摄像头的位置和姿态等。联合标定需要通过多次采集不同姿态下的标定板图像来完成。在标定过程中，需要将标定板固定在不同的位置和姿态下，并使用不同的传感器进行采集，最终得到一组相互关联、一致的标定参数。

多传感器信息融合技术的联合标定算法包括点云配准和直接法两大类，每种算法都有其适用的场景和限制条件，需要结合具体情况选择适合的算法。

1）点云配准：通过计算点云之间的相对位姿，将不同传感器采集到的点云数据进行配准。常用的点云配准算法包括 ICP、NDT、GO-ICP 等算法。

2）直接法：通过优化像素点之间的几何关系，将多张图像之间的位姿关系进行求解。常用的直接法包括 LSD-SLAM、ORB-SLAM、DSO 等算法。

如图 12-10 所示，首先，在进行多传感器联合标定时选择适当的标定板或标定场景，保证其在多个传感器之间能够被识别和匹配，然后将标定板放置在不同的位置和姿态下采集数据；然后，对各个传感器所采集到的 2D/3D 图像进行特征提取和匹配，以获取对应的数据；其次，建立多传感器的联合外部参数模型和内部参数模型，在该过程中需要根据特定的标定结果推导出相应的参数关系式和标定误差；再次，通过最小二乘、非线性优化等算法对求解得到的联合外部参数和内部参数进行优化；最后，对标定结果进行评估和分析，包括标定误差、重复性、一致性等指标。如果标定误差过大，则需要检查数据采集和处理的过程，或者重新进行标定。

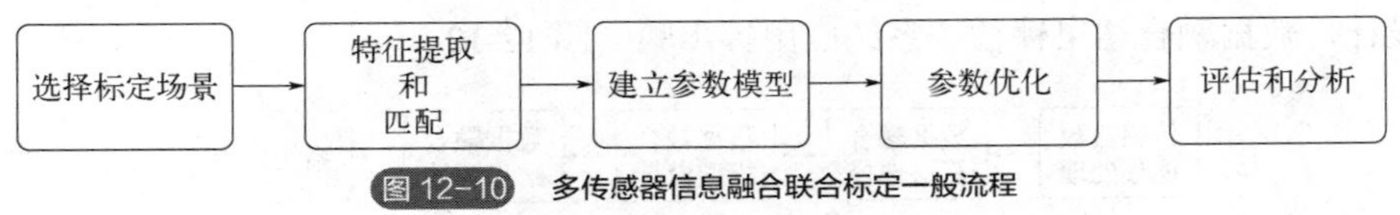

图 12-10　多传感器信息融合联合标定一般流程

（2）多传感器的空间标定

多传感器的空间标定是指对多个传感器的位置、姿态等参数进行计算和调整，使得多个传感器可以协同工作，提高多传感器信息融合的效果。

对于多传感器的空间标定，常用的方法有：

1）多视角几何方法：利用多个摄像头拍摄同一场景，通过视差匹配等方法计算出摄像头之间的位姿和距离关系。这种方法难度较大，但准确度较高，常用于三维建模、SLAM 等领域。

2）使用物体或者场景点作为参考：将多个传感器的数据融合起来，计算出参考点的三维坐标，并使用该坐标进行标定。这种方法适用于场景中存在明显的特征点或标志物的情况。

3）光学标定方法：利用棋盘格等标定物，通过计算出其在多个传感器下的投影变化关系，进而得到传感器之间的位姿和距离关系。这种方法的优势是在标定过程中不需要移动传感器，缺点是精度依赖于标定物的质量和大小。

（3）多传感器的时间同步

除了各传感器位置的不同带来的坐标系不同，传感器之间采集数据的时间点和周期也是不同的，需要对它们采集到的数据在时间上进行统一，消除时间差，完成时间上的同步，才能为系统提供实时准确的数据。时间同步的方法有很多，如 NTP 时间同步协议、局域网时间同步协议及线程同步方法等。

在智能制造领域，基于激光雷达与 IMU 传感器进行信息融合是一种常用的移动机器人导航方案。在激光雷达与 IMU 传感器进行同步时需要通过 GPS 来完成时间同步，并基于状态估计的方法实现两类传感器的空间同步，如图 12-11 所示。

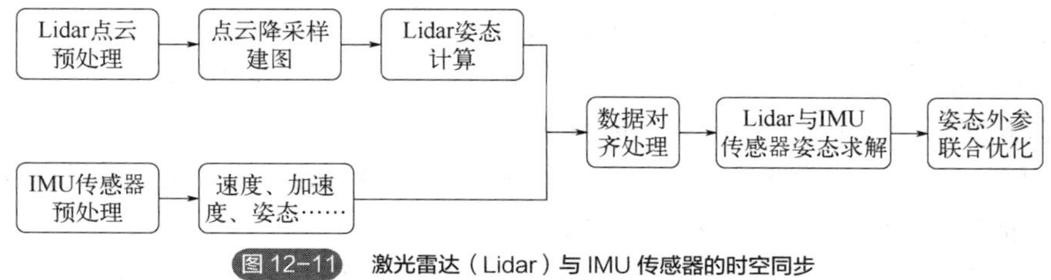

图 12-11 激光雷达（Lidar）与 IMU 传感器的时空同步

12.4.3 多传感器信息融合过程

为了保证多传感器信息融合系统的稳定运行，需要首先选定多传感器之间的融合级别。融合级别的确定原则为适用性原则，即以应用场景为目标对比各融合级别方法的计算精度和速度，选择符合系统实际情况的级别；稳定高效性原则，即多传感器组成的信息处理系统要具有鲁棒性，同时能够高效率地互相配合。

一般情况下，多传感器信息融合过程包括传感器数据预处理、数据融合算法选择、数据融合模型设计、数据融合结果评估、系统应用等步骤（图 12-12）。

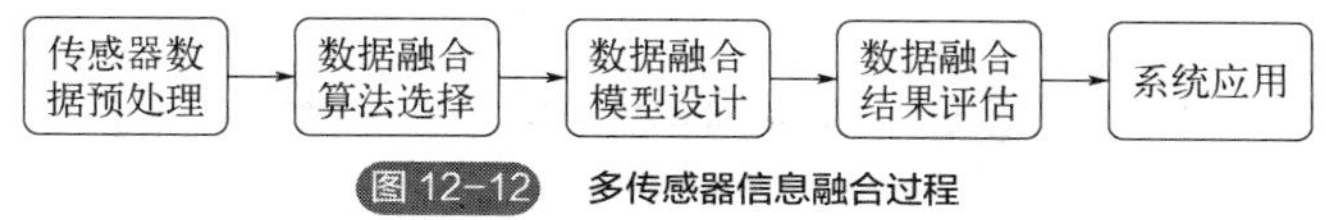

图 12-12 多传感器信息融合过程

传感器数据预处理：对原始传感器数据进行噪声滤波、运动补偿、数据校准等预处理，以消除传感器本身的噪声和误差。

数据融合算法选择：根据不同的任务和应用场景，选择合适的数据融合算法。

数据融合模型设计：建立一个数据融合模型，将多个传感器的数据结合起来，获得三维空间内的精确位置、速度和姿态信息。

数据融合结果评估：通过真实环境测试或仿真实验，对数据融合算法和模型进行评估，找出系统的优劣和改进的空间。

系统应用：将多传感器信息融合系统应用于具体的任务中，如机器人室内自主导航、无人仓储、巡检等。

12.5 多传感器信息融合技术在智能制造中的应用

多传感器信息融合技术起源于 20 世纪 60 年代，起初被应用于军事、航空航天等领域。在战斗机、导弹、卫星等系统中，多传感器信息融合技术被应用于目标识别、目标跟踪、制导控制等方面。20 世纪 70 年代以后，多传感器通信方面的应用也得到了快速发展。进入 21 世纪后，随着智能化、物联网、无人机等技术的发展，多传感器信息融合技术的应用领域进一步扩展，并成为智能制造、自动驾驶、安防监控、智能医疗等领域中的关键技术之一。

拓展阅读

在智能制造领域，多传感器信息融合技术起着关键作用。智能制造需要对生产过程中的各种参数进行实时采集和处理，因此需要利用各种传感器获取相关数据，并将这些数据进行融合分析，以实现生产过程的优化和控制。

其应用方向主要包括：

1）智能机器人：智能机器人通常配备了多个传感器，如摄像头、激光雷达、力觉传感器等。这些传感器对机器人所处的环境信息进行感知，通过多传感器信息融合算法，完成机器人路径规划、物体识别、抓取等任务。

2）智能加工：对于一些复杂的加工工艺，传统的控制方法往往难以满足精度、效率等要求。多传感器信息融合技术可以将加工过程中的多个传感器信息进行融合，减小因单一传感器的局限而带来的误差，提高加工的质量和效率。

3）智能监测：多传感器信息融合在机械设备监测中也有广泛应用。结合振动传感器、温度传感器、压力传感器等多个传感器的监测数据，可以提高机械故障检测的准确性和现场诊断能力。

4）智能质检：对于一些对质量要求高的制造场景，多传感器信息融合可以在检测过程中多角度、多方位、多参数地对产品进行检测与分析，以提高产品质量并提高生产效率。

12.5.1　多传感器信息融合技术在移动机器人导航中的应用

移动机器人在智能制造中可以提高生产效率、降低成本、提高产品质量、提升工作安全性，是工业智能化的重要助手（图 12-13）。

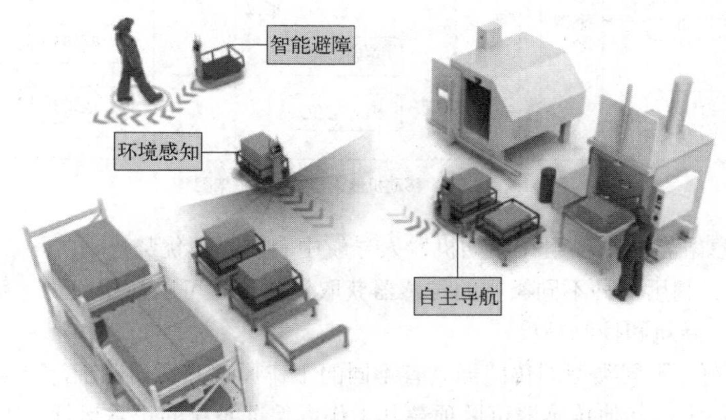

图 12-13　移动机器人在智能工厂中的应用

导航定位是移动机器人能够自主运行的关键，一般通过各种传感器将环境中的信息转换为电信号或电参量，并对这些信息进行处理，然后由决策层做出规划。图 12-13 中，移动机器人搭载里程计、超声波测距传感器和激光雷达来完成导航。

（1）传感器及其工作原理

里程计基于编码器技术，能够检测机器人轮子的旋转并计算机器人的相对位移，可以很好地估计机器人的运动轨迹和位置。在机器人行驶过程中，通过给轮子安装编码器，可以测量轮子旋转的圈数和转速，根据轮子半径和圆周计算出机器人行驶的距离和转角。在此基础上，根据经过的路程和转角，就可以通过累加器不断更新机器人的位置和姿态。

激光雷达通过向物体发射激光束并接收反射激光，得到物体的位置、形状、距离等信息。激光雷达通过对周围环境进行扫描，可以获取环境中障碍物或物体的具体信息，从而建立机器人所处环境的地图，供机器人在后续的导航中使用。另外，机器人在运行过程中，通过激光雷达随时感知周围环境，并对机器人的导航路径进行实时调整，以保证机器人的运行安全和整体导航效果。

超声波测距传感器是一种常用的距离传感器，其工作原理为发送一个超声波信号，当超声波遇到物体后，会产生反射波信号，超声波测距传感器通过测量反射波信号的返回时间可以估算出物体与传感器之间的距离。超声波测距传感器在机器人导航中的应用主要有避障和定位两种功能：超声波测距传感器可以用于检测机器人前方是否有障碍物，从而避免机器人碰撞到障碍物；超声波测距传感器可以和其他定位设备结合使用，如里程计、惯性导航等，以提高机器人的定位精度。

（2）移动机器人导航系统

基于上述三种传感器，构建移动机器人导航系统控制框架，如图 12-14 所示。

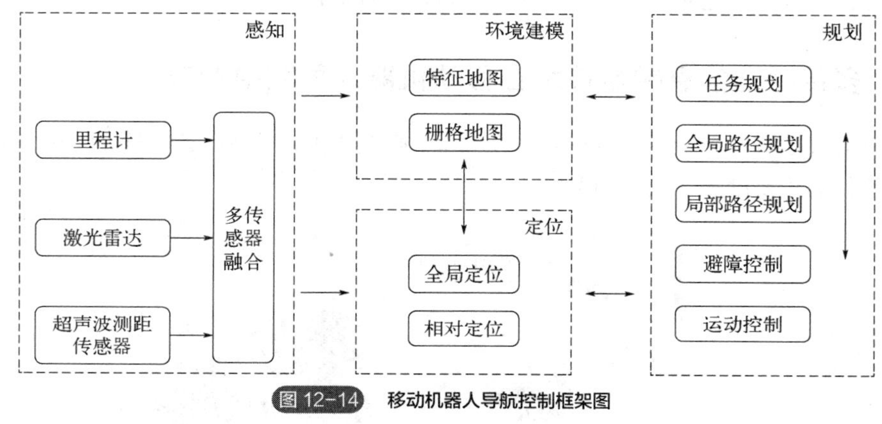

图 12-14 移动机器人导航控制框架图

多传感器信息融合技术应用在移动机器人导航中具有以下优势：

1）精度更高：利用多种不同类型的传感器获取到的信息可以互相校正、互相补充，从而提高机器人的定位、导航和控制精度。

2）鲁棒性更好：不同类型的传感器具有不同的工作原理和适用范围，一旦某种类型的传感器失效或工作不稳定，其他传感器可以顶替其工作以保证系统的正常运行。

3）可靠性更高：多种类型的传感器可以对同一物体进行多次检测，从而提高检测的准确度和可靠性。

4）环境适应性更强：不同类型的传感器可以适应不同的环境。

总之，多传感器信息融合技术可以有效提高移动机器人导航的精度、鲁棒性和可靠性，使机器人具备更好的自主决策和适应能力，助推工业生产的智能化。

12.5.2 多传感器信息融合技术在切削加工中的应用

多传感器信息融合技术在切削加工中应用可以提高加工过程的可控性和稳定性，从而提高加工效率和质量，结合智能制造的理念和技术，可以实现切削加工过程的自动化和智能化（图 12-15 和图 12-16）。

切削过程监控和控制：利用多种传感器对切削过程的力、振动、温度等物理量进行实时监控，控制刀具和工件的位置和速度，从而实现稳定的切削过程。

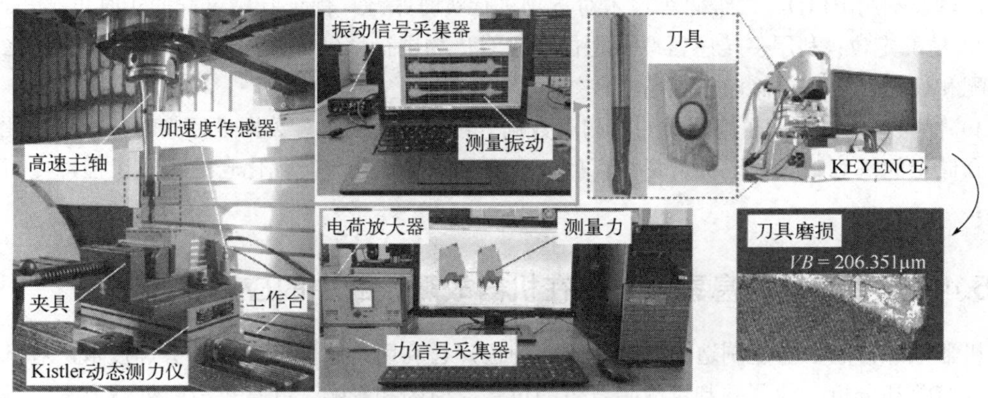

图 12-15　切削加工过程中的数据采集与分析

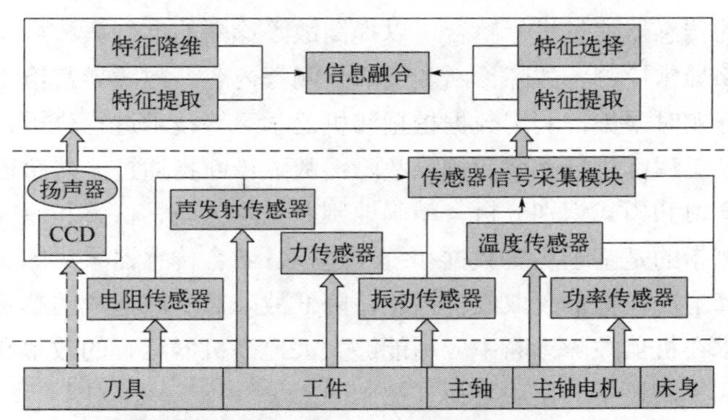

图 12-16　切削加工过程中的传感器信息采集与处理流程

刀具磨损检测与预测：利用多种传感器对刀具进行实时监控，检测刀具的磨损情况，并通过算法建立刀具磨损模型，预测刀具磨损时间以及时进行更换，从而提高生产效率。

切削表面质量检测：利用多种传感器对切削表面进行实时检测和分析，例如利用视觉传感器进行表面图像分析，以对表面质量进行评估和控制。

数据融合和决策支持：将多种传感器采集的信息进行融合，并通过模型建立、优化算法等技术手段分析处理数据、提供决策支持、优化切削参数，以提高加工效率和质量。

总之，多传感器信息融合技术在切削加工中应用有助于提高加工过程的智能化和自动化水平，为实现智能制造提供技术支持。

12.5.3　多传感器信息融合技术在仓储管理中的应用

仓储管理是智能制造中的重要组成部分，对于实现智能制造的目标和要求非常关键，它不仅关系到物资供应链的运作效率和灵活性，也关系到生产效率和客户满意度。随着物联网和人工智能的发展，仓储管理已经发生了很大变化，传统的人工操作方式已经不能满足智能化和自动化的需求，而多传感器信息融合技术在仓储管理中应用，可以提高仓储操作的效率和准确性，实现仓储信息的实时感知和智能化处理，有助于实现智能制造的目标。

具体来说，在仓储管理中多传感器信息融合技术可以应用于：

1）实时监测：利用多种传感器对仓库环境进行监测，包括对温度、湿度、气体等物理量的监测，以及利用 RFID、二维码等技术对货物进行实时跟踪，保证仓储过程的实时可感知。

2）精准定位：利用多传感器联合定位技术对货物进行精确定位和识别，并进行智能化的任务分配和调度，提高仓储操作的精度和效率。

3）智能优化：基于多传感器的监测和数据分析，对仓库运营数据进行实时分析和优化，以提供仓储空间规划、设备维护、货物存放等方面的智能化建议，优化仓储管理流程，提高运营效率。

12.5.4 多传感器信息融合技术在机器故障诊断中的应用

机器故障诊断在智能制造中扮演着重要角色，它利用传感器、数据分析等技术，对机器设备进行监测和分析，检测并判定故障发生的位置、原因和影响，并提供故障处理方案，以实现设备故障快速诊断和排除，保障生产过程的连续性和稳定性。多传感器信息融合技术可以将不同类型和不同位置的传感器信息进行整合，以提高故障诊断的准确率和可靠性。具体来说，机器故障诊断包括故障异常检测、故障诊断和故障预测等内容。故障异常检测指通过多种传感器对机器运行数据进行实时采集，利用数据挖掘和机器学习等技术进行分析和建模，发现机器的异常故障情况，辅助工程师进行维修和排除故障；故障诊断指通过多传感器信息融合，对机器故障信息进行深度学习和模式识别分析，精确地判断故障类型、位置和原因等，提高机器诊断的准确性；故障预测指的是基于历史数据和统计建模，结合传感器采集的实时数据，预测机器未来可能出现的故障情况，提前采取维护措施，降低故障对生产造成的影响和损失。总之，多传感器信息融合技术在机器故障诊断中应用能够大大提高机器运行的效率和稳定性，同时也有利于降低生产成本和提高设备的使用寿命（图 12-17）。

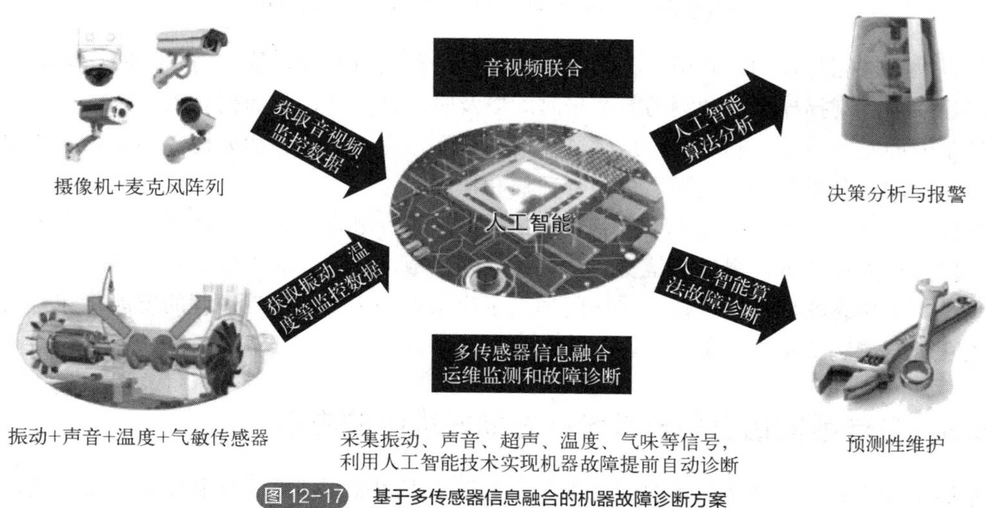

图 12-17 基于多传感器信息融合的机器故障诊断方案

12.6 多传感器融合技术的发展方向

多传感器信息融合技术正在快速发展，将更加注重多模态传感器的融合，深度学习技术，云计算和大数据技术以及智能传感器等方面的创新和应用。

1）多模态传感器：未来的多传感器信息融合系统将可能包括多种不同类型的传感器，如声音、光学、雷达、GPS 等，这些传感器之间的信息融合将成为研究的重点。

2）深度学习：神经网络和深度学习技术在多传感器信息融合中的应用将得到进一步发展，这将有助于提高系统的自动化程度、准确性和可靠性。

3）云计算和大数据：未来的多传感器信息融合系统将更多地使用云计算和大数据技术，从而提高数据的存储、共享和分析能力，增强系统的实时性和智能化水平。

4）智能传感器：未来的传感器将更加智能化，能够自主感知环境变化，并根据实际需求自动调整采样参数和融合算法，从而提高系统的效率和精度。

本章小结

- 多传感器信息融合技术针对多种信息获取、表示及其内在联系进行综合处理和优化，在一定的准则下加以自动分析和综合，完成所需要的决策和估计。
- 多传感器信息融合技术的目标是通过综合考虑各传感器的优势，获得更加完整、准确、可靠的信息来评估现实世界。
- 多传感器信息融合的实质是针对多维数据进行关联或综合分析，进而选取适当的融合模式和处理算法，以提高数据的质量。经过融合后的传感器信息具有冗余性、互补性、实时性、低成本性等特征。
- 多传感器信息融合可分为数据级融合、特征级融合、决策级融合三种融合层次；集中式、分布式、混合式等多种融合结构。它们各有优缺点，在使用时需要具体问题具体分析，以选择合适的融合层次与融合结构。
- 多传感器信息融合的主要步骤包括数据预处理、特征提取、信息融合和数据应用等。其中，信息融合算法的选择与设计是关键的一步，其主要有基于规则的融合、基于概率的融合、基于机器学习的融合等多种方法。
- 在实际应用时，还需要考虑传感器的布局、传感器的标定与同步等问题。
- 多传感器信息融合技术已经被广泛应用于智能制造、机器人导航、驾驶辅助、智能交通、智能医疗等诸多领域。未来，随着各种传感器不断涌现和信息融合技术的不断发展，多传感器信息融合技术将具有更加广阔的应用前景和更加深入的研究方向。

习题与思考题

12-1　请查阅资料，了解异构数据融合、同构数据融合、多源数据融合的概念和区别，说明“多传感器信息融合技术”中的“多”指的是什么。

12-2　应用多传感器信息融合技术为什么能够提升系统的性能？

12-3　在多传感器信息融合技术中，传感器选择的原则是什么？并简要说明其意义。

12-4　分布式、集中式、混合式三种融合方式各有什么优缺点？

12-5　查阅资料，列举一种多传感器信息融合的应用场景，说明其工作原理、传感器类型及实现的功能。

12-6 请简要介绍多传感器信息融合技术在智能制造中的应用和意义。

12-7 多传感器信息融合技术如何促进智能化生产的实现？简要说明其关键技术和挑战。

12-8 试分析基于BP神经网络的多传感器信息融合技术属于什么融合层次与融合结构。

12-9 简述多传感器联合标定的意义和方法。

12-10 多传感器信息融合是对来自不同传感器的数据进行（　　），以生成对被测对象的最佳估计。

A. 分析和综合　　B. 分类　　C. 分解和选择　　D. 误差处理

12-11 人工智能类的多传感器信息融合方法有哪些？分别具有什么特点？

12-12 随机类的多传感器信息融合方法有哪些？分别具有什么特点？

12-13 结合前面章节所学的传感器知识，选择合适的传感器及信息处理方法，设计一种针对主轴转速的多传感器测量系统，并说明其工作原理。

12-14 综合所学知识，分析手机多摄像头的作用与工作原理。

参考文献

[1] 王丰，王志军，赵玮，等. 测试技术及应用[M]. 北京：清华大学出版社，2021.

[2] 梁森，王侃夫，黄杭美. 自动检测与转换技术[M]. 4 版. 北京：机械工业出版社，2019.

[3] 范大鹏. 制造过程的智能传感器技术[M]. 武汉：华中科技大学出版社，2020.

[4] 谭建荣，刘振宇，等. 智能制造：关键技术与企业应用[M]. 北京：机械工业出版社，2017.

[5] 祝海林. 机械工程测试技术[M]. 2 版. 北京：机械工业出版社，2017.

[6] 唐文彦. 传感器[M]. 5 版. 北京：机械工业出版社，2020.

[7] 张志勇，王雪文，翟春雪，等. 现代传感器原理及应用[M]. 北京：电子工业出版社，2014.

[8] 胡向东. 传感器与检测技术[M]. 4 版. 北京：机械工业出版社，2021.

[9] 郭洪红. 工业机器人技术[M]. 3 版. 西安：西安电子科技大学出版社，2016.

[10] 彭杰纲. 传感器原理及应用[M]. 2 版. 北京：电子工业出版社，2017.

[11] 苑会娟. 传感器原理及应用[M]. 北京：机械工业出版社，2017.

[12] 李成春. 工业机器人视觉与传感技术[M]. 北京：电子工业出版社，2022.

[13] 谢少荣，高国富，罗均. 机器人传感器及其应用[M]. 北京：化学工业出版社，2005.

[14] 郭彤颖，张辉. 机器人传感器及其信息融合技术[M]. 北京：化学工业出版社，2017.

[15] 迟明路，田坤. 机器人传感器[M]. 北京：电子工业出版社，2022.

[16] 贾伯年，俞朴，宋爱国. 传感器技术[M]. 3 版. 南京：东南大学出版社，2007.

[17] 姜香菊. 传感器原理及应用[M]. 2 版. 北京：机械工业出版社，2020.

[18] 王利强，杨旭，张巍，等. 无线传感器网络[M]. 北京：清华大学出版社，2018.

[19] 刘传清，刘化君. 无线传感网技术[M]. 2 版. 北京：电子工业出版社，2019.

[20] 戴亚平，马俊杰，王笑涵. 多传感器数据智能融合理论与应用[M]. 北京：机械工业出版社，2021.

[21] 施晓东，杨世坤. 多传感器信息融合研究综述[J]. 通信与信息技术，2022，6:34-41.

[22] Klein L A. 多传感器数据融合理论及应用[M]. 2 版. 戴亚军，刘征，郁光辉，译. 北京：北京理工大学出版社，2004.

[23] 李洋，赵鸣，徐梦瑶，等. 多源信息融合技术研究综述[J]. 智能计算机与应用，2019，9(5):186-189.

[24] 孙力帆. 多传感器信息融合理论技术及应用[M]. 北京：中国原子能出版社，2019.

[25] 姚雪梅. 多源数据融合的设备状态监测与智能诊断研究[D]. 贵阳：贵州大学，2018.

[26] 周祖德，姚碧涛，谭跃刚，等. 光纤传感在制造领域应用的分析与思考[J]. 机械工程学报，2022，58(8):3-26.

[27] 张艳兵，马铁华，靳鸿. 差动式圆容栅动态扭矩测试方法[J]. 探测与控制学报，2010，32(06):33-36.

[28] 牟淑贤，石启军. 光电编码器在工业数控加工中的应用探析[J]. 数字技术与应用，2019，37(12)：6-8.

[29] 姚君霞. 基于压电效应的汽车节能座椅设计[J]. 汽车与驾驶维修（维修版），2018(04):161-162.

[30] 唐昊天，廖荣东，田京. 压电材料修复骨缺损的应用及设计思路[J]. 中国组织工程研究，2023，27(07):1117-1125.

[31] 代理勇. 基于漏磁原理的电梯钢丝绳断丝检测方法研究[D]. 重庆：重庆理工大学，2022.

[32] 张庆，夏天，范轶飞，等. 基于多传感器融合的运动目标跟踪算法[J]. 现代电子技术，2017，40(3):43-46.

[33] 新华社. 上海：引入涡流探伤技术　助力铁路探伤作业[EB/OL].(2022-12-09)[2023-01-05].http://k.sina.com. cn/article_1699432410_654b47da020011wd1.html.

[34] 邢国芬. 工业机器人传感器技术综述[J]. 中国设备工程，2021，486(22)：25-26.

[35] 焦宝玉，韩艳茹，岳若锋. 关于传感器在机器人中的应用分析[J]. 信息记录材料，2021，22(03)：181-182.

[36] 沈春丰，陈光柱，韩振铎. 基于虚拟仪器的力传感器动态标定技术研究[J]. 煤矿机械，2008，29(6)：65-67.

[37] 李玲. 无线传感器网络[J]. 办公自动化，2020，25(20)：19-20.

[38] 刘志军，全燕鸣. 旋转刀具工件切削热测量热电偶无线测温系统[J]. 机床与液压，2015，43(7)：35-38.

[39] 朱海宽. 智能机器人视觉感知系统的设计研究[J]. 硅谷，2008(23)：30-32，43.

[40] 崔云先，张博文，刘义，等. 智能切削刀具发展现状综述[J]. 大连交通大学学报，2016，37(06)：10-14.

[41] 孙宁，秦洪懋，张利，等. 基于多传感器信息融合的车辆目标识别方法[J]. 汽车工程，2017，39(11)：1310-1315.

[42] 李长勇，蔡骏，房爱青，等. 多传感器融合的机器人导航算法研究[J]. 机械设计与制造，2017(5)：238-240，244.

[43] 欧阳旭朗，何文忠，鹿玮，等. 立体边防监视系统与多传感器信息融合技术研究[J]. 半导体光电，2018，39(2)：298-304.

[44] Qiu S，Zhao H，Jiang N，et al. Multi-sensor information fusion based on machine learning for real applications in human activity recognition：State-of-the-art and research challenges[J]. Information Fusion，2022，80：241-265.

[45] 陈刚. 基于多传感器信息融合铣削数据库的研究与开发[D]. 北京：北京理工大学，2017.

[46] 郭强，赵知辛，薛旭东，等. 基于 CCD 法的应变式测力仪优化设计[J]. 组合机床与自动化加工技术，2021，(4)：139-142，145.

[47] 王鹏，赵瑞杰，王楠，等. 正交十角环式切削力传感器设计与仿真分析[J]. 传感技术学报，2020，33(8)：1197-1203.